新版图集、装配式、VR钢筋

平法识图与钢筋实训

主编　金志辉　蒋璐蔚　陈坤

哈爾濱工業大學出版社
HARBIN INSTITUTE OF TECHNOLOGY PRESS

编 委 会

主　编　金志辉　蒋璐蔚　陈　坤

副主编　戈俪沄　张喻超　窦　伟

罗　荣　和文军

参　编　孙成耕　孙　俊　汪　浩

夏巧丽　张晓艳

图书在版编目(CIP)数据

平法识图与钢筋实训/金志辉,蒋璐蔚,陈坤主编.
哈尔滨:哈尔滨工业大学出版社,2025.6. ——ISBN
978-7-5767-1855-3

Ⅰ. TU375

中国国家版本馆 CIP 数据核字第 20242A8Y80 号

策划编辑　李艳文　范业婷
责任编辑　李佳莹
出版发行　哈尔滨工业大学出版社
社　　址　哈尔滨市南岗区复华四道街 10 号　邮编 150006
传　　真　0451-86414749
网　　址　http://hitpress.hit.edu.cn
印　　刷　哈尔滨起源印务有限公司
开　　本　787 毫米×1 092 毫米　1/16　印张 15.5　字数 387 千字
版　　次　2025 年 6 月第 1 版　2025 年 6 月第 1 次印刷
书　　号　ISBN 978-7-5767-1855-3
定　　价　49.00 元

前　　言

混凝土结构施工图平面整体表示方法(简称平法)自推出以来,在工程界的应用日益广泛。图纸是工程师的语言,根据平法进行工程设计、施工、造价、监理等活动是建筑从业人员的基本工作。

本教材以《国家建筑标准设计图集》(22G101 系列图集)和《国家建筑标准设计图集》(18G901 系列图集)为依据,通过以平面整体表示方法为主的钢筋混凝土结构施工图,介绍钢筋混凝土结构常见的构件,包括基础构件(独立基础、条形基础、筏形基础、桩基础、承台)、柱构件、梁构件、板构件、楼梯构件和剪力墙。根据力的传递关系,按照由下到上、由易到难的顺序进行章节编排。

本教材为了适应建筑工业化的发展要求,融入了装配式建筑预制柱、叠合梁、叠合板、预制楼梯、预制墙板的识图内容。结合地震频发的现状,展示了隔震器、减震器有关的钢筋构造和预埋件,帮助读者提升识读复杂工程图的能力。

本教材为了适应混合式教学的需求,融入了近 400 个教学资源(通过二维码链接展开),包括课程思政、VR 钢筋模型、慕课、钢筋动画、钢筋模型照片、实训指导书、实训视频、实训报告、测试、课件和结构施工图案例。

本书在编写的过程中参考了大量专家学者编写的教材和著作,无法一一列举,在此一并致谢!本教材在结构、内容等方面具有一定的创新性,但仍存在不足,且限于时间和编写水平,书中难免存在疏漏和不足之处,恳请广大读者批评指正,以便及时修订和完善。

编者

2025 年 1 月

目　　录

第1章　绪　论

本章目标

知识目标

(1)了解平法识图的含义及钢筋工程设计、识图、算量、下料、绑扎的内容。

(2)理解钢筋在结构中的主要作用。

(3)掌握钢筋的8个相关知识点。

能力目标

(1)能了解钢筋的注写方式,能区分钢筋间距、起步距离、保护层,会查询锚固长度和搭接长度,在钢筋算量过程中准确运用这5个尺寸。

(2)能区分钢筋算量和钢筋下料两种工作的不同之处。

(3)能在除《国家建筑标准设计图集》(22G101系列图集)(以下简称《22G101系列图集》)以外的系列图集中查阅对《22G101系列图集》的补充内容。

素养目标

(1)了解钢筋在房屋结构安全中的重要性,理解为实现建筑业的现代化而学习这门课程,传承精益求精的工匠精神,养成敬业、诚信的职业道德。

(2)能利用信息化技术进行碎片化学习。

1.1　钢筋混凝土的发明

钢筋混凝土的问世引起了建筑材料的一场革命。然而,令人惊奇的是,发明钢筋混凝土的人既不是建筑师,也不是工程师,而是一位和建筑不相关的园艺师。他就是法国的约瑟夫·莫尼哀(Joseph Monier)。

约瑟夫·莫尼哀是19世纪中期法国巴黎的一位普通花匠。最初,花盆都是由一些普通的泥土和低级陶土烧制而成的,也就是常见的瓦盆。这些花盆并不坚固,一碰就破。莫尼哀就咨询其他花匠朋友,可他们也都面临着同样的困扰;去找专门制作盆罐的工人,他们也没什么好办法。

那个年代,水泥开始作为建筑材料使用,人们用水泥加沙子制成混凝土,盖楼房、修桥梁。混凝土有良好的黏结性,变硬固化后又具有很高的强度,渐渐引起了其他行业人员的注意。

莫尼哀决定自己想办法改进花盆。他想到了当时比较流行的混凝土材料,便用水泥加上沙子制造水泥花盆,按现在的说法就是混凝土花盆。混凝土花盆果然非常坚固,尤其是不怕压。但混凝土花盆和瓦盆一样也有缺点,就是经不起拉伸和冲击,有时,对花木进行松土和施肥都会导致花盆破碎。

有一次,他又摔碎了一个花盆。不过,他有了一个发现:花盆的碎片虽然七零八落,可花盆的泥土却抱成一团,仍然保持着原状,好像比水泥还要结实。莫尼哀仔细观察,发现原来是植物的根系在泥土中蜿蜒盘绕,相互缠绕,使松散的泥土抱成了坚实的一团。

于是莫尼哀用铁丝做骨架,然后在铁丝骨架外面抹上水泥,硬结后就成了坚固、美观的花盆。根据这种花盆的构造,便诞生了钢筋混凝土。

1.2 平法发展历程

混凝土结构施工图平面整体表示方法简称平法,其表达形式是把结构构件尺寸和配筋等,按照平面整体表示方法制图规则,整体直接表达在各类构件的结构平面布置图上,再与标准构造详图相配合,即构成一套新型完整的结构设计。该方法改变了将构件从结构平面布置图中索引出来,再逐个绘制配筋详图、画出钢筋表的传统烦琐方法。

按平法设计绘制的施工图一般由两大部分构成,即各类结构构件的平法施工图和标准构造详图,但对于复杂的工业与民用建筑,尚需增加模板、预埋件和开洞等平面图。只有在特殊情况下才需要增加剖面配筋图。

平法的创始人是山东大学陈青来教授。1991 年,陈青来教授经过比对发现,发达国家设计事务所完成的结构图纸通常没有节点构造详图,节点构造详图通常由建筑公司(施工单位)进行二次设计,设计效率高、质量得以保证;有些结构设计甚至只给出配筋面积,具体配筋方式由建筑公司设计,出图效率更快。据此,他认为中国传统的设计方法必须改革。1995 年 8 月 8 日,一篇题为《结构设计的一次飞跃》的文章刊登在《中国建设报》头版显著位置,正式拉开了平法在全国应用的序幕。平法发展历程和 G101 系列图集出版历程见表 1.1。

表 1.1 平法发展历程和 G101 系列图集出版历程表

时间	事项	备注
1995 年 7 月	平法通过了建设部科技成果鉴定	
1995 年 8 月	平法批准为国家专利 CN94110731.0	
1996 年 6 月	平法列为建设部 1996 年科技成果重点推广项目	
1996 年 9 月	平法被批准为《国家级科技成果重点推广计划》项目	
1996 年 11 月	《混凝土结构施工图平面整体表示方法制图规则和构造详图》(简称:《96G101 图集》)出版	
2000 年 7 月	《96G101 图集》修订为《混凝土结构施工图平面整体表示方法制图规则和标准构造详图》(简称:《00G101 图集》)	

续表1.1

时间	事项	备注
2003 年 1 月	《00G101 图集》修订为《国家建筑标准设计图集. 混凝土结构施工图平面整体表示方法制图规则和构造详图. 现浇混凝土框架、剪力墙、框架-剪力墙、框支剪力墙结构:03G101-1》(简称:《03G101-1 图集》)	
2003 年 7 月	《国家建筑标准设计图集. 混凝土结构施工图平面整体表示方法制图规则和构造详图. 现浇混凝土板式楼梯:03G101-2》(简称:《03G101-2 图集》)出版	
2004 年 2 月	《国家建筑标准设计图集. 混凝土结构施工图平面整体表示方法制图规则和构造详图. 筏形基础:04G101-3》(简称:《04G101-3 图集》)出版	
2004 年 11 月	《国家建筑标准设计图集. 混凝土结构施工图平面整体表示方法制图规则和构造详图. 现浇混凝土楼面与屋面板:04G101-4》(简称:《04G101-4 图集》)出版	
2006 年 9 月	《国家建筑标准设计图集. 混凝土结构施工图平面整体表示方法制图规则和构造详图. 独立基础、条形基础、桩基承台:06G101-6》(简称:《06G101-6 图集》)出版	
2009 年 1 月	《国家建筑标准设计图集. 混凝土结构施工图平面整体表示方法制图规则和构造详图. 箱形基础和地下室结构:08G101-5》(简称:《08G101-5 图集》)出版	
2011 年 7 月	《国家建筑标准设计图集. 混凝土结构施工图平面整体表示方法制图规则和构造详图. 现浇混凝土框架、剪力墙、梁、板:11G101-1》(简称:《11G101-1 图集》)出版	代替《03G101-1 图集》·《04G101-4 图集》
2011 年 7 月	《国家建筑标准设计图集. 混凝土结构施工图平面整体表示方法制图规则和构造详图. 现浇混凝土板式楼梯:11G101-2》(简称:《11G101-2 图集》)出版	代替《03G101-2 图集》
2011 年 7 月	《国家建筑标准设计图集. 混凝土结构施工图平面整体表示方法制图规则和构造详图. 独立基础、条形基础、筏形基础及桩基承台:11G101-3》(简称:《11G101-3 图集》)出版	代替《04G101-3 图集》《08G101-5 图集》《06G101-6 图集》
2013 年 4 月	《国家建筑标准设计图集. 混凝土结构施工图平面整体表示方法制图规则和构造详图. 剪力墙边缘构件:12G101-4》(简称:《12G101-4 图集》)出版	

续表1.1

时间	事项	备注
2016 年 10 月	《国家建筑标准设计图集. 混凝土结构施工图平面整体表示方法制图规则和构造详图. 现浇混凝土框架、剪力墙、梁、板:16G101-1》(简称:《16G101-1 图集》)出版	代替《11G101-1 图集》
2016 年 9 月	《国家建筑标准设计图集. 混凝土结构施工图平面整体表示方法制图规则和构造详图. 现浇混凝土板式楼梯:16G101-2》(简称:《16G101-2 图集》)出版	代替《11G101-2 图集》
2016 年 9 月	《国家建筑标准设计图集. 混凝土结构施工图平面整体表示方法制图规则和构造详图. 独立基础、条形基础、筏形基础及桩基承台:16G101-3》(简称:《16G101-3 图集》)出版	代替《11G101-3 图集》
2022 年 5 月	《国家建筑标准设计图集. 混凝土结构施工图平面整体表示方法制图规则和构造详图. 现浇混凝土框架、剪力墙、梁、板:22G101-1》(简称:《22G101-1 图集》)出版	代替《16G101-1 图集》
2022 年 5 月	《国家建筑标准设计图集. 混凝土结构施工图平面整体表示方法制图规则和构造详图. 现浇混凝土板式楼梯:22G101-2》(简称:《22G101-2 图集》)出版	代替《16G101-2 图集》
2022 年 5 月	《国家建筑标准设计图集. 混凝土结构施工图平面整体表示方法制图规则和构造详图. 独立基础、条形基础、筏形基础、桩基础:22G101-3》(简称:《22G101-3 图集》)出版	代替《16G101-3 图集》

注:《22G101-1 图集》《22G101-2 图集》《22G101-3 图集》合并简称《22G101 系列图集》。

针对国家建筑标准设计 G101 系列图集在使用中反馈的问题进行汇总、整理、分析,并将常见问题按国家现行标准及较为成熟的经验给出构造做法,避免工程中遇到疑惑问题而影响施工进度;为确保工程质量,正确掌握结构构造要求,更好地使用国家建筑标准设计 G101 系列图集,编制了《国家建筑标准设计图集》(G101 系列图集施工常见问题答疑图解)。《国家建筑标准设计图集》(G101 系列图集施工常见问题答疑图解)针对 G101 系列图集进行扩展,增加 G101 系列图集中未包括的内容。该系列图解采用图文并茂、一问一答的方式,针对施工中容易混淆、容易忽视、容易出错的问题给出符合规范做法的解答,版本一览表见表 1.2。

表 1.2 《国家建筑标准设计图集》(G101 系列图集施工常见问题答疑图解)版本一览表

时间	事项	备注
2009 年 7 月	《国家建筑标准设计图集. G101 系列图集施工常见问题答疑图解. 08G101-11》(简称:《08G101-11 图集》)出版	
2013 年 9 月	《国家建筑标准设计图集. G101 系列图集施工常见问题答疑图解:13G101-11(替代 08G101-11)》(简称:《13G101-11 图集》)出版	代替《08G101-11 图集》

续表1.2

时间	事项	备注
2017 年 8 月	《国家建筑标准设计图集. G101 系列图集常见问题答疑图解：17G101-11：替代 13G101-11》（简称：《17G101-11 图集》）出版	代替《13G101-11 图集》
2024 年 1 月	《国家建筑标准设计图集. 23G101-11 G101 系列图集常见问题答疑图解》（简称：《23G101-11 图集》）出版	代替《17G101-11 图集》

为了配合 G101 系列图集的使用，指导施工人员进行钢筋施工排布设计、施工中的钢筋翻样计算和现场安装绑扎，确保施工时钢筋排布规范有序，使实际施工建造满足规范规定的设计要求，实现设计构造与施工建造的有机结合，以及为施工人员进行钢筋排布和下料提供技术依据，还发行了 G901 系列图集，其版本一览表见表 1.3。

表 1.3　G901 系列图集版本一览表

时间	事项	备注
2008 年 6 月	《国家建筑标准设计图集. 混凝土结构施工钢筋排布规则与构造详图（现浇混凝土框架、剪力墙、框架-剪力墙）. 06G901-1》（简称：《06G901-1 图集》）出版	
2009 年 7 月	《国家建筑标准设计图集. 混凝土结构施工钢筋排布规则与构造详图（现浇混凝土框架、剪力墙、框架-剪力墙、框支剪力墙结构）. 09G901-2》（简称：《09G901-2 图集》）出版	
2009 年 8 月	《国家建筑标准设计图集：混凝土结构施工钢筋排布规则与构造详图（筏形基础、箱形基础、地下室结构、独立基础、条形基础、桩基承台）. 09G901-3》（简称：《09G901-3 图集》）出版	
2009 年 9 月	《国家建筑标准设计图集. 混凝土结构施工钢筋排布规则与构造详图（现浇混凝土楼面与屋面板）. 09G901-4》（简称：《09G901-4 图集》）出版	
2009 年 7 月	《国家建筑标准设计图集. 混凝土结构施工钢筋排布规则与构造详图（现浇混凝土板式楼梯）. 09G901-5》（简称：《09G901-5 图集》）出版	
2012 年 9 月	《国家建筑标准设计图集. 混凝土结构施工钢筋排布规则与构造详图（现浇混凝土框架、剪力墙、梁、板）. 12G901-1》（简称：《12G901-1 图集》）出版	代替《06G901-1 图集》《06G901-2 图集》《06G901-4 图集》
2012 年 6 月	《国家建筑标准设计图集. 混凝土结构施工钢筋排布规则与构造详图（现浇混凝土板式楼梯）. 12G901-2》（简称：《12G901-2 图集》）出版	代替《06G901-5 图集》

续表1.3

时间	事项	备注
2012 年 8 月	《国家建筑标准设计图集.混凝土结构施工钢筋排布规则与构造详图(独立基础、条形基础、筏形基础、桩基承台).12G901-3》(简称:《12G901-3 图集》)出版	代替《09G901-3 图集》
2018 年 6 月	《国家建筑标准设计图集.混凝土结构施工钢筋排布规则与构造详图(现浇混凝土框架、剪力墙、梁、板):18G901-1(替代12G901-1)》(简称:《18G901-1 图集》)出版	代替《12G901-1 图集》
2018 年 6 月	《国家建筑标准设计图集.混凝土结构施工钢筋排布规则与构造详图(现浇混凝土板式楼梯).18G901-2:替代 12G901-2》(简称:《18G901-2 图集》)出版	代替《12G901-2 图集》
2018 年 6 月	《国家建筑标准设计图集.混凝土结构施工钢筋排布规则与构造详图(独立基础、条形基础、筏形基础、桩基础):18G901-3(替代12G901-3)》(简称:《18G901-3 图集》)出版	代替《12G901-3 图集》

此外,与钢筋相关的图集还有《国家建筑标准设计图集》(G320 钢筋混凝土基础梁)。2011 年 11 月出版了《国家建筑标准设计图集.G101 系列图集常用构造三维节点详图(框架结构、剪力墙结构、框架-剪力墙结构).11G902-1》(简称:《11G902-1 图集》)。2013 年 9 月出版了《国家建筑标准设计图集.混凝土结构常用施工详图.现浇混凝土板、非框架梁配筋构造:13SG903-1》(简称:《13SG903-1 图集》)。2014 年 10 月出版了《国家建筑标准设计图集.混凝土结构常用施工详图(现浇混凝土框架柱、梁、剪力墙配筋构造):14SG903-2》(简称:《14SG903-2 图集》)。2020 年 7 月出版了《国家建筑标准设计图集.建筑物抗震构造详图(多层和高层钢筋混凝土房屋):20G329-1》(简称:《20G329-1 图集》)。2021 年 1 月出版了《国家建筑标准设计图集.混凝土异形柱结构构造.20G331-1》(简称:《20G331-1 图集》)。2023 年 5 月出版了《国家建筑标准设计图集.建筑隔震构造详图:22G610-1》(简称:《22G610-1 图集》)。2022 年 5 月出版了《国家建筑标准设计图集.钢筋混凝土灌注桩:22G813》(简称:《22G813 图集》)。

说明:GB 是原则性的规定,不涉及具体图纸。国家标准的代号由大写汉语拼音首字母构成。强制性国家标准的代号为“GB”,推荐性国家标准的代号为“GB/T”,而施工结构图纸是设计部门编制的图集。常用的国家标准图集编号有 D—电气图集、F—人防工程图集、G—结构图集、J—建筑图集、K—暖通图集、SG—民用结构、M—市政路桥图集、R—动力专业图集、S—给排水图集、X—弱电图集、SR—动力供热安装图集。

1.3 钢筋相关知识

钢筋是一种常见的建筑材料,它的主要优点是强度高、品质均匀稳定、塑性和韧性较好、加工性能好,广泛应用于混凝土结构中。在钢筋混凝土结构中钢筋能弥补混凝土抗拉、抗弯、抗剪和抗裂性能较低的缺点。钢筋的塑性好,能抵抗较大的变形。但钢筋易锈蚀,在特殊环境下可使用不锈钢钢筋或者碳纤维复合筋。

1.3.1 钢筋的分类与作用

《22G101 系列图集》淘汰了高耗能低强度的二级钢 HRB335,目前,房屋建筑常用的钢筋只有三个级别,见表 1.4。H 表示热轧,P 表示光圆,R 表示带肋,B 表示钢筋,F 表示细粒,300、400、500 表示屈服强度。钢筋的代号在常规软件中因为没有安装钢筋字体“SJQY”而无法输入,一般用字母 A、C、D 表示一、三、四级钢筋。

表 1.4 常见普通钢筋的级别

钢筋种类	级别	代号	常用代号
HPB300	一级	Φ	A
HRB400、HRBF400、RRB400	三级

Φ(三级) | C |
| HRB500、HRBF500 | 四级 | Φ(四级) | D |

钢筋在混凝土构件中的位置不同,其名称和作用也不相同,钢筋作用一览表见表 1.5。

表 1.5 钢筋作用一览表

钢筋名称	钢筋作用
受力筋	受力筋在梁、板、柱等构件中主要起承担由荷载引起的拉应力或压应力的作用
分布筋	分布筋在钢筋网片中主要起到固定受力筋的作用
箍筋	与梁、柱内纵向钢筋构成钢筋骨架,主要用来满足构件抗剪要求,是梁、柱构件抵抗剪力配置的环形(圆形或矩形)钢筋。桩帽由 3 个方向的箍筋形成钢筋笼
架立筋	架立筋用来固定箍筋和形成钢筋骨架,起架立作用
贯通筋	贯通筋是指贯穿于构件(如梁)整个长度的钢筋,中间既不弯起也不中断,当钢筋长度超过定尺长度时可以连接,但不改变钢筋直径
负筋	负筋又称负弯矩钢筋,由于布置位置在支座处又常称为支座负筋,一般用于梁内和板内
侧向构造(抗扭)钢筋	侧向构造(抗扭)钢筋一般位于梁两侧的中间部位,是梁侧面构造钢筋或者抗扭钢筋。由于配置在梁的侧面中间部位,又称腰筋
拉(结)筋	拉筋主要是为提高钢筋骨架(墙身钢筋网片)的整体性,起拉结作用的钢筋
附加箍筋与吊筋	防止主、次梁相交处,主梁截面高度的中下部由于次梁传来的集中荷载而使混凝土产生裂缝
弯起钢筋	用于悬挑梁中,减小钢筋与混凝土之间的应力集中
马凳筋	用于上下两层板钢筋中间,起固定支撑上层钢筋的作用
补强钢筋	放置于楼板或剪力墙开洞处,承担被截断钢筋的力
纵向辅助钢筋	一般用于预制柱,形成钢筋骨架,排布在 b、h 边的中点位置
附加构造钢筋	一般用于叠合梁,顶替避让的纵筋形成钢筋骨架
箍筋帽	一般用于叠合梁,形成组合封闭箍

续表1.5

钢筋名称	钢筋作用
钢筋桁架	一般用于叠合板,增加叠合板的承载能力和稳定性

1.3.2　钢筋算量公式

钢筋质量=设计长度×根数×钢筋密度

设计长度=净长+锚固(收头)

根数=分布范围/钢筋间距+1(向上取整)

分布范围=(根数-1)/钢筋间距

接头数量=总长度/定尺长度-1(向上取整)

1.3.3　钢筋的常用连接方式

现浇结构一般采用绑扎搭接、焊接连接、机械连接,装配式构件一般采用灌浆套筒连接。钢筋连接方式见表1.6。纵向受力钢筋搭接区箍筋构造如图1.1所示。同一连接区段内纵向受拉钢筋绑扎搭接接头,机械连接、焊接接头分别如图1.2、图1.3所示。

表1.6　钢筋连接方式

连接方式	特征
绑扎搭接	需计算钢筋搭接长度
焊接连接	需计算接头数量
机械连接	需计算接头数量
灌浆套筒连接	用于装配式构件,需计算套筒数量

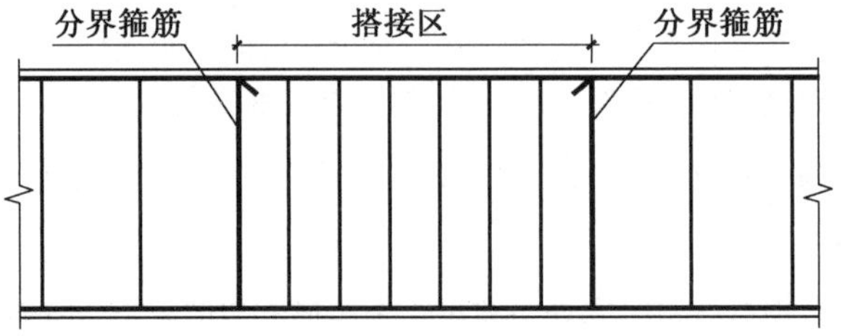

图1.1　纵向受力钢筋搭接区箍筋构造

注:1. 本图用于梁、柱类构件搭接区箍筋设置。

2. 搭接区内箍筋直径不小于 $d/4$(d 为搭接区钢筋最大直径),且不少于构件所配箍筋直径;箍筋间距不应大于100 mm及 $5d$(d 为搭接区钢筋最小直径)。

3. 当受压钢筋直径大于25 mm时,尚应在搭接接头两个端面外100 mm的范围内各设置两道箍筋。

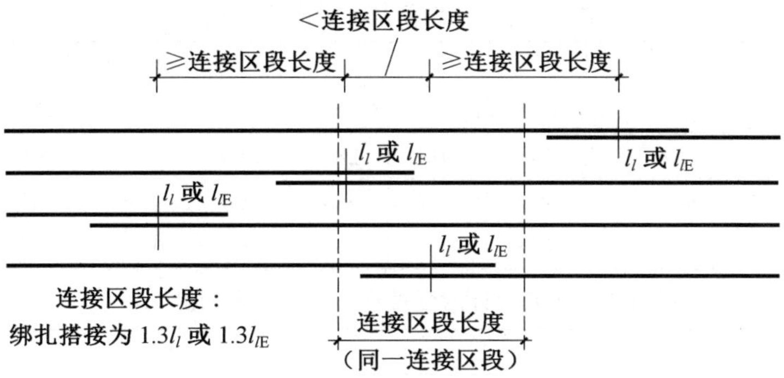

图 1.2 同一连接区段内纵向受拉钢筋绑扎搭接接头

注：l_l—纵向受拉钢筋搭接长度；l_{lE}—纵向受拉钢筋抗震搭接长度

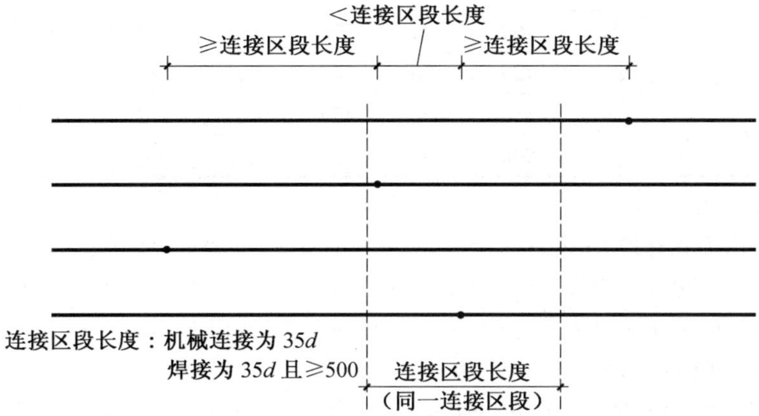

图 1.3 同一连接区段内纵向受拉钢筋机械连接、焊接接头

注：1. d 为相互连接两根钢筋中的较小直径；当同一构件内不同连接钢筋计算连接区段长度不同时，取大值。

2. 凡接头中点位于连接区段长度内，连接接头均属同一连接区段。

3. 同一连接区段内纵向钢筋搭接接头面积百分率，为该区段内有连接接头的纵向受力钢筋截面面积与全部纵向钢筋截面面积的比值（当直径相同时，图示钢筋连接接头面积百分率为 50%）。

4. 当受拉钢筋直径>25 mm 及受压钢筋直径>28 mm 时，不宜采用绑扎搭接。

5. 轴心受拉及小偏心受拉构件中纵向受力钢筋不应采用绑扎搭接。

6. 纵向受力钢筋连接位置宜避开梁端、柱端箍筋加密区。如必须在此连接时，应采用机械连接或焊接。

7. 机械连接和焊接接头的类型及质量应符合国家现行有关标准的规定。

1.3.4 钢筋锚固长度

受拉钢筋基本锚固长度、四级抗震构件和非抗震构件的基本锚固长度用 l_{ab}（l—length，a—anchorage，b—basic）表示，详见表 1.7。一、二、三级抗震构件的基本锚固长度用 l_{abE}（E—earthquake）表示，详见表 1.8。

表 1.7　受拉钢筋基本锚固长度 l_{ab}

钢筋种类	混凝土强度等级							
	C25	C30	C35	C40	C45	C50	C55	≥C60
HPB300	34*d*	30*d*	28*d*	25*d*	24*d*	23*d*	22*d*	21*d*
HRB400、HRBF400、RRB400	40*d*	35*d*	32*d*	29*d*	28*d*	27*d*	26*d*	25*d*
HRB500、HRBF500	48*d*	43*d*	39*d*	36*d*	34*d*	32*d*	31*d*	30*d*

表 1.8　抗震设计时受拉钢筋基本锚固长度 l_{abE}

钢筋种类	抗震等级	混凝土强度等级							
		C25	C30	C35	C40	C45	C50	C55	≥C60
HPB300	一、二级	39*d*	35*d*	32*d*	29*d*	28*d*	26*d*	25*d*	24*d*
	三级	36*d*	32*d*	29*d*	26*d*	25*d*	24*d*	23*d*	22*d*
HRB400、HRBF400	一、二级	46*d*	40*d*	37*d*	33*d*	32*d*	31*d*	30*d*	29*d*
	三级	42*d*	37*d*	34*d*	30*d*	29*d*	28*d*	27*d*	26*d*
HRB500、HRBF500	一、二级	55*d*	49*d*	45*d*	41*d*	39*d*	37*d*	36*d*	35*d*
	三级	50*d*	45*d*	41*d*	38*d*	36*d*	34*d*	33*d*	32*d*

注：1. 四级抗震时，$l_{abE}=l_{ab}$。

2. 当锚固钢筋的保护层厚度不大于 5*d* 时，锚固钢筋长度范围内应设置横向构造钢筋，其直径不应小于 *d*/4（*d* 为锚固钢筋的最大直径）；对梁、柱等构件间距不应大于 5*d*，对板、墙等构件间距不应大于 10*d*，且均不应大于 100 mm（*d* 为锚固钢筋的最小直径）。

3. HPB300 级钢筋末端应做 180°弯钩。

在基本锚固长度的基础上，考虑构件变形、纵筋的直径、应力分布等因素得出具体锚固长度。受拉钢筋锚固长度用 l_a 表示，详见表 1.9；受拉钢筋抗震锚固长度用 l_{aE} 表示，详见表 1.10。

表 1.9　受拉钢筋锚固长度 l_a

钢筋种类	混凝土强度等级							
	C25		C30		C35		C40	
	d≤25	*d*>25	*d*≤25	*d*>25	*d*≤25	*d*>25	*d*≤25	*d*>25
HPB300	34*d*	—	30*d*	—	28*d*	—	25*d*	—
HRB400、HRBF400、RRB400	40*d*	44*d*	35*d*	39*d*	32*d*	35*d*	29*d*	32*d*
HRB500、HRBF500	48*d*	53*d*	43*d*	47*d*	39*d*	43*d*	36*d*	40*d*

注：混凝土强度等级≥C45 所对应的受拉钢筋锚固长度 l_a 见《22G101-1 图集》。

表 1.10　受拉钢筋抗震锚固长度 l_{aE}

钢筋种类及抗震等级		混凝土强度等级							
		C25		C30		C35		C40	
		d≤25	*d*>25	*d*≤25	*d*>25	*d*≤25	*d*>25	*d*≤25	*d*>25
HPB300	一、二级	39*d*	—	35*d*	—	32*d*	—	29*d*	—
	三级	36*d*	—	32*d*	—	29*d*	—	26*d*	—

续表1.10

钢筋种类及抗震等级		混凝土强度等级							
		C25		C30		C35		C40	
		$d\leqslant25$	$d>25$	$d\leqslant25$	$d>25$	$d\leqslant25$	$d>25$	$d\leqslant25$	$d>25$
HRB400、HRBF400	一、二级	$46d$	$51d$	$40d$	$45d$	$37d$	$40d$	$33d$	$37d$
	三级	$42d$	$46d$	$37d$	$41d$	$34d$	$37d$	$30d$	$34d$
HRB500、HRBF500	一、二级	$55d$	$61d$	$49d$	$54d$	$45d$	$49d$	$41d$	$46d$
	三级	$50d$	$56d$	$45d$	$49d$	$41d$	$45d$	$38d$	$42d$

注:1. 混凝土强度等级≥C45 所对应的受拉钢筋抗震锚固长度 l_{aE} 见《22G101-1 图集》。

2. 当为环氧树脂涂层带肋钢筋时,表中数据尚应乘以 1.25。

3. 当纵向受拉钢筋在施工过程中易受扰动时,表中数据尚应乘以 1.1。

4. 当锚固长度范围内纵向受力钢筋周边保护层厚度为 $3d$(d 为锚固钢筋的直径)时,表中数据可乘以 0.8;保护层厚度不小于 $5d$ 时,表中数据可乘以 0.7,中间时按内插取值。

5. 当纵向受拉普通钢筋锚固长度修正系数(注 2 至注 4)多于一项时,可按连乘计算。

6. 受拉钢筋的锚固长度 l_a、l_{aE} 计算值不应小于 200 mm。

7. 四级抗震时 $l_a=l_{aE}$。

8. 当锚固钢筋的保护层厚度不大于 $5d$ 时,锚固长度范围内应设置横向构造钢筋,其直径不应小于 $d/4$(d 为锚固钢筋的最大直径);对梁、柱等构件间距不应大于 $5d$,对板、墙等构件间距不应大于 $10d$,且均不应大于 100 mm(d 为锚固钢筋的最小直径)。

9. HPB300 级钢筋末端应做 180°弯钩。

当可锚固的有效长度大于或等于 $l_{aE}(l_a)$ 时一般采用直锚;当可锚固的有效长度小于 l_{aE}(l_a)时采用弯锚,只要是弯锚,弯折的长度执行规范要求,常见的弯折长度有 $3d$、$5d$、$6d$、$7.5d$、$9d$、$10d$、$11.9d$、$12d$、$15d$、l_a、l_{aE} 和 $1.7l_{abE}$。钢筋弯折要求如图 1.4 所示。

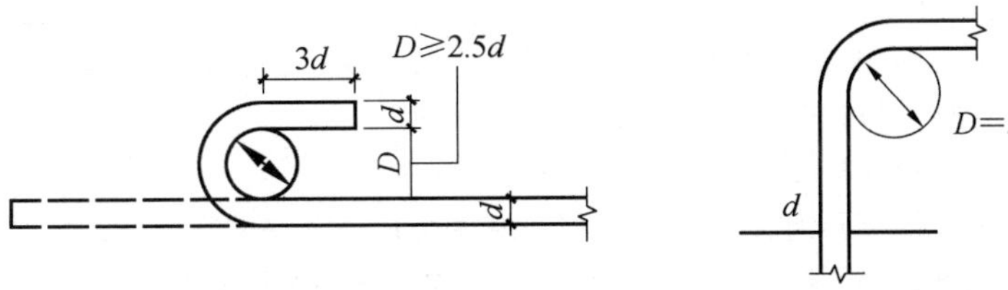

(a) 光圆钢筋末端 180°弯钩　　(b) 末端 90°弯折

图 1.4　钢筋弯折要求

注:钢筋弯折的弯弧内直径 D 应符合下列规定:

1. 光圆钢筋不应小于钢筋直径的 2.5 倍。

2. 400 MPa 级带肋钢筋不应小于钢筋直径的 4 倍。

3. 500 MPa 级带肋钢筋,当直径 $d\leqslant25$ mm 时,不应小于钢筋直径的 6 倍;当直径 $d>25$ mm时,不应小于钢筋直径的 7 倍。

4. 位于框架结构顶层端节点处的梁上部纵向钢筋和柱外侧纵向钢筋,在节点角部弯折处,当钢筋直径$d\leqslant25$ mm时,不应小于钢筋直径的 12 倍;当直径 $d>25$ mm 时,不应小于钢筋直径的 16 倍。

5. 箍筋弯折处尚不应小于纵向受力钢筋直径;箍筋弯折处纵向受力钢筋为搭接或并筋时,应按钢筋实际排布情况确定箍筋弯弧内直径。

1.3.5 钢筋搭接长度

纵向受拉钢筋搭接长度用 l_l 表示，纵向受拉钢筋抗震搭接长度用 l_{lE} 表示，早期的搭接长度由锚固长度乘以修正系数获得，现在可以直接查表，纵向受拉钢筋搭接长度 l_l 和纵向受拉钢筋抗震搭接长度 l_{lE} 分别见表 1.11、1.12。

表 1.11 纵向受拉钢筋搭接长度 l_l

钢筋种类及同一区段内搭接钢筋面积百分率		混凝土强度等级							
		C25		C30		C35		C40	
		$d\leqslant25$	$d>25$	$d\leqslant25$	$d>25$	$d\leqslant25$	$d>25$	$d\leqslant25$	$d>25$
HPB300	≤25%	41*d*	—	36*d*	—	34*d*	—	30*d*	—
	50%	48*d*	—	42*d*	—	39*d*	—	35*d*	—
	100%	54*d*	—	48*d*	—	45*d*	—	40*d*	—
HRB400、HRBF400、RRB400	≤25%	48*d*	53*d*	42*d*	47*d*	38*d*	42*d*	35*d*	38*d*
	50%	56*d*	62*d*	49*d*	55*d*	45*d*	49*d*	41*d*	45*d*
	100%	64*d*	70*d*	56*d*	62*d*	51*d*	56*d*	46*d*	51*d*
HRB500、HRBF500	≤25%	58*d*	64*d*	52*d*	56*d*	47*d*	52*d*	43*d*	48*d*
	50%	67*d*	74*d*	60*d*	66*d*	55*d*	60*d*	50*d*	56*d*
	100%	77*d*	85*d*	69*d*	75*d*	62*d*	69*d*	58*d*	64*d*

注：1. 混凝土强度等级≥C45 所对应的受拉钢筋搭接长度 l_l 见《22G101-1 图集》。

2. 表中数值为纵向受拉钢筋绑扎搭接接头的搭接长度。

3. 两根不同直径的钢筋搭接时，表中 *d* 取钢筋较小直径。

4. 当为环氧树脂涂层带肋钢筋时，表中数据尚应乘以 1.25。

5. 当纵向受拉钢筋在施工过程中易受扰动时，表中数据尚应乘以 1.1。

6. 当搭接长度范围内纵向受力钢筋周边保护层厚度为 3*d*（*d* 为锚固钢筋的直径）时，表中数据可乘以 0.8，保护层厚度不小于 5*d* 时，表中数据可乘以 0.7；中间时按内插取值。

7. 当上述修正系数（注 4 至注 6）多于一项时，可按连乘计算。

8. 当位于同一连接区段内的钢筋搭接接头面积百分率为表中数据中间值时，搭接长度可按内插取值。

9. 任何情况下，搭接长度不应小于 300 mm。

10. HPB300 级钢筋末端应做 180°弯钩。

表 1.12 纵向受拉钢筋抗震搭接长度 l_{lE}

钢筋种类及同一区段内搭接钢筋面积百分率			混凝土强度等级							
			C25		C30		C35		C40	
			$d\leqslant25$	$d>25$	$d\leqslant25$	$d>25$	$d\leqslant25$	$d>25$	$d\leqslant25$	$d>25$
一、二级抗震等级	HPB300	≤25%	$47d$	—	$42d$	—	$38d$	—	$35d$	—
		50%	$55d$	—	$49d$	—	$45d$	—	$41d$	—
	HRB400、HRBF400	≤25%	$55d$	$61d$	$48d$	$54d$	$44d$	$48d$	$40d$	$44d$
		50%	$64d$	$71d$	$56d$	$63d$	$52d$	$56d$	$46d$	$52d$
	HRB500、HRBF500	≤25%	$66d$	$73d$	$59d$	$65d$	$54d$	$59d$	$49d$	$55d$
		50%	$77d$	$85d$	$69d$	$76d$	$63d$	$69d$	$57d$	$64d$
三级抗震等级	HPB300	≤25%	$43d$	—	$38d$	—	$35d$	—	$31d$	—
		50%	$50d$	—	$45d$	—	$41d$	—	$36d$	—
	HRB400、HRBF400	≤25%	$50d$	$55d$	$44d$	$49d$	$41d$	$44d$	$36d$	$41d$
		50%	$59d$	$64d$	$52d$	$57d$	$48d$	$52d$	$42d$	$48d$
	HRB500、HRBF500	≤25%	$60d$	$67d$	$54d$	$59d$	$49d$	$54d$	$46d$	$50d$
		50%	$70d$	$78d$	$63d$	$69d$	$57d$	$63d$	$53d$	$59d$

注:1. 混凝土强度等级≥C45 所对应的受拉钢筋抗震搭接长度 l_{lE} 见《22G101-1 图集》。

2. 表中数值为纵向受拉钢筋绑扎搭接接头的搭接长度。

3. 两根不同直径钢筋搭接时,表中 d 取钢筋较小直径。

4. 当为环氧树脂涂层带肋钢筋时,表中数据尚应乘以 1.25。

5. 当纵向受拉钢筋在施工过程中易受扰动时,表中数据尚应乘以 1.1。

6. 当搭接长度范围内纵向受力钢筋周边保护层厚度为 $3d$(d 为锚固钢筋的直径)时,表中数据可乘以 0.8;保护层厚度不小于 $5d$ 时,表中数据可乘以 0.7;中间时按内插取值。

7. 当上述修正系数(注 4 ~ 注 6)多于一项时,可按连乘计算。

8. 当位于同一连接区段内的钢筋搭接接头面积百分率为 100% 时,$l_{lE}=1.6l_{aE}$。

9. 当位于同一连接区段内的钢筋搭接接头面积百分率为表中数据中间值时,搭接长度可按内插取值。

10. 任何情况下,搭接长度不应小于 300 mm。

11. 四级抗震等级时,$l_{lE}=l_l$。详见《22G101-1 图集》第 2-5 页。

12. HPB300 级钢筋末端应做 180°弯钩,做法详见《22G101-1 图集》第 2-2 页。

1.3.6 钢筋的一般表示方法

钢筋的横截面用实心圆表示,钢筋端部截断、钢筋搭接连接、钢筋焊接、钢筋机械连接、端部带锚固板的钢筋图例见表 1.13。

表 1.13 钢筋图例表

名称	图例	说明
钢筋端部截断		表示长、短钢筋投影重叠时,短钢筋的端部用 45°斜画线表示
钢筋搭接连接		—
钢筋焊接		—

续表1.13

名称	图例	说明
钢筋机械连接		—
端部带锚固板的钢筋		—

1.3.7 保护层和起步距离

混凝土保护层厚度指最外层钢筋外边缘至混凝土表面的距离，简称保护层（concete cover，用 c 表示），混凝土保护层的最小厚度按表 1.14 取值。

表 1.14 混凝土保护层的最小厚度 mm

环境类别	板、墙	梁、柱
一	15	20
二 a	20	25
二 b	25	35
三 a	30	40
三 b	40	50

注：1. 表中混凝土保护层厚度指最外层钢筋外边缘至混凝土表面的距离，适用于设计工作年限为 50 年的混凝土结构。

2. 构件中受力钢筋的保护层厚度不应小于钢筋的公称直径。

3. 一类环境中，设计工作年限为 100 年的结构最外层钢筋的保护层厚度不应小于表中数值的 1.4 倍；二、三类环境中，设计工作年限为 100 年的结构应采取专门的有效措施。四类和五类环境类别的混凝土结构，其耐久性要求应符合国家现行有关标准的规定。

4. 混凝土强度等级为 C25 时，表中保护层厚度数值应增加 5 mm。

5. 基础底面钢筋的保护层厚度，有混凝土垫层时应从垫层顶面算起，且不应小于 40 mm。独立基础、条形基础、筏形基础顶面和侧面的保护层厚度与底面不同，详见《22G101-3 图集》第 57 页。

钢筋的起步距离是指在混凝土构件中，钢筋的起始端与构件边缘或其他钢筋的最小距离。钢筋网片的起步距离取 min(75，s/2)，min 为 minimum 的缩写；s 为钢筋间距，是 spacing 的缩写。柱、梁构件箍筋的起步距离一般为 50 mm，但柱顶最后一道箍筋的起步距离为 150 mm。

1.4 钢筋算量和钢筋翻样的区别

钢筋算量、钢筋翻样的计算依据和使用目的不同，对照表见表 1.15，对比示意图如图 1.5所示。

表 1.15　钢筋算量与钢筋翻样对照表

业务名称	计算依据和方法	目的	重点
造价钢筋算量	按照相关规范及设计图纸，按工程量清单和定额的要求，以“设计长度”进行计算	确定工程造价	以便高效率、快速度确定工程钢筋总用量，用以确定工程造价
现场钢筋翻样	按照相关规范及设计图纸，以“实际长度”进行计算	指导实际工程	既符合相关规范和设计要求，还要满足方便施工、降低成本等施工需求

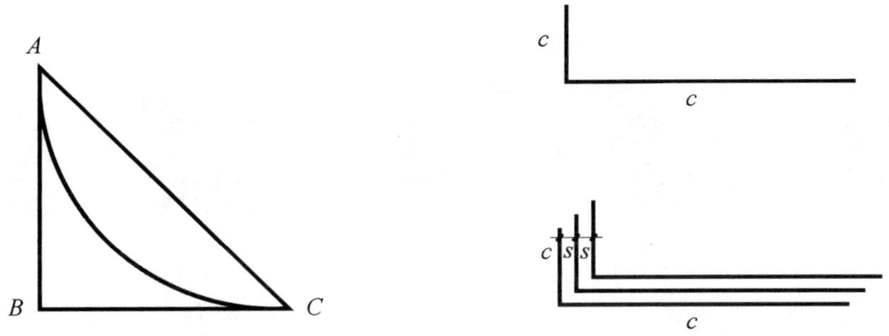

(a) 钢筋算量示意图
对同一根弯锚钢筋而言，直线 AC 为两点间最短距离，弧线 AC（下料长度）大于直线 AC，直线 $AB+BC$（算量长度）大于弧线 AC。

(b) 钢筋翻样示意图
对同一根弯锚钢筋而言，钢筋算量按照所有钢筋距离一个保护层开始弯锚，施工下料外侧钢筋要距离一个保护层开始弯锚，内侧钢筋要预留钢筋间距。

图 1.5　钢筋算量与钢筋翻样对比示意图

1.5　课程结构

把常见房屋的结构类型（砖混结构、框架结构、框架-剪力墙结构、剪力墙结构、筒体结构）分解为基础（独立基础、条形基础、筏形基础、桩基础）、柱、梁、板、楼梯和剪力墙 6 大类构件，通过设计（构件种类、受力情况及钢筋组成、注写方式、钢筋构造）、识图、算量、下料和绑扎等工作过程反复学习 6 大类构件，熟练掌握钢筋设计、识图、算量、下料和绑扎的工作过程。

1.6　实训准备

结合实训说明书，做好实训准备。首先，组建团队，团队人数原则上要求在 4 人以内，有女生的团队最多 5 人。然后，采购材料，根据实训计划，采购 8 号、10 号、12 号、14 号镀锌铁线若干，扎丝若干，查询铁线线密度（表 1.16）确定铁线质量。最后，采购工具，主要有扎钩、老虎钳、尖嘴钳、断线钳、三角锉刀、卷尺、直尺、帆布手套、标记笔、标签纸、胶带纸和创可贴。

表 1.16 铁线线密度表

规格	直径/mm	每米质量/($kg\cdot m^{-1}$)	备注
8 号	4	0.098 72	铁线的理论质量 = 铁线直径^2 × 0.006 17
10 号	3.5	0.075 58	
12 号	2.8	0.048 37	
14 号	2.1	0.027 21	

1.1 课程思政结构表

1.2 课程思政教学设计

1.3 混凝土的发明微课

1.4 钢筋相关知识(上)微课

1.5 钢筋相关知识(下)微课

1.6 图集系列、算量和下料的区别微课

1.7 框架结构 VR 模型

1.8 框架-剪力墙结构 VR 模型

1.9 纯剪力墙结构 VR 模型

1.10 框支结构 VR 模型局部

1.11 框架结构模型动画

1.12 框架-剪力墙结构模型动画

1.13 纯剪力墙结构模型动画

1.14 框支结构模型(局部)动画

1.15 基础、柱、钢筋 VR 模型

1. 16　梁、板、楼梯钢筋 VR 模型

1.17　道路桥梁钢筋 VR 模型

1.18　实训操作区照片

1.19　实训工具照片

1.20　钢筋模型实训指导书

1.21　钢筋模型实训报告

1.22　钢筋基本知识测评

1.23　钢筋基本知识

第2章　基础构件

本章目标

知识目标

(1)了解房屋常见的4种结构类型以及对应的基础类型。
(2)理解5种基础之间的演变关系。

能力目标

能根据工程情况选择适合的基础类型。

素养目标

在满足结构安全的情况下,选择体量小的基础类型,节约材料。

位于柱下的独立基础可以高度抽象为“点”状的基础,把“点”状的独立基础拉长,得到主要位于墙(也可以是柱)下的“线”状条形基础,把“线”状的条形基础拉宽,得到位于整栋楼下面的“面”状筏形基础。筏形基础在有地下室剪力墙的情况下,可以得到立体的箱形基础。如果以上基础满足不了要求,可在以上基础的下面进行打桩,通过承台配合使用。结构类型与基础类型对应关系示意图如图2.1所示,基础演变关系示意图如图2.2所示。

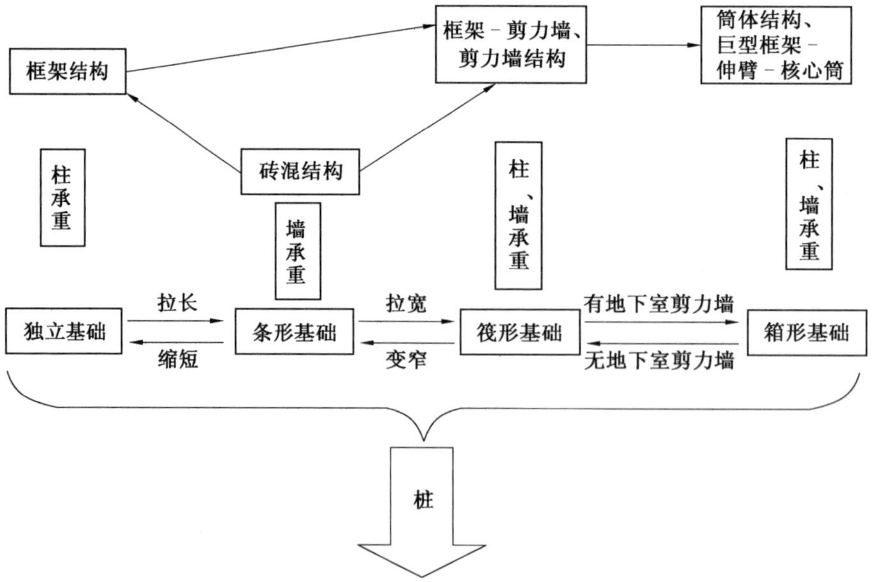

图2.1　结构类型与基础类型对应关系示意图

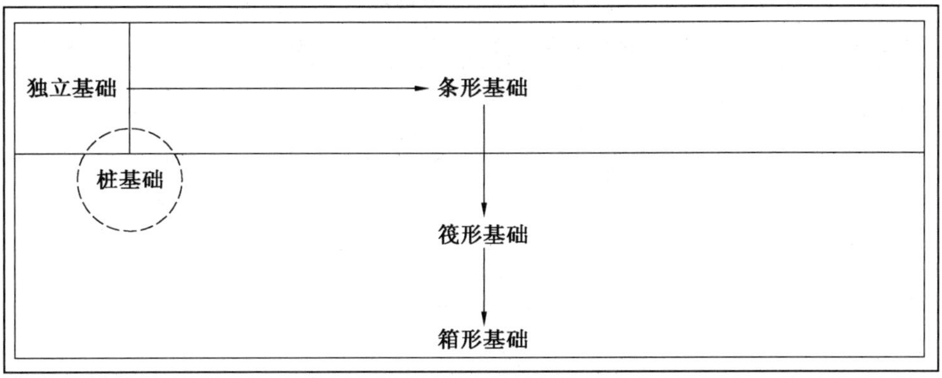

图 2.2　基础演变关系示意图

2.1　独立基础

本节目标

知识目标

(1)理解独立基础是最简单的基础形式。
(2)掌握独立基础的类型、受力情况及钢筋组成。
(3)掌握独立基础的 3 种注写方式。

能力目标

(1)能看懂独立基础截面注写方式、平面注写方式和列表注写方式。
(2)能计算钢筋长度和数量。
(3)能进行团队协作,完成钢筋下料和绑扎实训。

素养目标

(1)理解独立基础简单实用的特点,领悟万丈高楼平地起的务实精神。
(2)学习古代劳动人民的智慧。

2.1.1　独立基础类型

独立基础可分为普通独立基础和杯口独立基础,由于杯口独立基础一般用于预制排架结构的工业厂房和各种单层结构的厂房和支架,本节主要讲解普通独立基础。普通独立基础根据截面形状不同,又分为阶形独立基础和锥形独立基础。独立基础的编号见表 2.1。普通独立基础根据所支持的柱的数量,分为单柱独立基础和双柱独立基础,双柱独立基础往往有两层钢筋网片,底层钢筋网片有减短和满铺两种情况,顶层钢筋网片分为满铺和按根数铺两种情况,如图 2.3 所示。

表 2.1　独立基础的编号

类型	基础底板截面形状	代号	序号
普通独立基础	阶形	DJj	××
	锥形	DJz	××
杯口独立基础	阶形	BJj	××
	锥形	BJz	××

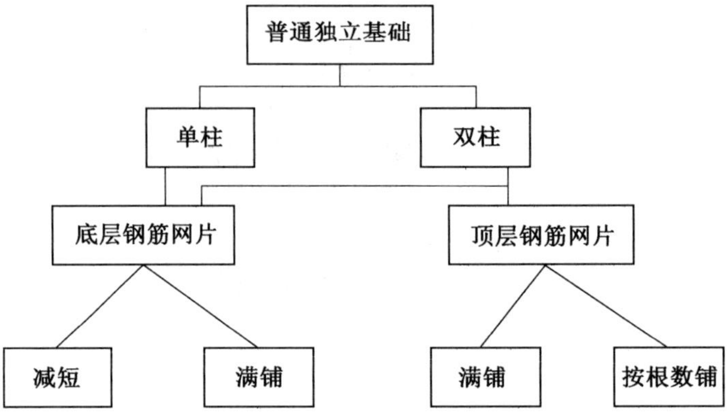

图 2.3　普通独立基础构造分类

2.1.2　独立基础受力情况及钢筋组成

1. 受力情况

基础是建筑物埋入地面以下的承重构件，承担建筑物上部的自重荷载、使用荷载、风荷载和地震力等，并将其传至地基。独立基础作为竖向传递荷载的受压构件，受具体构造形态以及周围环境的影响，主要有受压弯曲、受压剪切和受压双向弯曲 3 种受力形态，如图 2.4 所示。

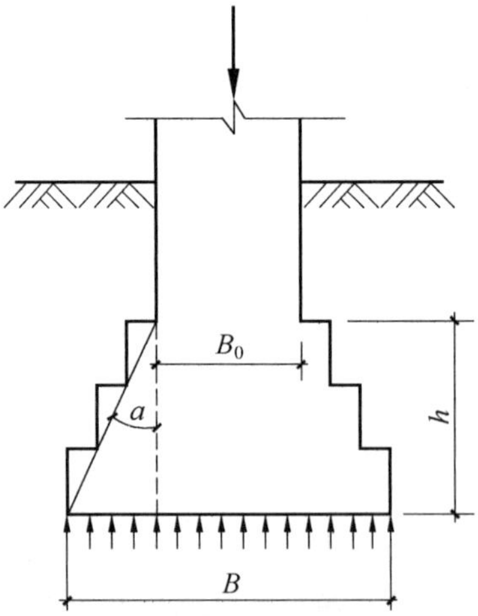

图 2.4　独立基础受力分析图

B—独立基础底部宽度；B_0—柱构件宽度；h—独立基础高度

2. 钢筋组成

独立基础底层由 x 向和 y 向的钢筋形成钢筋网片，顶层由受力筋和分布筋形成钢筋网片，两层之间用马凳筋进行支撑，独立基础钢筋组成见表 2.2。

表 2.2　独立基础钢筋组成表

钢筋名称	简图	备注
x 向钢筋		—
y 向钢筋		顺时针旋转 90°
受力筋		—
分布筋		顺时针旋转 90°
马凳筋		当有两层钢筋网片时

2.1.3　独立基础注写方式

独立基础平法施工图有平面注写、截面注写和列表注写 3 种表达方式，设计者可根据具体工程情况选择 1 种或 2 种方式相结合进行设计。

1. 独立基础平面注写方式

独立基础的平面注写方式分为集中标注和原位标注 2 部分内容。

(1)集中标注。

普通独立基础的集中标注系在基础平面图上集中引注基础编号、截面竖向尺寸、配筋 3 项必注内容，以及基础底面标高(与基础底面基准标高不同时)和必要的文字注解 2 项选注内容。

独立基础集中标注的具体内容规定如下：

①注写独立基础编号(必注内容)，编号由代号和序号组成，应符合表 2.1 所列的规定。

②注写独立基础截面竖向尺寸(必注内容)，下面以普通独立基础进行说明。

注写 $h_1/h_2/\cdots\cdots$，具体标注为：

a. 当基础为阶形截面时，示意图如图 2.5 所示。

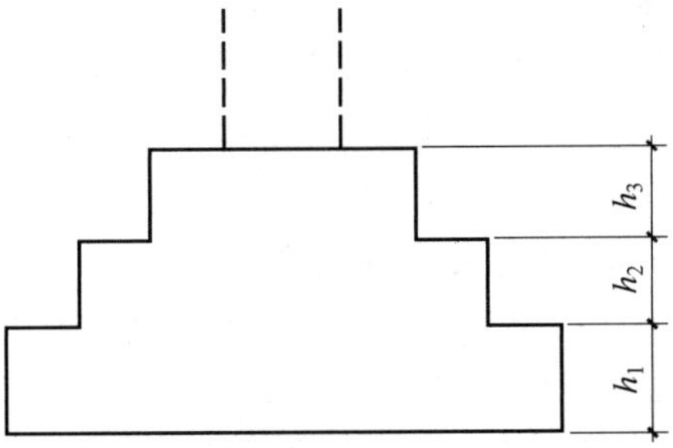

图 2.5　阶形截面普通独立基础竖向尺寸

【例 2.1】　当阶形截面普通独立基础 DJj××的竖向尺寸注写为 400/300/300 时，表示 h_1 = 400 mm、h_2 = 300 mm、h_3 = 300 mm，基础底板总高度为 1 000 mm。

例 2.1 及图 2.5 中独立基础为三阶；当独立基础为更多阶时，各阶尺寸自下而上用"/"分隔顺写；当独立基础为单阶时，其竖向尺寸仅为一个，即为基础总高度，示意图如图 2.6

所示。

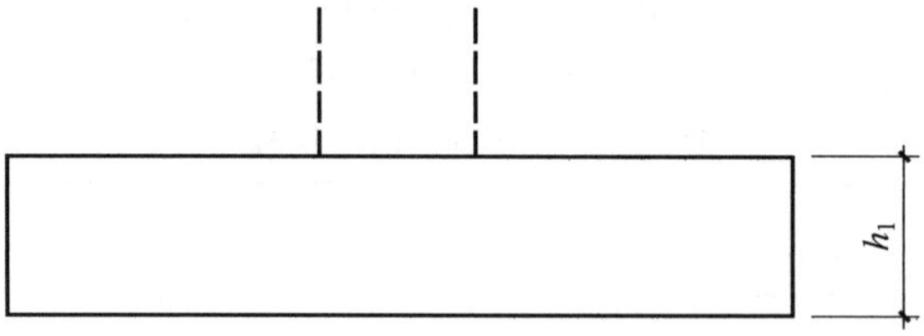

图 2.6 单阶普通独立基础竖向尺寸

b. 当基础为锥形截面时,注写为 h_1/h_2,示意图如图 2.7 所示。

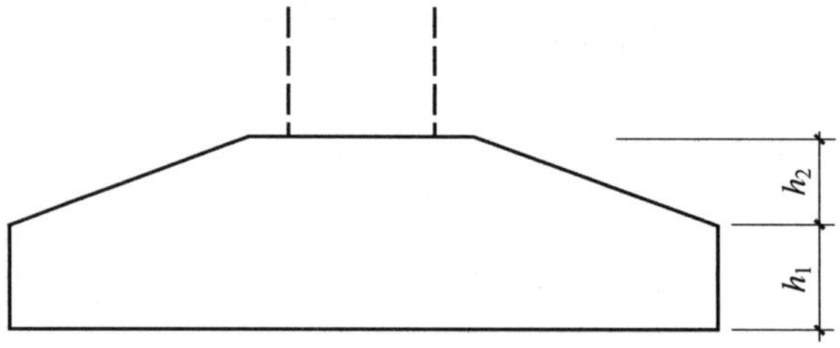

图 2.7 锥形截面普通独立基础竖向尺寸

【例 2.2】 当锥形截面普通独立基础 DJz××的竖向尺寸注写为 350/300 时,表示 h_1 = 350 mm、h_2 = 300 mm,基础底板总高度为 650 mm。

③注写独立基础配筋(必注内容)。

a. 注写独立基础底板配筋。普通独立基础的底部双向配筋注写规定如下:

(a)以 B(bottom)代表各种独立基础底板的底部配筋,以 T(top)代表各种独立基础底板的顶部配筋。

(b)x 向配筋以 X 打头、y 向配筋以 Y 打头注写;当两向配筋相同时,则以 X&Y 打头注写(图面从左至右为 x 向,从下至上为 y 向)。

【例 2.3】 (1)当独立基础底板配筋标注为:B:XC16@150,YC16@200,表示基础底板底部配置 HRB400 级钢筋,x 向钢筋直径为 16 mm,间距为 150 mm;y 向钢筋直径为 16 mm,间距为 200 mm,示意图如 2.8 所示。

(2)当独立基础底板配筋标注为:T:11C18@100 A/10@200,表示独立基础顶部配置纵向受力钢筋 HRB400 级,直径为 18 mm,设置 11 根,间距为 100 mm;配置 HPB300 级分布筋,直径为 10 mm,间距为 200 mm,示意图如 2.9 所示。

b. 注写普通独立基础带短柱竖向尺寸及钢筋。

当独立基础埋深较大时,为了减少首层柱的计算长度,结构设计人员会把首层框架柱的根部加大断面尺寸,这部分加大断面的柱称为“短柱”,其标高范围一般是基础顶至正负零或者室外地坪。当独立基础设置短柱时,短柱配筋应注写在独立基础中。具体注写规定如下:

(a)以 DZ 代表普通独立基础短柱。

(b)先注写短柱纵筋,再注写箍筋,最后注写短柱标高范围。注写为:角筋/x 边中部筋/y 边中部筋,箍筋,短柱标高范围。

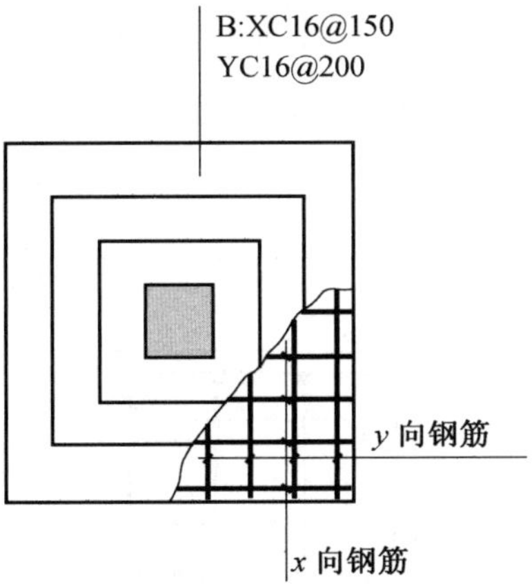

图 2.8　独立基础底板底部双向配筋示意图

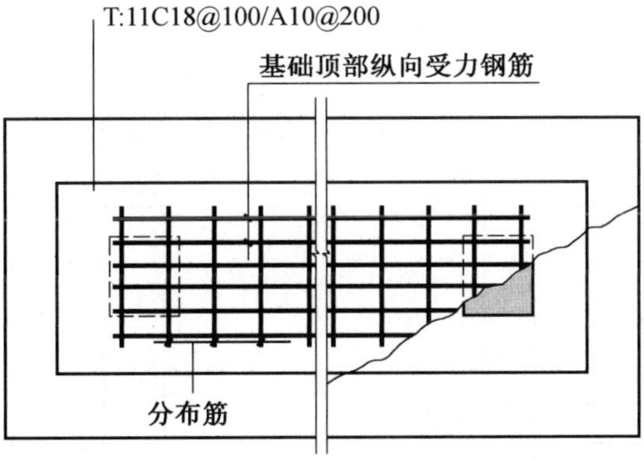

图 2.9　双柱独立基础顶部配筋示意图

【例 2.4】　当短柱配筋标注为：DZ 4C20/5C18/5C18，A10@100，-2.500～-0.050，表示独立基础的短柱设置在-2.500 m～-0.050 m 高度范围内，配置 HRB400 竖向纵筋和 HPB300 箍筋。其竖向纵筋为：角筋 4C20、x 边中部筋 5C18、y 边中部筋 5C18；其箍筋直径为 10 mm，间距为 100 mm，示意图如图 2.10 所示。

(2)原位标注。

原位标注 x、y，x_i、y_i，$i=1,2,3,\cdots$。其中，x、y 为普通独立基础两向边长，x_i、y_i 为阶宽或锥形平面尺寸(当设置短柱时，尚应标注短柱对轴线的定位情况，用 x_{DZi} 表示)。

对称阶形截面普通独立基础的原位标注如图 2.11 所示；非对称阶形截面普通独立基础的原位标注，如图 2.12 所示；设置短柱独立基础的原位标注如图 2.13 所示。

对称锥形截面普通独立基础的原位标注如图 2.14 所示；非对称锥形截面普通独立基础的原位标注如图 2.15 所示。

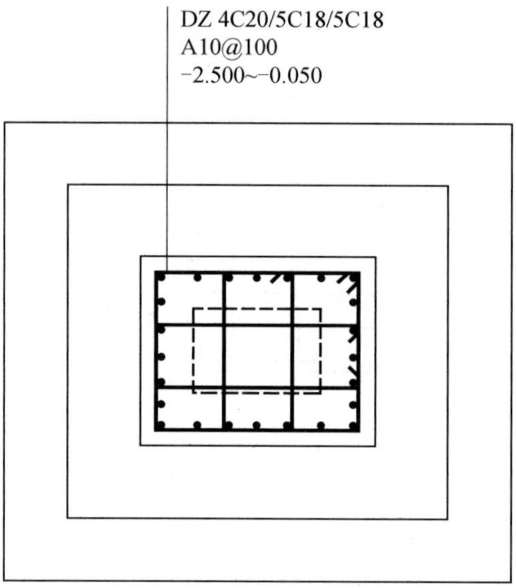

图 2.10　独立基础短柱配筋示意图

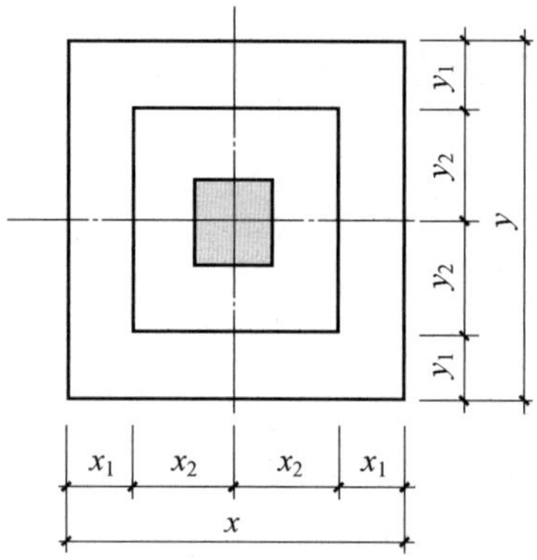

图 2.11　对称阶形截面普通独立基础原位标注

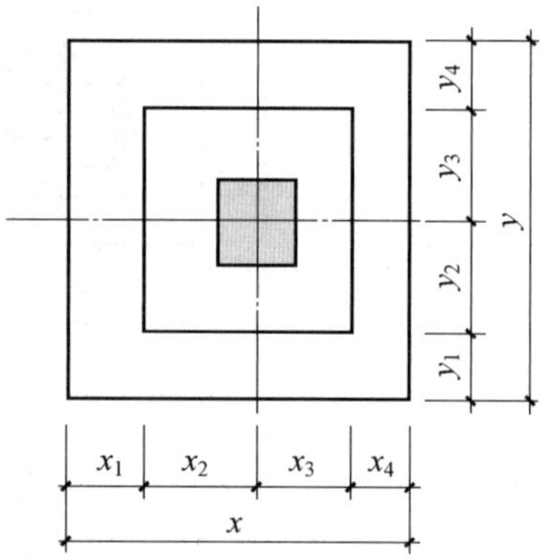

图 2.12　非对称阶形截面普通独立基础原位标注

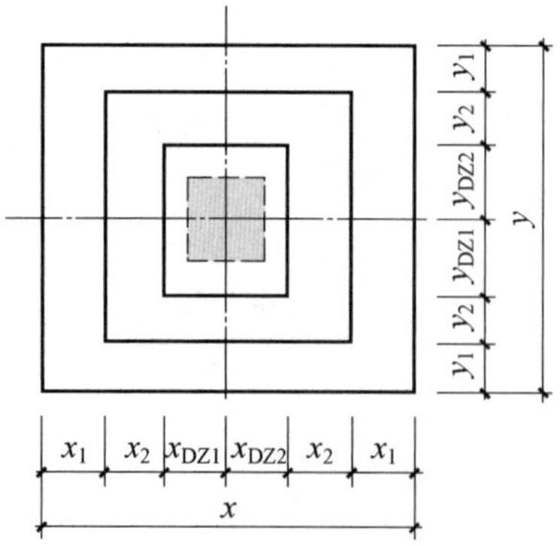

图 2.13　设置短柱独立基础原位标注

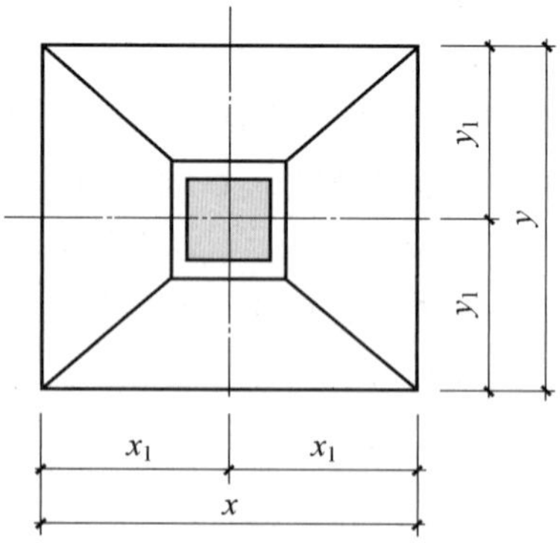

图 2.14　对称锥形截面普通独立基础原位标注

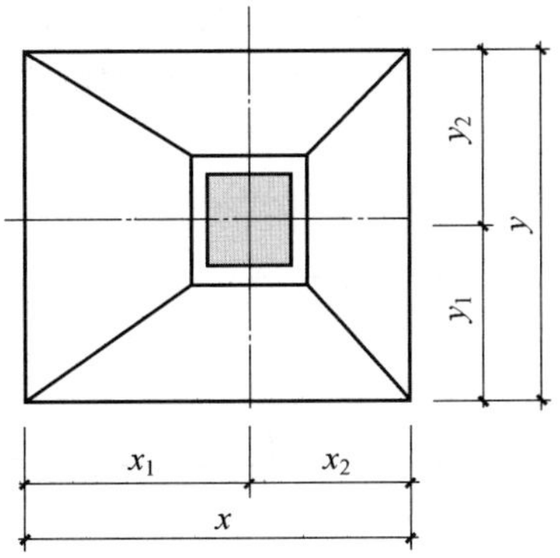

图 2.15　非对称锥形截面普通独立基础原位标注

2. 独立基础截面注写方式

独立基础采用截面注写方式,应在基础平面布置图上对所有基础进行编号,标注独立基础的平面尺寸,并用剖面号引出对应的截面图;对相同编号的基础,可选择一个进行标注,见表 2.1。

对单个基础进行截面标注的内容和形式,与传统"单构件正投影表示方法"基本相同。对于已在基础平面布置图上原位标注清楚的该基础的平面几何尺寸,在截面图上可不再重复表达,具体表达内容可参照《22G101-3 图集》中相应的标准构造。

3. 独立基础列表注写方式

独立基础采用列表注写方式,应在基础平面布置图上对所有基础进行编号,见表 2.1。

对多个同类基础,可采用列表注写(结合平面和截面示意图)的方式进行集中表达。表中内容为基础截面的几何数据和配筋等,在平面和截面示意图上应标注与表中栏目相对应的代号。列表的具体内容规定如下。

普通独立基础列表集中注写栏目为:

①编号:阶形截面编号为 DJj××,锥形截面编号为 DJz××。

②几何尺寸:水平尺寸 x、y,x_i、y_i,$i=1,2,3,\cdots$;竖向尺寸 $h_1/h_2/\cdots$。

③配筋: B:XC××@ ×××,YC××@ ×××。

普通独立基础几何尺寸和配筋表见表 2.3。

表 2.3　普通独立基础几何尺寸和配筋表

基础编号/截面号	截面几何尺寸						底部配筋/B	
	x	y	x_i	y_i	h_1	h_2	x 向	y 向

注:表中可根据实际情况增加栏目。例如:当基础底面标高与基础底面基准标高不同时,加注基础底面标高;当为双柱独立基础时,加注基础顶部配筋或基础梁几何尺寸和配筋;当设置短柱时增加短柱尺寸及配筋等。

2.1.4　独立基础钢筋构造

独立基础底板钢筋分为减短和满铺两种构造,顶部受力筋分为满铺和按根数铺两种构造。阶形独立基础 DJj 底板配筋构造如图 2.16 所示，锥形独立基础 DJz 底板配筋构造如图 2.17 所示，双柱普通独立基础顶、底面钢筋排布构造如图 2.18 所示，独立基础底部钢筋长度减短 10% 构造如图 2.19 所示。

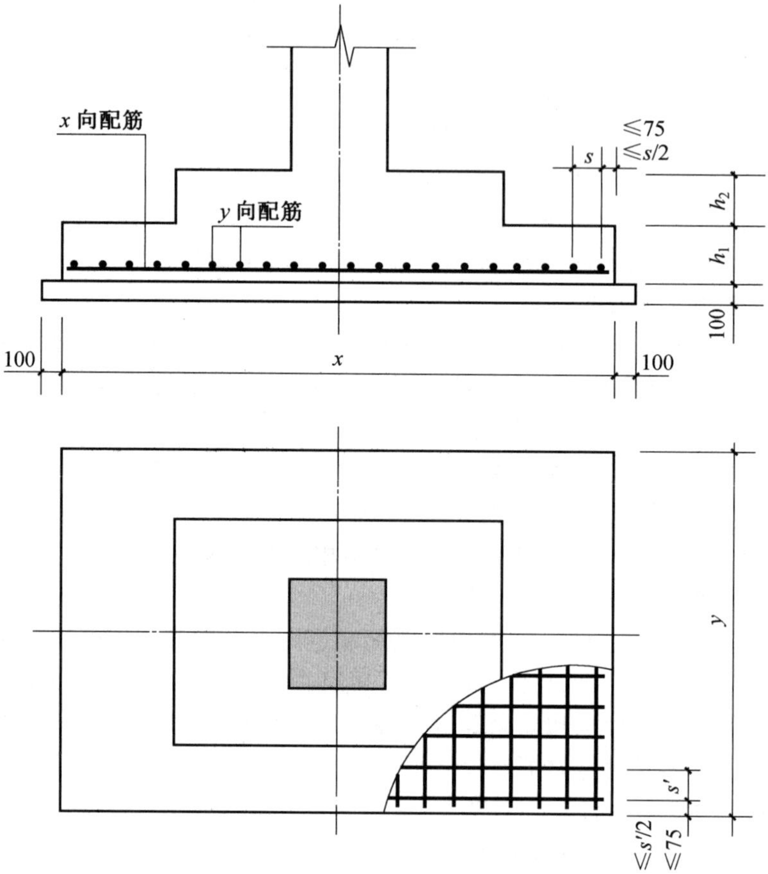

图 2.16 阶形独立基础 DJj 底板配筋构造

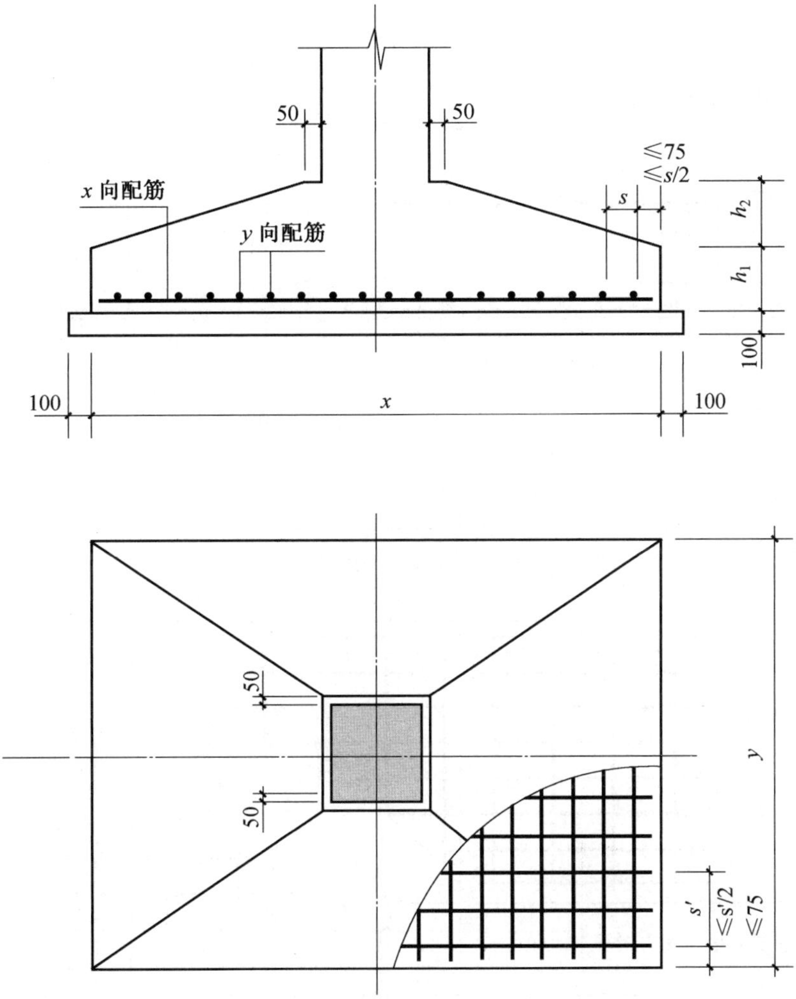

图 2.17　锥形独立基础 DJz 底板配筋构造

注:1. 几何尺寸和配筋构造按具体结构设计和《18G901-3 图集》确定。

2. 独立基础底板双向交叉钢筋长向设置在下,短向设置在上。

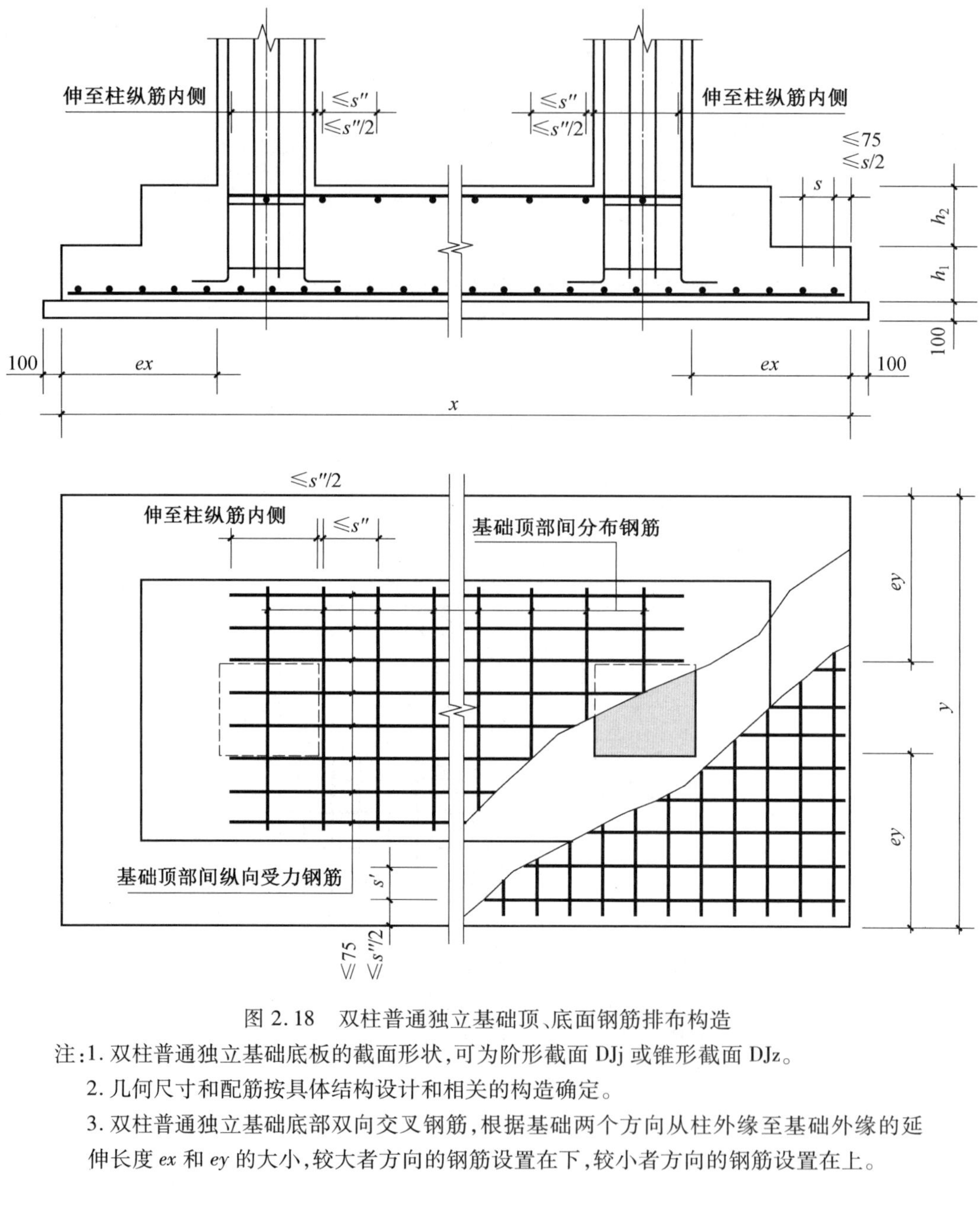

图 2.18 双柱普通独立基础顶、底面钢筋排布构造

注：1. 双柱普通独立基础底板的截面形状，可为阶形截面 DJj 或锥形截面 DJz。

2. 几何尺寸和配筋按具体结构设计和相关的构造确定。

3. 双柱普通独立基础底部双向交叉钢筋，根据基础两个方向从柱外缘至基础外缘的延伸长度 ex 和 ey 的大小，较大者方向的钢筋设置在下，较小者方向的钢筋设置在上。

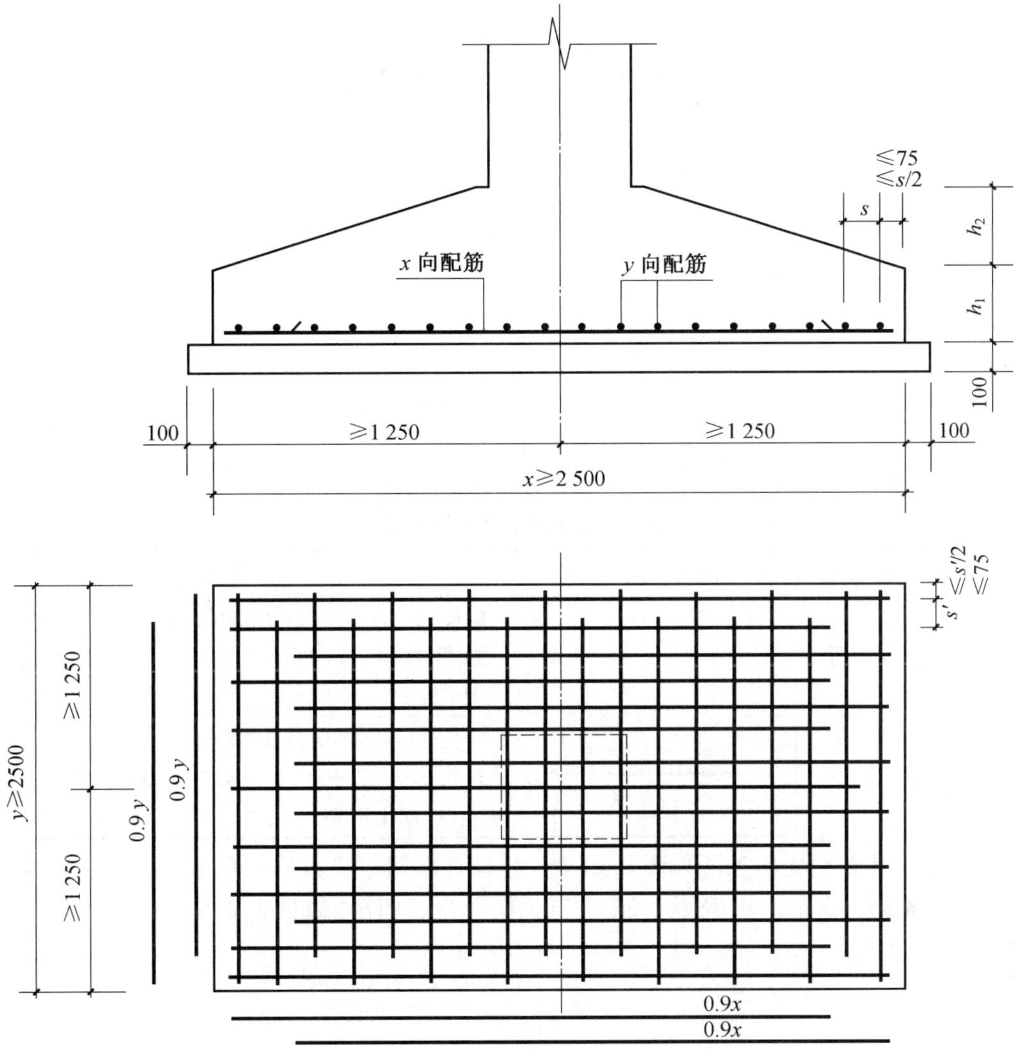

图 2.19　独立基础底部钢筋长度减短 10% 构造

注:1. 当独立基础底板长度≥2 500 mm 时,除外侧钢筋外,底板配筋长度可取相应方向底板长度的 90%,交错放置,四边最外侧钢筋不减短。

2. 当非对称独立基础底板长度≥2 500 mm,但该基础某侧从柱中心至基础底板边缘的距离<1 250 mm时,钢筋在该侧不应减短。

2.1.5　独立基础钢筋算量

普通独立基础平法施工图如图 2.20 所示,混凝土强度等级为 C30,保护层为 40 mm,根据图 2.20 进行识图算量,计算结果见表 2.4。

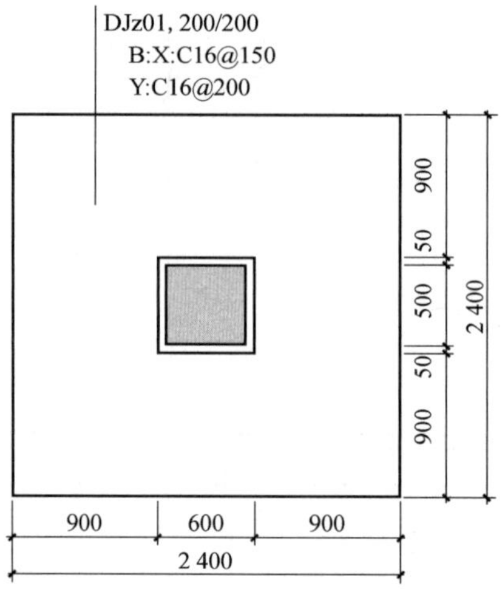

图 2.20 普通独立基础平法施工图

表 2.4 普通独立基础钢筋算量表

序号	钢筋名称	钢筋简图	计算式
1	x 向钢筋	c ———— c	单长=2 400−40×2=2 320(mm) 总根数=[2 400−2 min(75,150/2)]/150+1=16(根)
2	y 向钢筋	c ———— c	单长=2 400−40×2=2 320(mm) 总根数=[2 400−2 min(75,200/2)]/200+1=13(根)(向上取整)

双柱独立基础平法施工图如图 2.21 所示,分布筋超出受力筋 150 mm,混凝土强度等级为 C30,保护层为 40 mm,根据图 2.21 进行识图算量,计算结果见表 2.5。

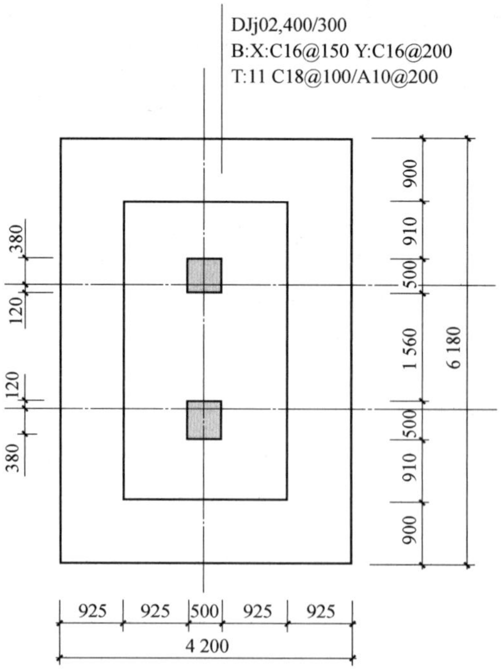

图 2.21 双柱独立基础平法施工图

表2.5　双柱独立基础钢筋算量表

序号	钢筋名称	钢筋简图	计算式
1	B: x外侧	c —— c	单长=4 200−40×2=4 120(mm) 总根数=2 根
2	B: x内侧	$0.9x$	单长=4 200×0.9=3 780(mm) 总根数=[6 180−2 min(75,150/2)]/150+1−2=40(根)(向上取整)
3	B: y外侧	c —— c	单长=6 180−40×2=6 100(mm) 总根数=2 根
4	B: y内侧	$0.9y$	单长=6 180×0.9=5 562(mm) 总根数=[4 200−2 min(75,200/2)]/200+1−2=20(根)(向上取整)
5	T: 受力筋	l_a　柱间距　l_a	单长=35d+1 560+35×18=2 820(mm) 总根数=11 根(已知)
6	T: 分布筋	150　受力筋分布范围　150	单长=150+(11−1)×100+150=1 300(mm) 总根数=[2 820−2 min(75,200/2)]/200+1=15(根)(向上取整)

2.1.6　实训

1.普通独立基础钢筋网片模型制作说明

(1)团队人数要求在4人以内,有女生的团队最多5人。

(2)需要的材料和工具:12号铁线、扎丝、胶带纸、扎钩、老虎钳、尖嘴钳、断线钳、三角锉刀、钢卷尺、帆布手套、标记笔和创可贴。

(3)施工图如图2.20所示,建议比例为1∶5,建议学生提前下料,课堂上进行绑扎,为方便制作,相关尺寸和数量可以进行适当的微调。

(4)模型要准确、精巧、结实。

(5)注意安全,铁线切口要进行安全处理,节约材料,做完模型后清理废料。爱护公共设施,严禁在教室内敲打铁线。

(6)实训指导书见二维码2.18。

2.独立基础钢筋网片实训报告

(1)识图。

对照实训指导书的结构施工图,x向构件长为______mm,y向的构件长为______mm,锥形独立基础第一阶高为______mm,第二阶高为______mm,总高为______mm。“B”表示钢筋放置于独立基础的________,x向的配筋是____________________,含义是________________________________,y向的配筋是______________,含义是______________________________________。

团队负责人签字确认之后方可进行下一步。团队负责人签字:________

(2)算量及下料(表 2.6)。

表 2.6　独立基础钢筋网片实训算量表

序号	钢筋名称	钢筋长度/cm	钢筋数量/根	比例	铁线规格
1	x 向钢筋			1 : 5	10 号
2	y 向钢筋			1 : 5	10 号

团队负责人签字确认之后方可进行下一步。团队负责人签字:________

(3)绘制绑扎示意图。

绘制独立基础的钢筋排布顶视图(含构件边缘线,表达保护层),标注两个方向的钢筋长度、两个方向的钢筋间距值、调整后的起步距离(尺寸以标注为准,可不按比例绘制),用文字简要介绍绑扎流程。

团队负责人签字确认之后方可进行下一步。团队负责人签字:________

(4)实训过程中遇到的问题及解决办法。

(5)思考题:当独立基础底板尺寸超过 2 500 mm 时,钢筋构造有什么不同?当独立基础为双柱时,钢筋网片有几层?

2.1　独立基础课程思政	2.2　基础的演变微课	2.3　独立基础类型、受力及钢筋组成微课	2.4　独立基础注写方式微课	2.5　单柱独立基础钢筋构造和算量微课
2.6　双柱独立基础钢筋构造和算量微课	2.7　实训及绑扎工具创新引导微课	2.8　单柱独立基础钢筋 VR 模型	2.9　双柱独立基础钢筋 VR 模型	2.10　基础的演变动画
2.11　单柱独立基础钢筋模型动画	2.12　双柱独立基础钢筋模型动画	2.13　单柱独立基础钢筋网片照片	2.14　双柱独立基础下层钢筋网片照片	2.15　单柱独立基础案例照片

2.16　双柱独立基础案例照片

2.17　独立基础案例照片

2.18　独立基础实训指导书

2.19　独立基础实训视频

2.20　独立基础实训报告

2.21　独立基础测评

2.22　独立基础课件

2.2　条形基础

本节目标

知识目标

(1)理解条形基础与独立基础的关系。

(2)理解条形基础的受力情况和钢筋组成。

(3)掌握条形基础底板交接处钢筋的布置要求和注写方式。

能力目标

(1)能根据施工图进行钢筋算量。

(2)能根据施工图进行团队钢筋绑扎实训。

素养目标

(1)众人拾柴火焰高,在团队实训中提升动手操作能力和团队协作能力。

(2)发扬精益求精的工匠精神。

2.2.1　条形基础类型

条形基础呈"线条"状,可以理解为由"点"状的独立基础拉长而成,部分条形基础有基础梁,基础梁类似于框架梁(将在第四章梁构件中进行讲解),条形基础梁及底板编号见表2.7。

表 2.7 条形基础梁及底板编号

类型		代号	序号	跨数及有无外伸
基础梁		JL	××	(××)端部无外伸、 (××A)一端有外伸、 (××B)两端有外伸
条形基础底板	坡形	TJBp	××	
	阶形	TJBj	××	

2.2.2 条形基础受力情况及钢筋组成

条形基础与独立基础的受力情况相同,主要有受压弯曲、受压剪切、受压双向弯曲 3 种受力形态。钢筋网片由受力筋和分布筋形成,条形基础钢筋组成表见表 2.8。

表 2.8 条形基础钢筋组成表

钢筋名称	简图	备注
受力筋	——	顺时针旋转 90°
分布筋	——	
马凳筋		当有两层钢筋网片时

2.2.3 条形基础注写方式

条形基础平法施工图有平面注写和列表注写两种表达方式,设计者可根据具体工程情况选择一种,或将两种方式相结合进行条形基础的施工图设计。

1. 条形基础平面注写方式

条形基础底板 TJBp、TJBj 的平面注写方式分集中标注和原位标注两部分内容。

(1)集中标注。

条形基础底板的集中标注内容为:条形基础底板编号、截面竖向尺寸、配筋三项必注内容,以及条形基础底板底面标高(与基础底面基准标高不同时)、必要的文字注解两项选注内容。

具体规定如下:

①注写条形基础底板编号(必注内容),编号由代号和序号组成,应符合表 2.7 的要求。

②注写条形基础底板截面竖向尺寸(必注内容)。注写 $h_1/h_2/\cdots$,具体标注为:

a. 当条形基础底板为坡形截面时,注写为 h_1/h_2,示意图如图 2.22 所示。

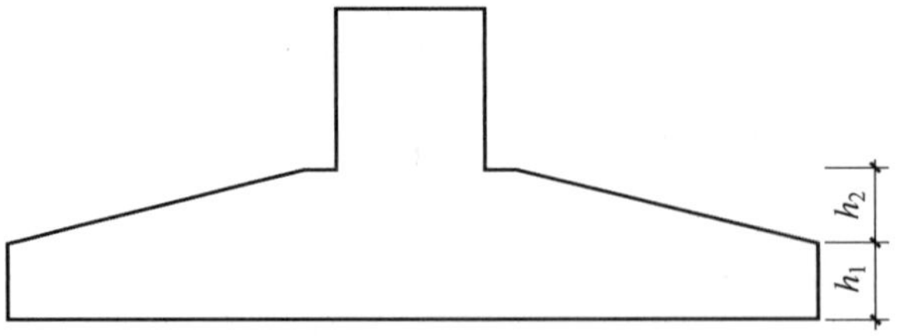

图 2.22 条形基础底板坡形截面竖向尺寸

【例 2.5】 当条形基础底板为坡形截面 TJBp××,其截面竖向尺寸注写为 300/250 时,表示 $h_1=300$ mm、$h_2=250$ mm,基础底板根部总高度为 550 mm。

b. 当条形基础底板为阶形截面时,示意图如图 2.23 所示。

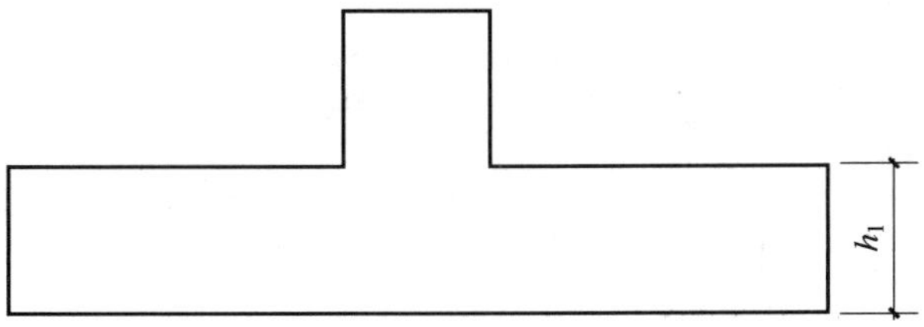

图 2.23　条形基础底板阶形截面竖向尺寸

【例 2.6】　当条形基础底板为阶形截面 TJBj××,其截面竖向尺寸注写为 300 mm 时,表示 h_1=300 mm,即为基础底板总高度。

【例 2.5】及图 2.23 所示为单阶条形基础底板,当为多阶条形基础底板时各阶尺寸自下而上以"/"分隔顺写。

③注写条形基础底板底部及顶部配筋(必注内容)。以 B 打头,注写条形基础底板底部的横向受力钢筋;以 T 打头,注写条形基础底板顶部的横向受力钢筋;注写时,用"/"分隔条形基础底板的横向受力钢筋与纵向分布钢筋,示意图如图 2.24、2.25 所示。

【例 2.7】　条形基础底板配筋标注为:B:C14@150/A8@250,表示条形基础底板底部配置 HRB400 横向受力钢筋,直径为 14 mm,间距为 150 mm;配置 HPB300 纵向分布钢筋、直径为 8 mm,间距为 250 mm。示意图如图 2.24 所示。

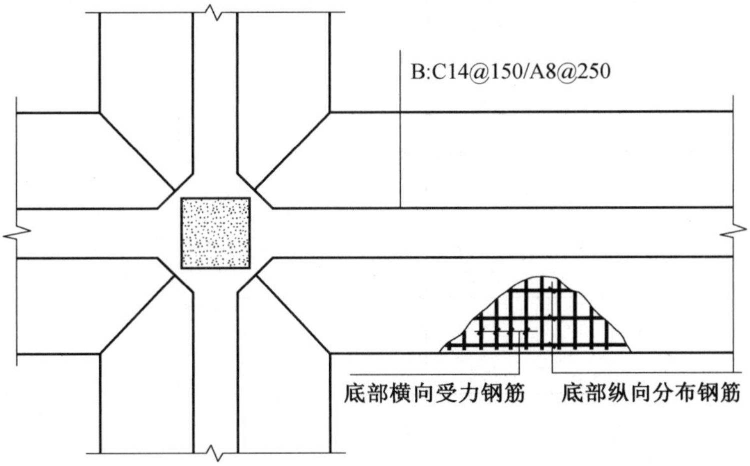

图 2.24　条形基础底板底部配筋示意图

【例 2.8】　当为双梁(或双墙)条形基础底板时,除在底板底部配置钢筋外,一般尚需在两根梁或两道墙之间的底板顶部配置钢筋,其中横向受力钢筋的锚固长度从梁的内边缘(或墙内边缘)起算,示意图如图 2.25 所示。

④注写条形基础底板底面标高(选注内容)。当条形基础底板的底面标高与条形基础底面基准标高不同时,应将条形基础底板底面标高注写在"( )"内。

⑤必要的文字注解(选注内容)。当条形基础底板有特殊要求时,应增加必要的文字注解。

(2)原位标注。

原位注写条形基础底板的平面定位尺寸。原位标注 b、b_i(i=1,2,…)。其中,b 为基础

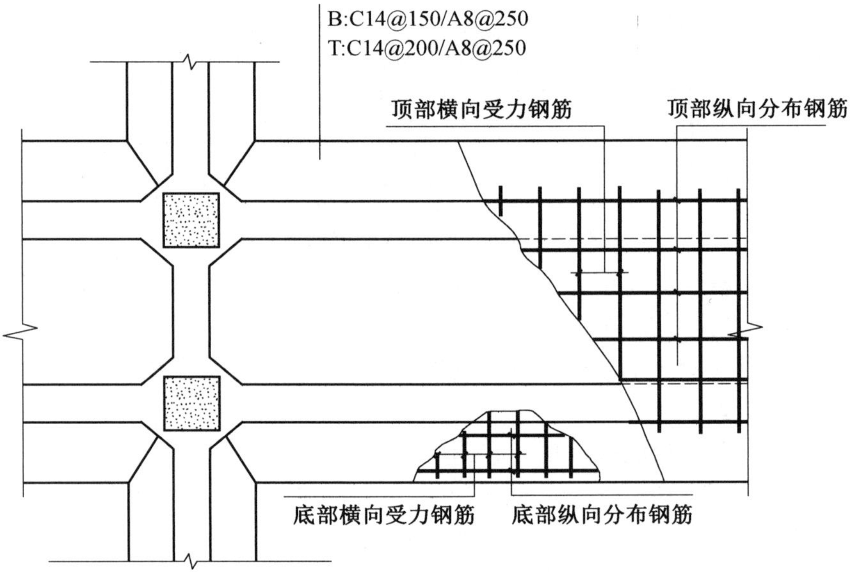

图 2.25 双梁条形基础底板配筋示意图

底板总宽度，b_i 为基础底板台阶的宽度。

当基础底板采用对称于基础梁的坡形截面或单阶形截面时，b_i 可不注，如图 2.26 所示。

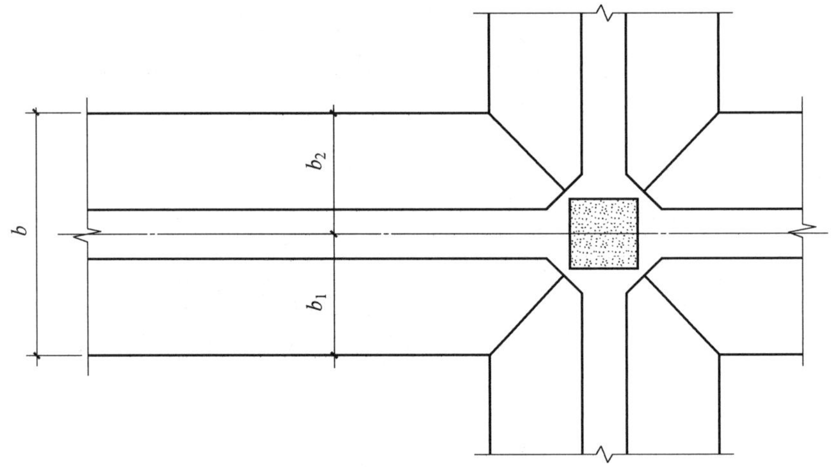

图 2.26 条形基础底板平面尺寸原位标注

2. 条形基础列表注写方式

条形基础采用列表注写方式，应在基础平面布置图上对所有条形基础进行编号，编号原则见表 2.7。对多个条形基础可采用列表注写（结合截面示意图）的方式进行集中表达。表中内容为条形基础截面的几何数据和配筋，截面示意图上应标注与表中栏目相对应的代号。条形基础底板列表集中注写栏目如下。

（1）编号：坡形截面编号为 TJBp××（××）、TJBp××（××A）或 TJBp××（××B）；阶形截面编号为 TJBj××（××）、TJBj××（××A）或 TJBj××（××B）。

（2）几何尺寸：水平尺寸 b、b_i（i=1，2，…）；竖向尺寸 h_1/h_2。

(3)配筋:B:C××@ ×××/C××@ ×××。条形基础底板列表格式见表 2.9。

表 2.9　条形基础底板几何尺寸和配筋表

基础底板编号/截面号	截面几何尺寸			底板配筋(B)	
	b	b_i	h_1/h_2	横向受力钢筋	纵向分布钢筋

2.2.4　条形基础钢筋构造

受力筋和分布筋均为直线型(光圆钢筋带弯钩除外),分布筋与另一个方向的受力筋搭接长度为 150 mm,基础梁范围内不设分布筋,条形基础底板钢筋构造如图 2.27 ~2.29 所示。

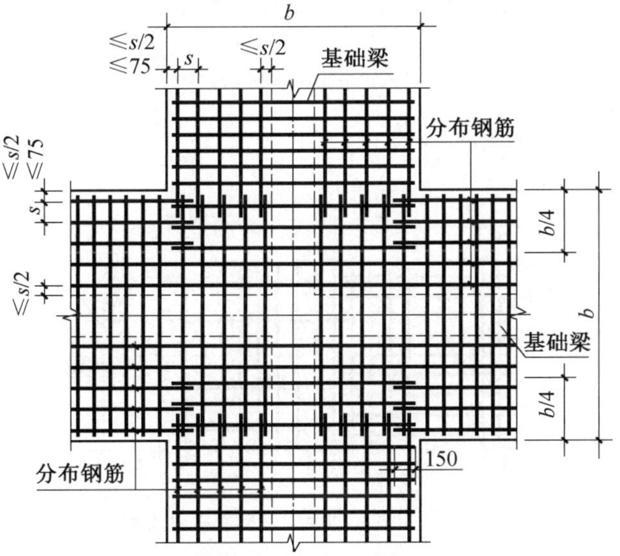

(a) 十字交接基础底板，也可用于转角梁板端部均有纵向延伸

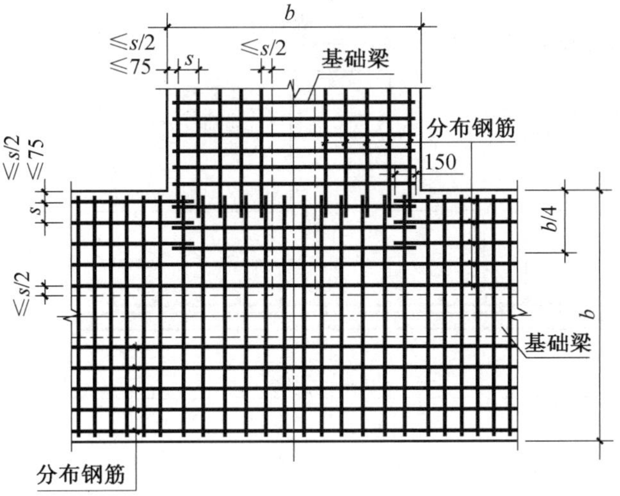

(b) 丁字交接基础底板

图 2.27　条形基础底板钢筋排布构造

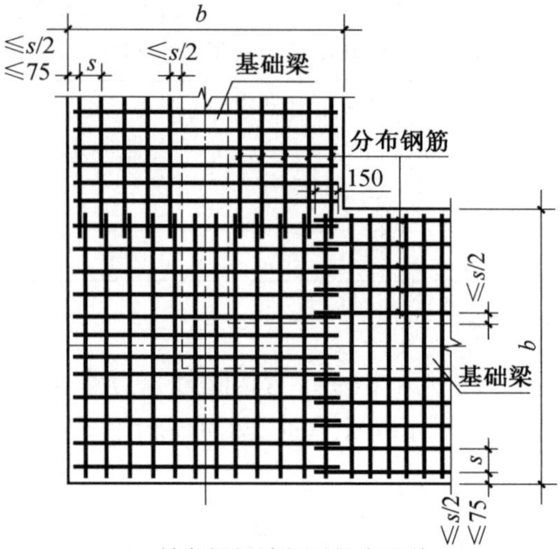

(c) 转角梁板端部无纵向延伸

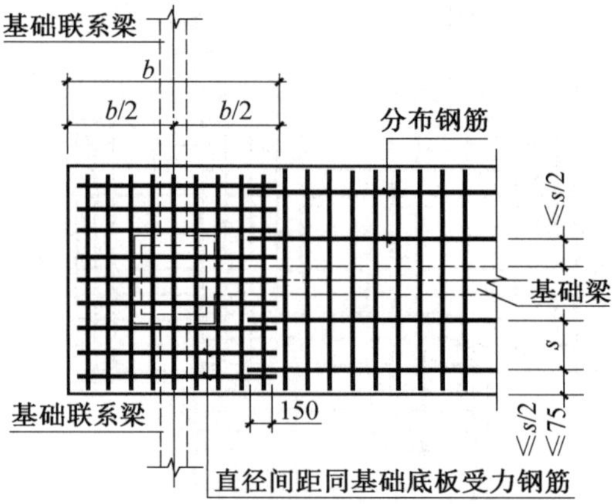

(d) 条形基础无交接底板端部构造

续图 2.27

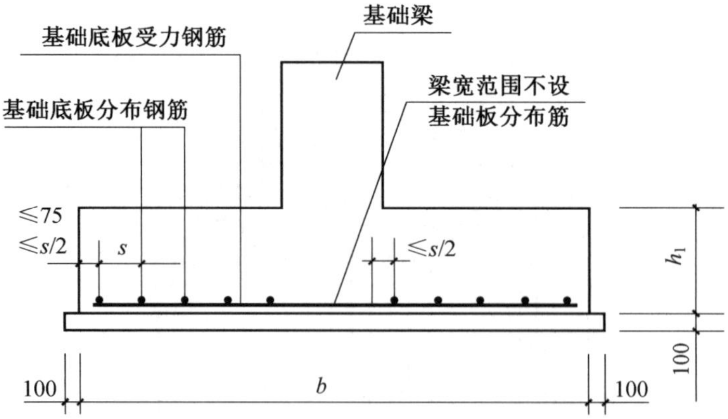

图 2.28 阶形条形基础底板钢筋排布构造

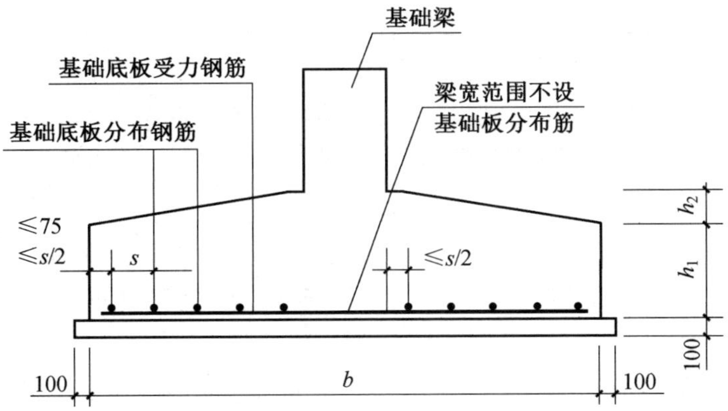

图 2.29　坡形条形基础底板钢筋排布构造

注：1. 基础底板的分布钢筋在梁宽范围内不设置。

2. 在两向受力钢筋交接处的网状部位，分布钢筋与同向受力钢筋的构造搭接长度为 150 mm。

2.2.5　条形基础钢筋算量

条形基础平法施工图如图 2.30 所示，分布筋与受力筋搭接长度为 150 mm，保护层为 40 mm，编号为 2 的条形基础两端视为末端，根据图 2.30 进行识图算量，计算结果见表 2.10。

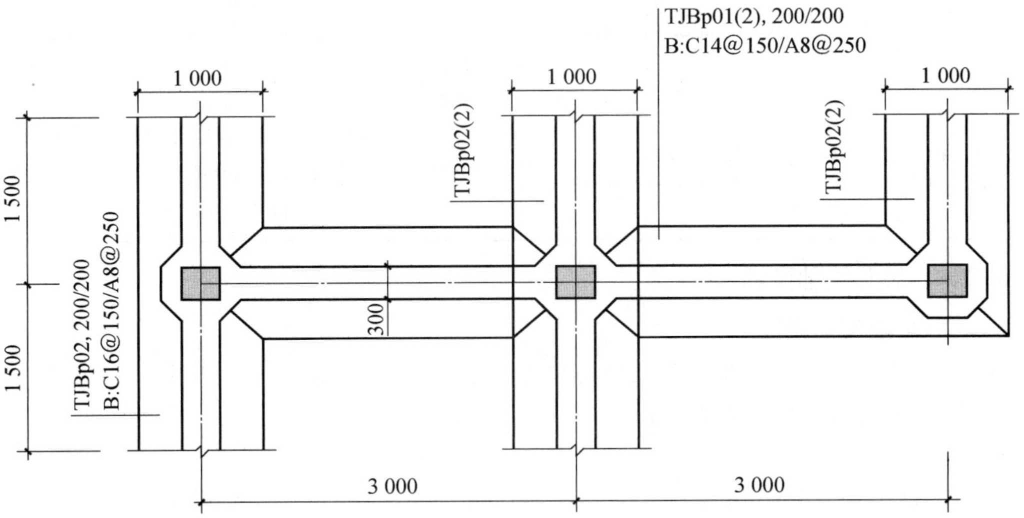

图 2.30　条形基础平法施工图

表 2.10　条形基础钢筋算量表

序号	钢筋名称	钢筋简图	计算式
1	丁字横、十字主受力筋	c———c	单长 = 1 000−40×2 = 920(mm) 根数 = [3 000 − 2min(75, 150/2)]/150 + 1 = 20(根)

续表2.10

序号	钢筋名称	钢筋简图	计算式
2	丁字横、十字主分布筋		单长=3 000-40×2=2 920(mm) 单侧根数=[(1 000-300)/2-2 min(75,250/2)]/250+1=2(根)(向上取整)
3	丁字竖(十字次左跨)受力筋		单长=1 000-40×2=920(mm) 根数=(3 000-2×1 000/2+2×1 000/4)/150+1=18(根)
4	丁字竖(十字次左跨)分布筋	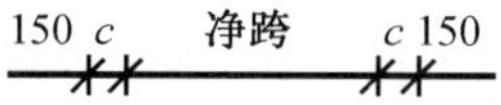	单长=150+40+3 000-2×1 000/2+40+150=2 380(mm) 单侧根数=[(1 000-300)/2-2 min(75,250/2)]/250+1=2(根)(向上取整)
5	十字次右跨受力筋		单长=1 000-40×2=920(mm) 根数=[3 000-500+1 000/4+500-min(75,150/2)]/150+1=23(根)(向上取整)
6	十字次右跨分布筋	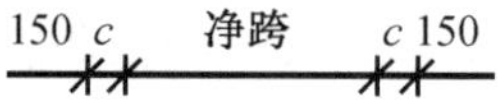	同丁字竖(十字次左跨)分布筋
7	直转角无外伸受力筋		单长=1 000-40×2=920(mm) 根数=[1 500+1 000/2-2 min(75,150/2)]/150+1=14(根)(向上取整)
8	直转角无外伸分布筋	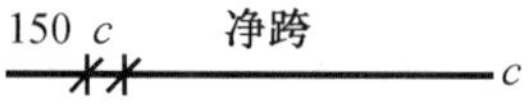	单长=150+40+1 500-1 000/2-40=1 150(mm) 单侧根数=[(1 000-300)/2-2 min(75,250/2)]/250+1=2(根)(向上取整)

2.2.6 条形基础实训

1. 条形基础实训说明

根据图2.30制作条形基础钢筋网片模型,比例为1∶5。实训指导书见二维码2.30。

2. 条形基础钢筋网片实训报告

(1)识图。

对照实训指导书的结构施工图,条形基础底板宽为________mm,梁宽为________mm,两个底板的配筋相同,受力筋的配筋是__________________________,含义是______________________________,分布筋的配筋是______________________,含义是______________________________,坡形条形基础第一阶高为________mm,第二阶高为________mm,总高为________mm。

团队负责人签字确认之后方可进行下一步。团队负责人签字:________

(2)算量及下料(表 2.11)。

表 2.11　条形基础实训算量表

序号	钢筋名称	钢筋长度/cm	钢筋数量/根	比例	铁线规格	备注
1	受力筋			1 : 5	8、10 号	数量有调整
2	分布筋一			—	12 号	长度调整为独立基础
3	分布筋二			—	12 号	长度调整为筏形基础上层 y 向
4	分布筋三			—	12 号	长度微调

说明:因为条形基础受力筋较多,分布筋过长,为了方便操作,做了适当调整。

(3)绑扎示意图。

分别绘制 6 块条形基础底板的钢筋排布顶视图(含构件边缘线,表达保护层),标注两个方向的钢筋长度、两个方向的钢筋间距值、调整后的起步距离(尺寸以标注为准,可不按比例绘制),用文字简要介绍绑扎流程。

团队负责人签字确认之后方可进行下一步。团队负责人签字:________

(4)实训过程中遇到的问题及解决办法。

(5)思考题:当条形基础底板尺寸超过 2 500 mm 时,钢筋如何构造? 当条形基础为多墙或者多梁时,钢筋网片有几层?

2.23　条形基础课程思政

2.24　条形基础概论微课

2.25　条形基础钢筋算量微课

2.26　条形基础 VR 钢筋网片

2.27　条形基础钢筋模型动画

2.28　条形基础钢筋网片照片

2.29　条形基础案例照片

2.30　条形基础实训指导书

2.31　条形基础实训视频

2.32　条形基础实训报告

2.33　条形基础测评

2.34　条形基础课件

2.3 筏形基础

本节目标

知识目标

(1)理解筏形基础与条形基础的关系。
(2)理解筏形基础的受力情况和钢筋组成。
(3)掌握筏形基础底板端部的钢筋构造。

能力目标

(1)能根据施工图进行钢筋算量。
(2)能根据施工图进行团队钢筋绑扎实训。

素养目标

(1)众人拾柴火焰高,在团队实训中提升动手操作能力和团队协作能力。
(2)发扬精益求精的工匠精神。

2.3.1 筏形基础类型

筏形基础包括平板式筏形基础、柱下板带,跨中板带,梁板式筏形基础、柱墩、窗井墙。梁板式筏形基础构件编号见表2.12,基础梁类似于框架梁,将在第四章梁构件中进行讲解。

表2.12 梁板式筏形基础构件编号

构件类型	代号	序号	跨数及有无外伸
基础主梁(柱下)	JL	××	(××)或(××A)或(××B),(××A)表示一端有外伸,(××B)表示两端有外伸,外伸不计入跨数
基础次梁	JCL	××	
梁板式筏形基础平板	LPB	××	

2.3.2 梁板式筏形基础受力情况及钢筋组成

与独立基础的受力情况相同,梁板式筏形基础主要有受压弯曲、受压剪切、受压双向弯曲3种受力形态。由底部贯通钢筋(底筋)、顶部贯通钢筋(面筋)、U形构造封边钢筋、分布筋、附加非贯通钢筋、马凳筋、拉筋(人防工程)形成双层双向及以上的钢筋网片。筏形基础钢筋组成表见表2.13。

表2.13 筏形基础钢筋组成表

序号	钢筋名称	简图	备注
1	底部 x 向钢筋		

续表2.13

序号	钢筋名称	简图	备注
2	底部 y 向钢筋		顺时针旋转 90°
3	顶部 x 向钢筋		右端有外伸
4	顶部 y 向钢筋		无外伸，顺时针旋转 90°
5	U 形构造封边钢筋		转为平面
6	分布筋		
7	附加非贯通钢筋		端部
			中部
8	马凳筋	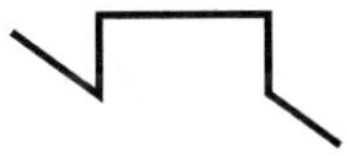	
9	拉筋		人防工程

2.3.3　筏形基础注写方式

1. 传统注写方式

传统注写方式是在钢筋简图上标注配筋信息。下部 x 向的贯通钢筋 90°的弯钩朝上，下部 y 向的贯通钢筋 90°的弯钩朝左，下部 x、y 向的非贯通钢筋弯钩的方向与贯通筋相同。上部有外伸的钢筋 90°的弯钩朝下，上部无外伸的钢筋用 45°的箭头表示，x 向箭头朝下，y 向箭头朝右，如图 2.31 所示。

2. 平面注写方式

梁板式筏形基础平板 LPB 的平面注写，分为集中标注与原位标注两部分内容。

(1)梁板式筏形基础平板集中标注。

梁板式筏形基础平板 LPB 的集中标注，应在所表达的板区双向均为第一跨(x 与 y 双向首跨)的板上引出(图面从左至右为 x 向，从下至上为 y 向)。

板区划分条件：板厚相同、基础平板底部与顶部贯通纵筋配置相同的区域为同一板区。

集中标注的内容规定如下：

①注写基础平板的编号，见表 2.12。

②注写基础平板的截面尺寸。注写 h=×××表示板厚。

③注写基础平板的底部与顶部贯通纵筋及其跨数及外伸情况。先注写 x 向底部(B 打头)贯通纵筋与顶部(T 打头)贯通纵筋及纵向长度范围；再注写 y 向底部(B 打头)贯通纵

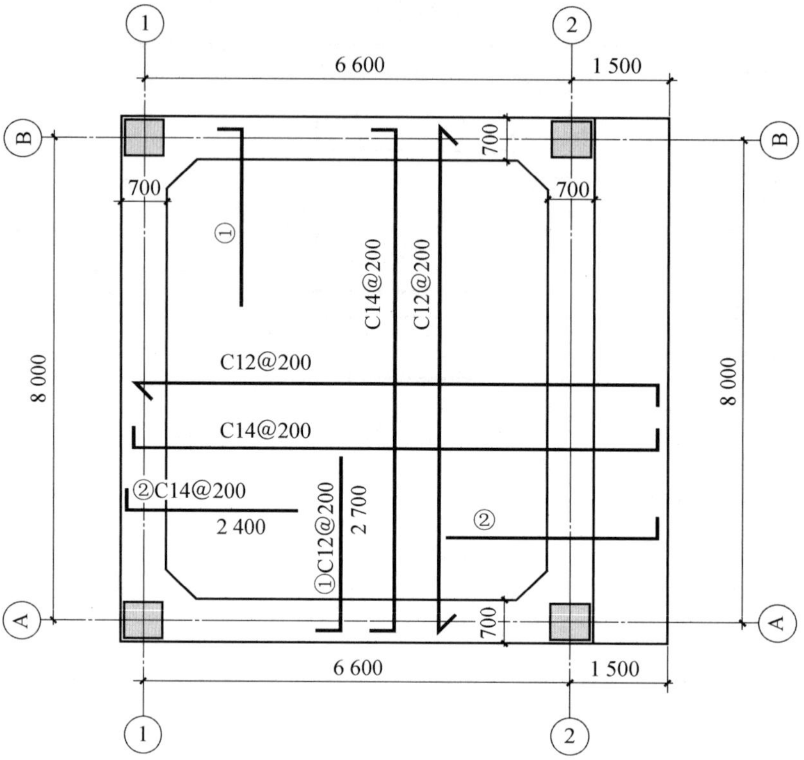

图 2.31 筏形基础平板传统注写方式

筋与顶部(T 打头)贯通纵筋及其跨数与外伸情况(图面从左至右为 x 向,从下至上为 y 向)。

贯通纵筋的跨数及外伸情况注写在括号中,注写方式为“跨数及有无外伸”,其表达形式为:(××)(无外伸)、(××A)(一端有外伸)或(××B)(两端有外伸)。

注:基础平板的跨数以构成柱网的主轴线为准;两主轴线之间无论有几道辅助轴线(例如框筒结构中混凝土内筒中的多道墙体),均可按一跨考虑。

【例 2.9】 X:BC22@150;TC20@150;(5B)

Y:BC20@200;TC18@200;(7A)

表示基础平板 x 向底部配置 C22 间距 150 mm 的贯通纵筋,顶部配置 C20 间距 150 mm 的贯通纵筋,共 5 跨两端有外伸;y 向底部配置 C20 间距 200 mm 的贯通纵筋,顶部配置 C18 间距 200 mm 的贯通纵筋,共 7 跨一端有外伸。

当贯通筋采用两种规格钢筋“隔一布一”方式时,表达为 $\phi xx/yy$@×××,表示直径 xx 的钢筋和直径 yy 的钢筋之间的间距为×××,直径为 xx 的钢筋、直径为 yy 的钢筋间距分别为×××的 2 倍。

【例 2.10】 C10/12@100 表示贯通纵筋为 C10、C12 隔一布一,相邻 C10 与 C12 之间距离为 100 mm。

(2)梁板式筏形基础平板原位标注。

梁板式筏形基础平板 LPB 的原位标注主要表达板底部附加非贯通纵筋。

①原位注写位置及内容。

板底部原位标注的附加非贯通纵筋应在配置相同跨的第一跨表达(当在基础梁悬挑部

位单独配置时则在原位表达)。在配置相同跨的第一跨(或基础梁外伸部位),垂直于基础梁绘制一段中粗虚线(当该筋通长设置在外伸部位或短跨板下部时,应画至对边或贯通短跨),在虚线上注写编号(如①、②等)、配筋值、横向布置的跨数及是否布置到外伸部位。

注:(××)为横向布置的跨数,(××A)为横向布置的跨数及一端基础梁的外伸部位,(××B)为横向布置的跨数及两端基础梁外伸部位。

板底部附加非贯通纵筋自支座边线向两边跨内的伸出长度值注写在线段的下方位置。当该筋向两侧对称伸出时,可仅在一侧标注,另一侧不注;当布置在边梁下时,向基础平板外伸部位一侧的伸出长度与方式按标准构造,设计不注。底部附加非贯通筋相同者,可仅注写一处,其他只注写编号。

横向连续布置的跨数及是否布置到外伸部位,不受集中标注贯通纵筋的板区限制。

【例 2.11】　在基础平板第一跨原位注写底部附加非贯通纵筋 C18@300(4A),表示在第一跨至第四跨板且包括基础梁外伸部位横向配置 C18@300 底部附加非贯通纵筋。伸出长度略。

原位注写的底部附加非贯通纵筋与集中标注的底部贯通钢筋,宜采用“隔一布一”的方式布置,即基础平板(x 向或 y 向)底部附加非贯通纵筋与贯通纵筋间隔布置,其标注间距与底部贯通纵筋相同(两者实际组合后的间距为各自标注间距的 1/2)。

【例 2.12】　原位注写的基础平板底部附加非贯通纵筋为⑤C22@300(3),该 3 跨范围集中标注的底部贯通纵筋为 BC22@300,在该 3 跨支座处实际横向设置的底部纵筋合计为 C22@150。其他与⑤号筋相同的底部附加非贯通纵筋可仅注编号⑤。

【例 2.13】　原位注写的基础平板底部附加非贯通纵筋为②C25@300(4),该 4 跨范围集中标注的底部贯通纵筋为 C22@300,表示该 4 跨支座处实际横向设置的底部纵筋为 C25 和 C22 间隔布置,彼此间距为 150 mm。

②注写修正内容。

当集中标注的某些内容不适用于梁板式筏形基础平板某板区的某一板跨时,应由设计者在该板跨内注明,施工时应按注明内容取用。

③当若干基础梁下基础平板的底部附加非贯通纵筋配置相同时(其底部、顶部的贯通纵筋可以不同),可仅在一根基础梁下做原位注写,并在其他梁上注明“该梁下基础平板底部附加非贯通纵筋同××基础梁”。

2.3.4　梁板式筏形基础平板钢筋构造

梁板式筏形基础平板钢筋构造主要包括等截面、变截面和封边构造,与基础梁平行的钢筋不布置到梁内,梁板式筏形基础平板钢筋构造如图 2.32 ~ 2.41 所示。

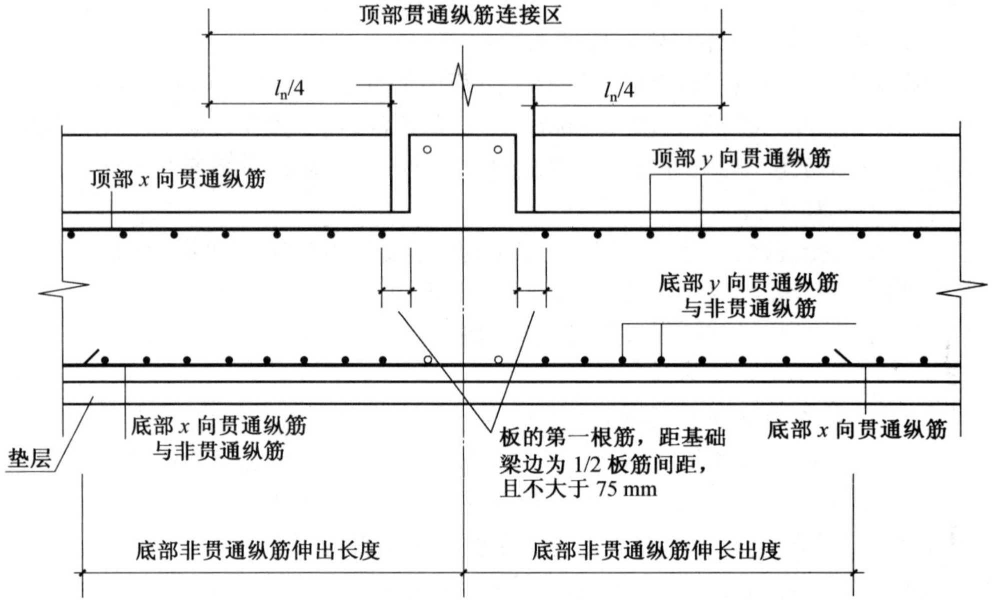

图 2.32 梁板式筏形基础平板 LPB 钢筋排布构造(柱下区域)

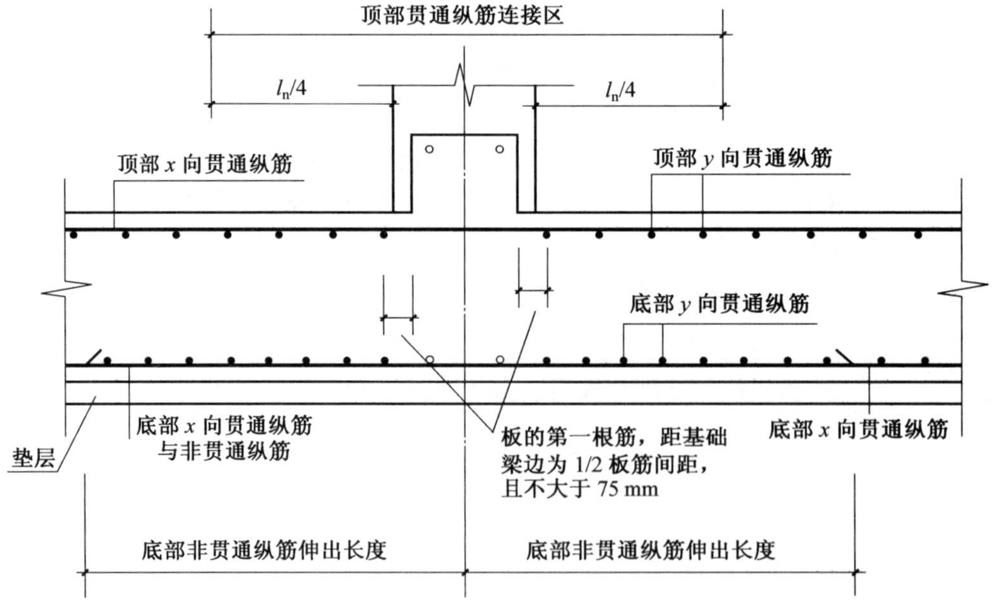

图 2.33 梁板式筏形基础平板 LPB 钢筋排布构造(跨中区域)

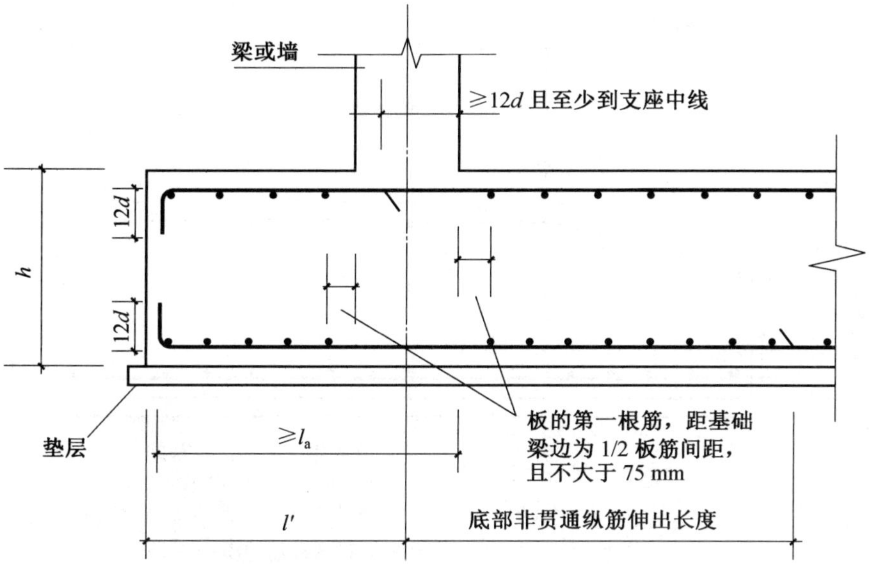

图 2.34　梁板式筏形基础平板端部等截面外伸部位钢筋排布构造

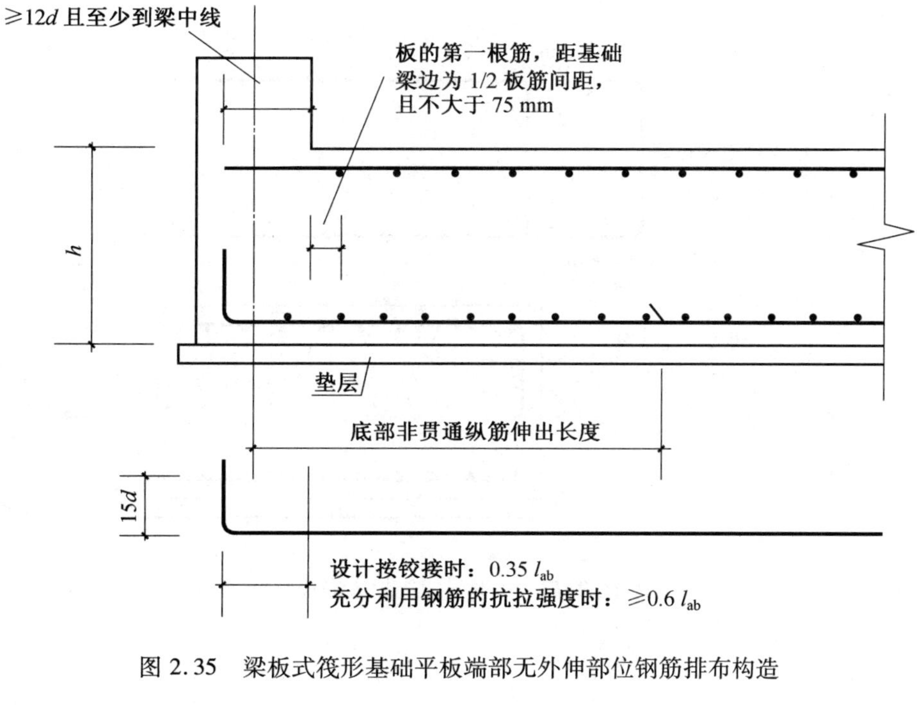

图 2.35　梁板式筏形基础平板端部无外伸部位钢筋排布构造

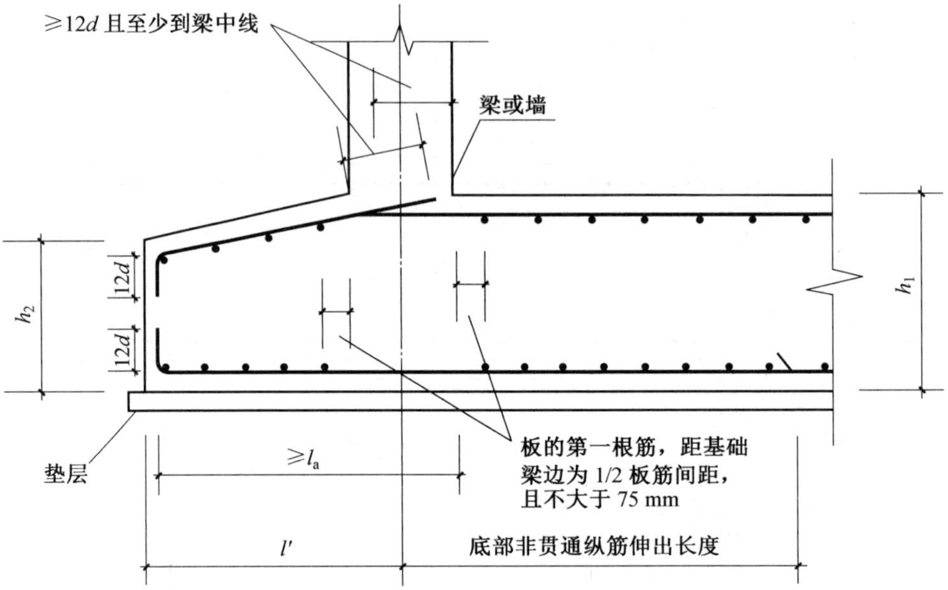

图 2.36　梁板式筏形基础平板端部变截面外伸部位钢筋排布构造

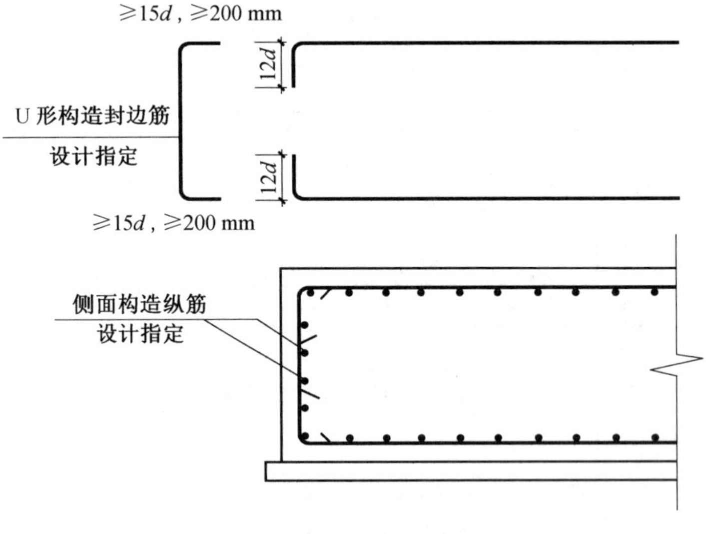

图 2.37　U形筋构造封边方式

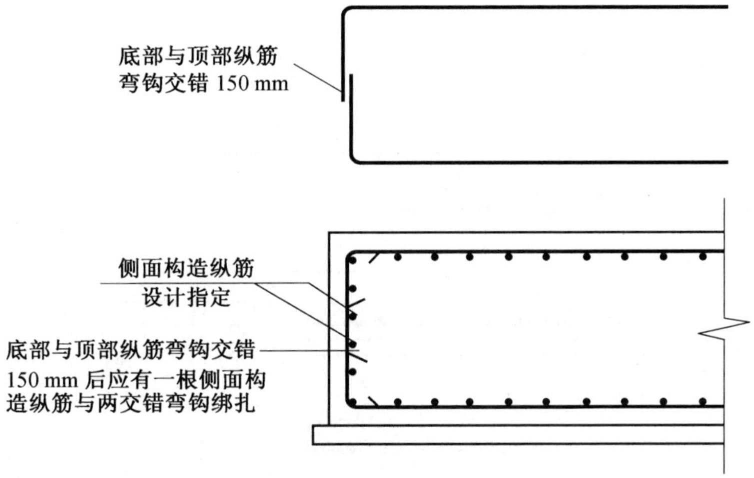

图 2.38　纵筋弯钩交错封边方式

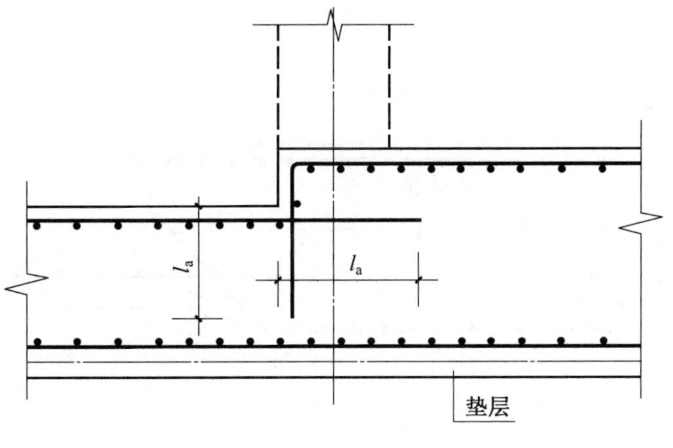

图 2.39　梁板式筏形基础平板变截面部位钢筋排布构造(板顶有高差)

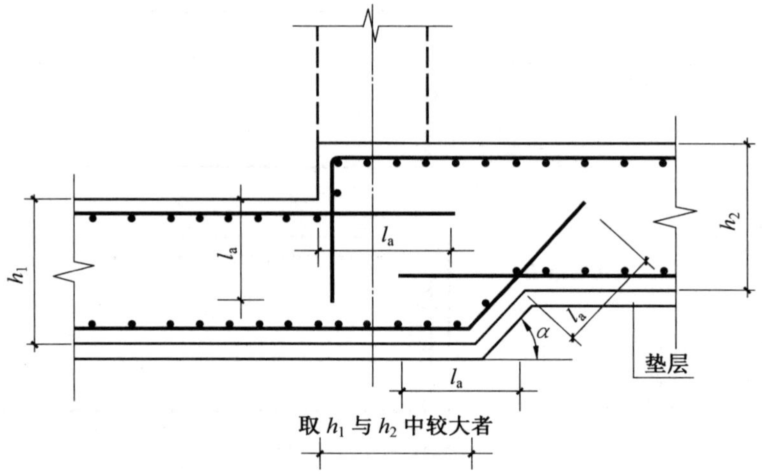

图 2.40　梁板式筏形基础平板变截面部位钢筋排布构造(板顶、板底均有高差)

注:板底高差坡度 α 为 45°或 60°角。

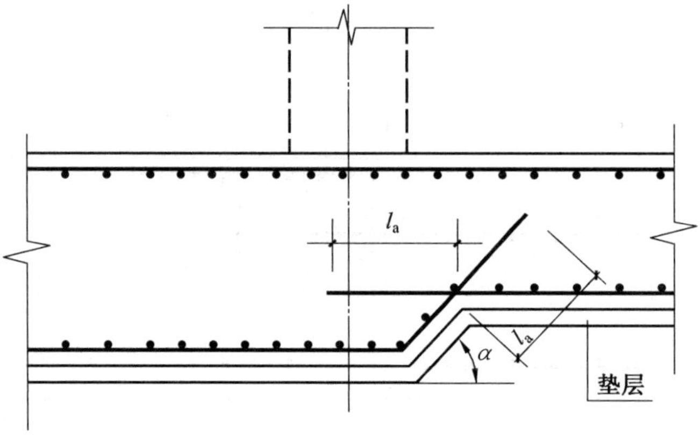

图 2.41　梁板式筏形基础平板变截面部位钢筋排布构造(板底有高差)

注:板底高差坡度 α 为 45°或 60°角。

2.3.5　梁板式筏基平板钢筋算量

根据梁板式筏形基础平板平法施工图（图 2.42，为了方便实训，只绘制了一跨），外伸端采用 U 形封边构造，U 形钢筋为 C20@300，封边处侧部构造钢筋为 4A18。保护层为40 mm，混凝土强度为 C30，起步距离为 $s/2$。根据图 2.42 进行识图算量，计算结果见表 2.14。

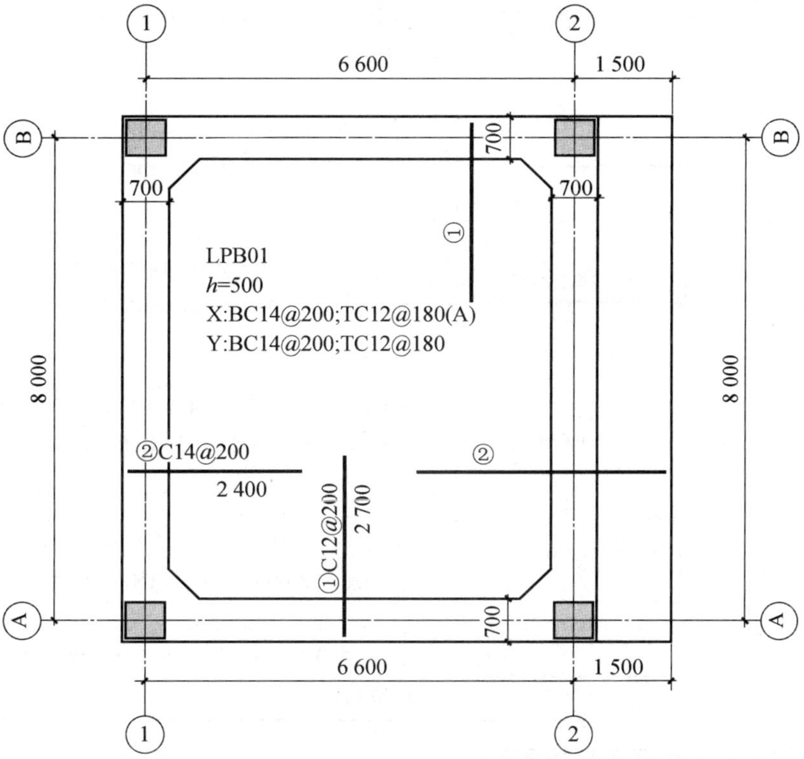

图 2.42　梁板式筏形基础平板平法施工图

表 2.14　筏基平板钢筋算量表

序号	钢筋名称	钢筋简图	计算式
1	底部 x 向钢筋		单长 = 6 600 + 1 500 + 350 − 40 × 2 + 15 × 14 + 12 × 14 = 8 748(mm) 总根数 = (8 000−350×2−100×2)/200+1 = 37(根)
2	底部 y 向钢筋		单长 = 8 000+350×2−40×2+15×14×2 = 9 040(mm) 总根数 = (6 600 + 1 500 − 350 − 700 − 100 × 4)/200 + 1 = 35(根)
3	顶部 x 向钢筋	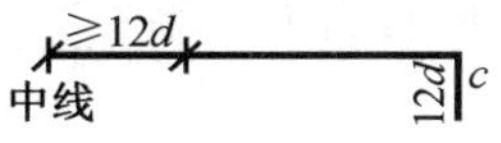	单长 = 6 600+1 500−40−350+max(12d,350)+12×12 = 8 204(mm) 总根数 = (8 000−700−2×180/2)/180+1 = 41(根)

续表2.14

序号	钢筋名称	钢筋简图	计算式
4	顶部 y 向钢筋	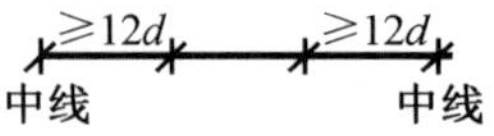	单长 = 8 000−350×2+max(12d,350)×2 = 8 000(mm) 总根数 = (6 600 + 1 500 − 350 − 700 − 90×4)/180 + 1 = 39(根)
5	1 号支座负筋	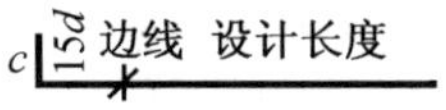	单长 = 2 700+700−40+15×12 = 3 540(mm) 总根数 = (6 600−350×2−100×2)/200+1 = 30(根)
6	2 号支座负筋左	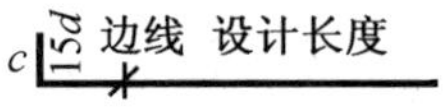	单长 = 2 400+700−40+15×12 = 3 240(mm) 总根数 = (8 000−350×2−100×2)/200+1 = 37(根)
7	2 号支座负筋右	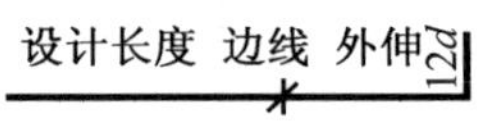	单长 = 2 400+350+1 500−40+12×12 = 4 354(mm) 总根数 = (8 000−350×2−100×2)/200+1 = 37(根)
8	U 形钢筋	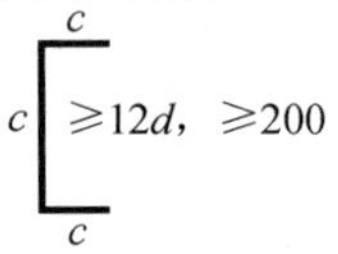	单长 = 500−40×2+max(12d,200)×2 = 900(mm) 总根数 = (8 000+350×2−150×2)/300+1 = 29(根)
9	封边构造筋		单长 = 8 000+350×2−40×2 = 8 620(mm) 总根数 = 4(根)

2.3.6 梁板式筏形基础平板实训

1. 实训指导书

根据梁板式筏形基础平板平法施工图(图 2.42),制作筏形基础钢筋网片模型,比例为 1∶20。实训指导书见二维码 2.45。

2. 筏形基础钢筋网片实训报告

(1)识图。

对照实训指导书的结构施工图,①~②的轴间尺寸为______mm,外伸宽为______mm,Ⓐ~Ⓑ的轴间尺寸为______mm,基础梁宽为______mm,筏形基础底板厚为______mm,底部 x 向配筋为______________,含义是________________,顶部 x 向配筋为______________含义是______________。①号非贯通筋为________,含义是______________,2 700 mm 表示从______________至跨中的水平段长度。②轴处②号非贯通筋的水平段长度为________mm。

团队负责人签字确认之后方可进行下一步。团队负责人签字:________

(2)算量和下料(表 2.15)。

表 2.15　梁板式筏形基础平板实训算量表

序号	钢筋名称	钢筋长度/cm	钢筋数量/根	比例	铁线规格	备注
1	底部 x 向钢筋			1 : 20	10 号	水平段减短 2 cm，数量减少
2	底部 y 向钢筋			1 : 20	10 号	数量有调整
3	顶部 x 向钢筋			1 : 20	10 号	数量有调整，长度减短
4	顶部 y 向钢筋			1 : 20	10 号	数量有调整，长度减短

说明：因为筏形基础钢筋较多，且带弯钩，外伸端弯钩统一为 2 cm，无外伸端弯钩统一为 4 cm。为了表达基础梁的位置，同时方便操作，做了适当调整，为了方便摆放，未用马凳筋连接两层钢筋网片。

团队负责人签字确认之后方可进行下一步。团队负责人签字：________

(3)绘制绑扎示意图。

分别绘制筏形基础底板顶部和底部钢筋排布顶视图（含构件边缘线，表达保护层），标注两个方向的钢筋长度、两个方向的钢筋间距值、调整后的起步距离（尺寸以标注为准，可不按比例绘制），用文字简要介绍绑扎流程。

团队负责人签字确认之后方可进行下一步。团队负责人签字：________

(4)实训过程中遇到的问题及解决办法。

(5)思考题：当筏形基础荷载较大时，筏形基础下面该采取哪些有效措施？

2.35　筏形基础课程思政

2.36　筏形基础概论微课

2.37　筏形基础钢筋算量微课

2.38　筏板加腋 VR 模型

2.39　梁板式筏形基础平板顶层 VR 钢筋网片

2.40　梁板式筏形基础平板底层 VR 钢筋网片

2.41　梁板式筏形基础平板动画

2.42　筏形基础上层钢筋网片照片

2.43　筏形基础下层钢筋网片

2.44　筏形基础案例照片

2.45　筏形基础实训指导书

2.46　筏形基础实训视频

2.47　筏形基础实训报告

2.48　筏形基础测评

2.49　筏形基础课件

2.4　桩基础

本节目标

知识目标

(1)理解桩基础的适用条件。

(2)理解桩基础的受力情况和钢筋组成。

(3)掌握桩基础螺旋箍筋的构造和注写方式。

能力目标

(1)能根据施工图和算量规则完成螺旋箍筋的钢筋算量。

(2)能根据施工图进行团队钢筋绑扎实训,控制桩身的垂直度。

素养目标

(1)众人拾柴火焰高,在团队实训中提升动手操作能力和团队协作能力。

(2)发扬精益求精的工匠精神,严格控制桩身的垂直度。

2.4.1　桩基础类型

根据施工顺序的不同,桩基础分为钢筋混凝土预制桩和钢筋混凝土灌注桩。钢筋混凝土灌注桩按其成孔方法不同,可分为钻孔灌注桩、沉管灌注桩和人工挖孔灌注桩等几类。下面以灌注桩为例进行介绍。

2.4.2　灌注桩受力情况及钢筋组成

灌注桩作为结构下部基础形式的一种,主要承受结构上部传递的竖向受压荷载。灌注桩一般由桩身和桩帽组成,灌注桩桩身由受力纵筋(通长与非通长)、焊接加劲箍、螺旋箍筋和井字加强支撑钢筋形成钢筋笼,详见表2.16。桩帽由 x、y 和 z 3 个方向的封闭箍形成钢筋笼,详见表2.17。

表 2.16 灌注桩桩身钢筋笼组成

序号	钢筋名称	简图	备注
1	受力纵筋		顺时针旋转 90°
2	焊接加劲箍		
3	螺旋箍筋	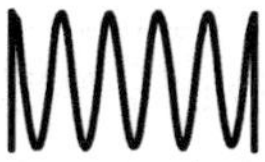	顺时针旋转 90°
4	井字加强支撑钢筋	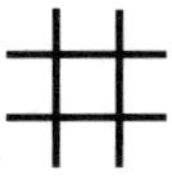	

表 2.17 灌注桩桩帽钢筋笼组成

序号	钢筋名称	简图	备注
1	x 向环形箍	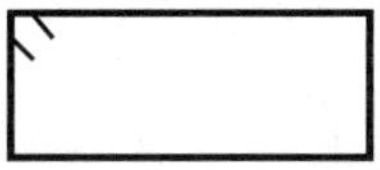	转为平面
2	y 向环形箍	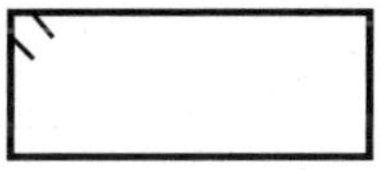	转为平面
3	z 向环形箍	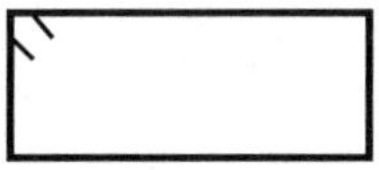	转为平面

2.4.3 灌注桩注写方式

灌注桩平法施工图系在灌注桩平面布置图上采用平面注写方式或列表注写方式进行表达。灌注桩平面布置图可采用适当比例单独绘制,并标注其定位尺寸。

1. 灌注桩平面注写方式

灌注桩平面注写方式系在灌注桩平面布置图上集中标注灌注桩的编号、尺寸、纵筋、箍筋、桩顶标高和单桩竖向承载力特征值,如图 2.43 所示。

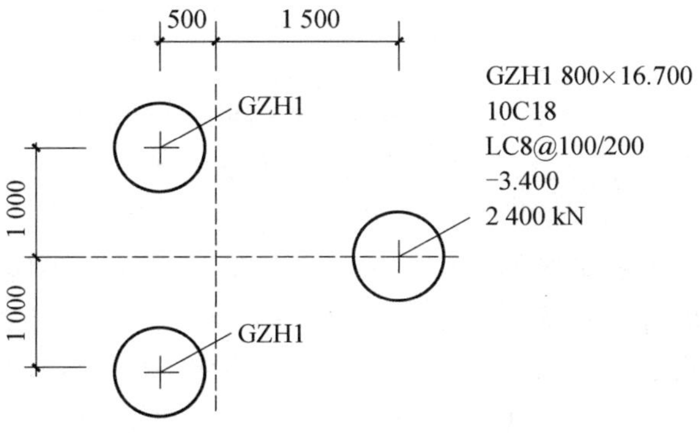

图 2.43 灌注桩平面注写示意图

桩平面注写内容规定如下:

(1)注写桩编号,桩编号由类型和序号组成,应符合表 2.18 的规定。

表 2.18 桩编号

类型	代号	序号
灌注桩	GZH	××
扩底灌注桩	GZHk	××

(2)注写桩尺寸,包括桩径 D 和桩长 L,当为扩底灌注桩时,还应增加扩底端尺寸 $D_0/h_b/h_c$ 或 $D_0/h_b/h_{c1}/h_{c2}$。其中,D_0 表示扩底端直径,h_b 表示扩底端锅底形矢高,h_c(h_{c1}、h_{c2})表示扩底端高度,示意图如图 2.44 所示。

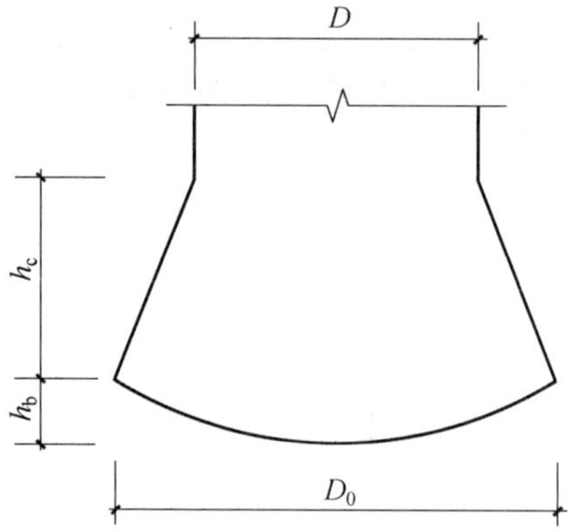

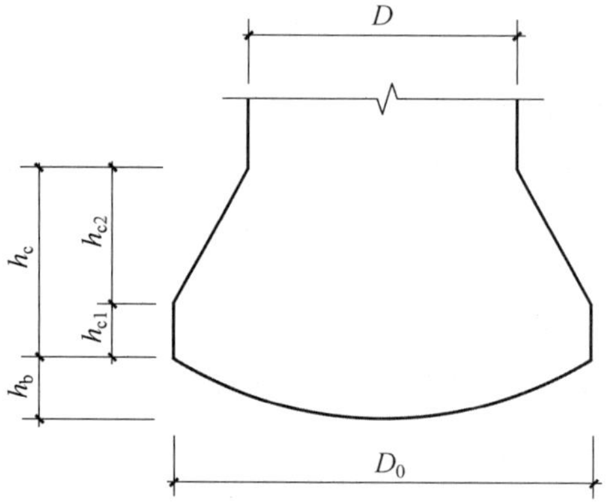

图 2.44 扩底灌注桩扩底端示意图

(3)注写桩纵筋,包括桩周均布的纵筋根数、钢筋种类、从桩顶起算的纵筋配置长度。

①通长等截面配筋:注写全部纵筋,如××C××。

②部分长度配筋:注写桩纵筋如××C××/$L1$,其中 $L1$ 表示从桩顶起算的入桩长度。

③通长变截面配筋:注写桩纵筋包括通长纵筋××C××;非通长纵筋××C××/$L1$,其中 $L1$ 表示从桩顶起算的入桩长度。通长纵筋与非通长纵筋沿桩周间隙均匀布置。

【例 2.14】 15C20,15C18/6000,表示桩通长纵筋为 15C20;桩非通长纵筋为 15C18,从桩顶起算的入桩长度为 6 000 mm。实际桩上段纵筋为 15C20+15C18,通长纵筋与非通长纵筋间隔均匀布置于桩周。

(4)以大写字母 L 开头,注写桩螺旋箍筋,包括钢筋种类、直径与间距。

①用斜线“/”区分桩顶箍筋加密区与桩身箍筋非加密区长度范围内箍筋的间距。箍筋加密区为桩顶以下 $5D$(D 为桩身直径),若与实际工程情况不同,需设计者在图中注明。

②当桩身位于液化土层范围内时,箍筋加密区长度应由设计者根据具体工程情况注明,或者箍筋全长加密。

【例 2.15】 LC8@100/200,表示箍筋强度级别为 HRB400 钢筋,直径为 8 mm,加密区间距为 100 mm,非加密区间距为 200 mm,L 表示采用螺旋箍筋。

【例 2.16】 LC8@100,表示沿桩身纵筋范围内箍筋均为 HRB400 钢筋,直径为8 mm,间距为 100 mm,L 表示采用螺旋箍筋。

(5)注写桩顶标高。

(6)注写单桩竖向承载力特征值,单位以 kN 计。

设计时应注意:当考虑箍筋受力作用时,箍筋配置应符合《混凝土结构设计规范》(GB 50010—2010)的有关规定,并另行注明。

焊接加劲箍由设计另行注明。设计未注明时,《22G101-3 图集》规定:当钢筋笼长度超过 4 m 时,应每隔 2 m 设一道直径为 12 mm 的焊接加劲箍。桩顶进入承台高度 h,桩径小于 800 mm 时取 50 mm,桩径大于或等于 800 mm 时取 100 mm。

2. 灌注桩列表注写方式

列表注写方式系在灌注桩平面布置图上分别标注定位尺寸;在桩表中注写桩编号、桩尺寸、纵筋、螺旋箍筋、桩顶标高、单桩竖向承载力特征值,注写规则同平面注写方式。灌注桩列表注写格式见表 2.19。

表 2.19　灌注桩列表

桩号	桩径 D /mm	桩长 L /m	通长纵筋	非通长纵筋	箍筋	桩顶标高/m	单桩竖向承载力特征值/kN
GZH1	800	16.700	16C18	—	LC8@100/200	-3.400	2 400
GZH2	800	16.700	—	16C18/6000	LC8@100/200	-3.400	2 400
GZH3	800	16.700	10C18	10C20/6000	LC8@100/200	-3.400	2 400

注:1. 表中可根据实际情况增加栏目。例如,当采用扩底灌注桩时,增加扩底端尺寸。

2. 当为通长等截面配筋方式时,非通长纵筋一栏不注,如表中 GZH1;当为部分长度配筋方式时,通长配筋一栏不注,如表中 GZH2;当为通长变截面配筋方式时,通长纵筋和非通长纵筋均应注写,如表中 GZH3。

2.4.4　灌注桩钢筋构造

灌注桩通长等截面配筋构造图、部分长度配筋构造图及断面图如图 2.45 ~2.47 所示。

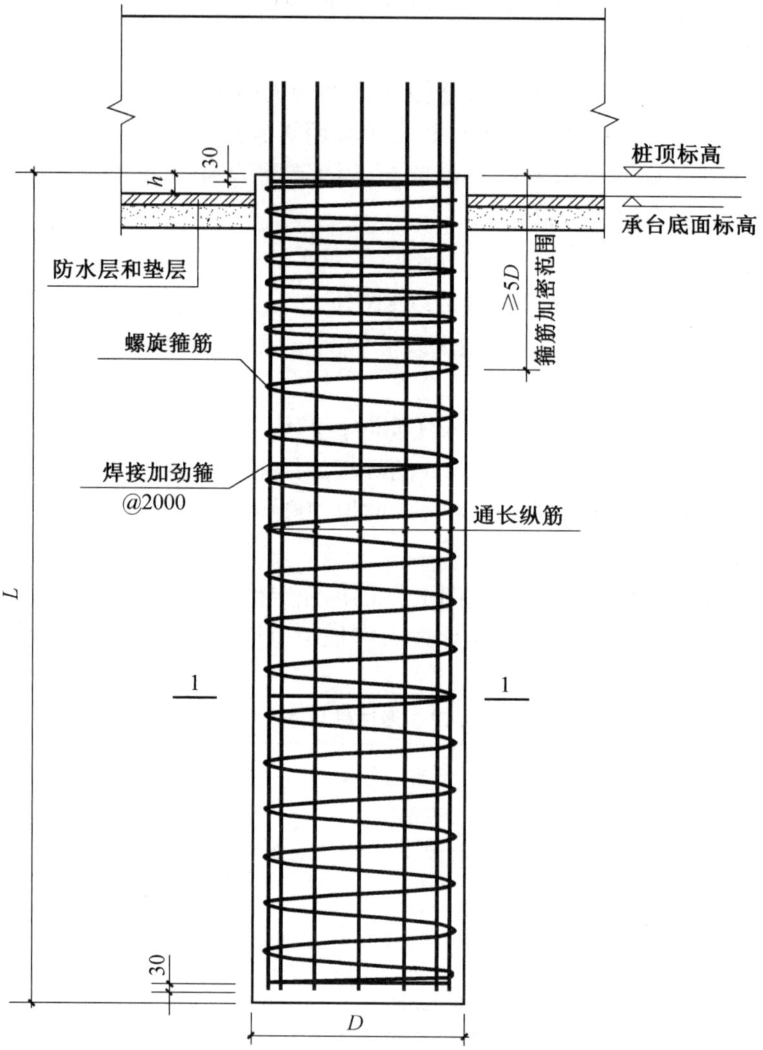

图 2.45 灌注桩通长等截面配筋构造图

注：*h* 为桩顶进入承台高度，桩直径<800 mm 时取 50 mm，桩直径≥800 mm 时取 100 mm。焊接加劲箍见设计标注，当设计未注明时，加劲箍直径为 12 mm，强度等级不低于 HRB400。*c* 为保护层厚度。

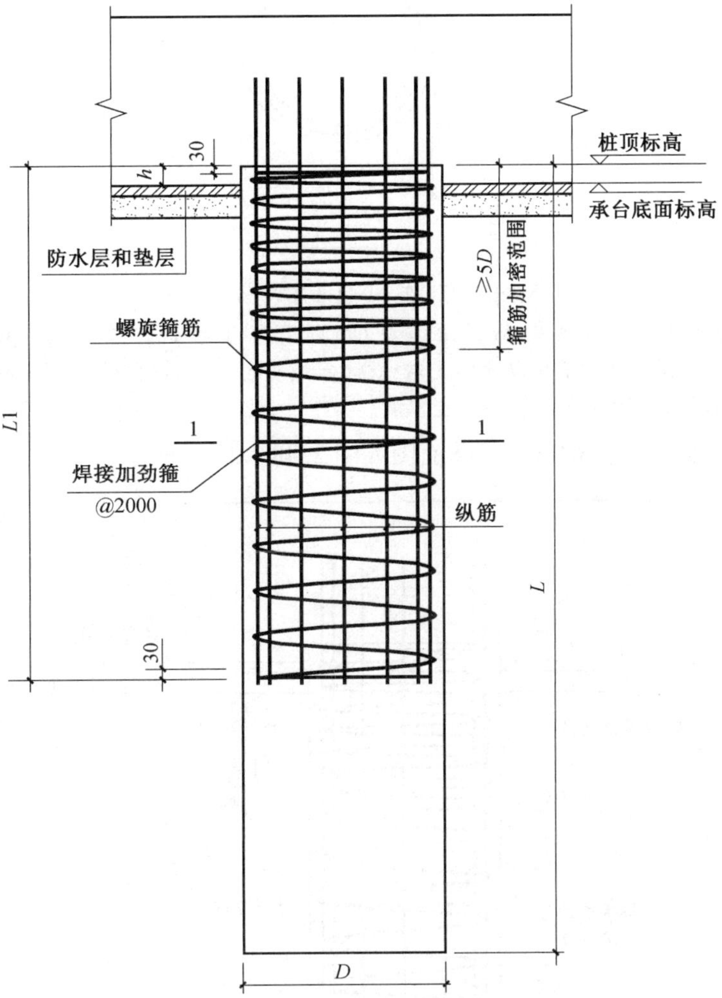

图 2.46　灌注桩部分长度配筋构造图

注：h 为桩顶进入承台高度，桩直径<800 mm 时取 50 mm，桩直径≥800 mm 时取 100 mm。焊接加劲箍见设计标注，当设计未注明时，加劲箍直径为 12 mm，强度等级不低于 HRB400。c 为保护层厚度。

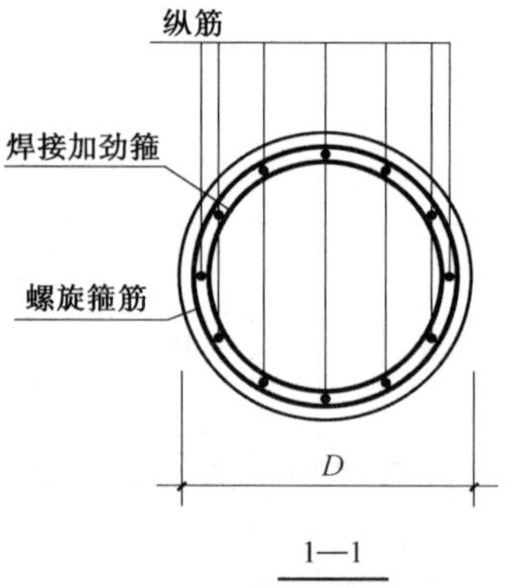

图 2.47　1—1 断面图(一)

注:h 为桩顶进入承台高度,桩直径<800 mm 时取 50 mm,桩直径≥800 mm 时取 100 mm。焊接加劲箍见设计标注,当设计未注明时,加劲箍直径为 12 mm,强度等级不低于 HRB400。c 为保护层厚度。

灌注桩通长变截面配盘构造图及断面图如图 2.48 ~2.50 所示。

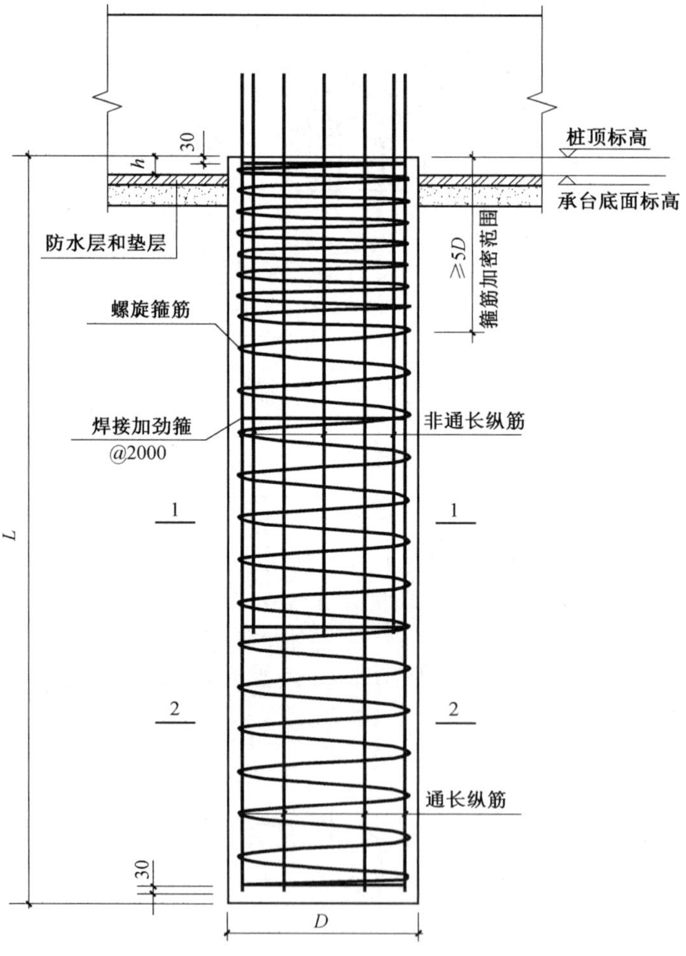

图 2.48　灌注桩通长变截面配筋构造图

注:h 为桩顶进入承台高度,桩径<800 mm 时取 50 mm,桩径≥800 mm 时取 100 mm。

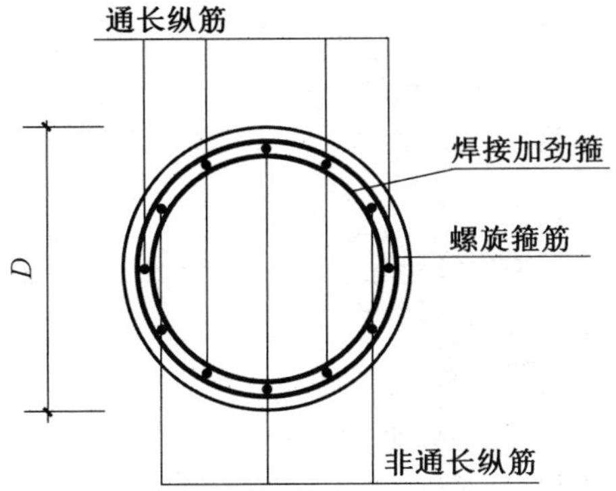

图 2.49　1—1 断面图(二)

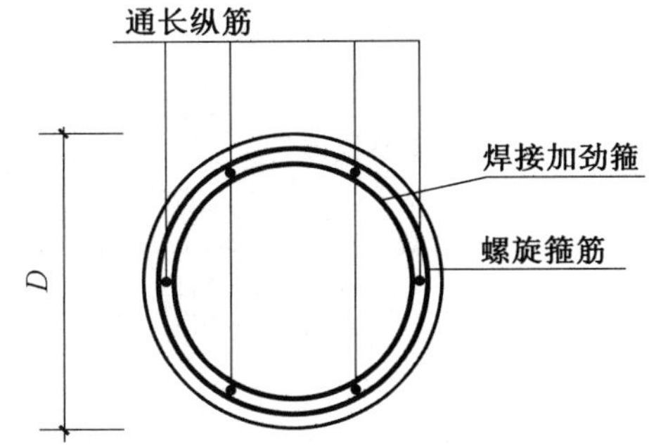

图 2.50　2—2 断面图

注:h 为桩顶进入承台高度,桩径<800 mm 时取 50 mm,桩径≥800 mm 时取 100 mm。

桩顶与承台连接构造图如图 2.51 ~2.53 所示。

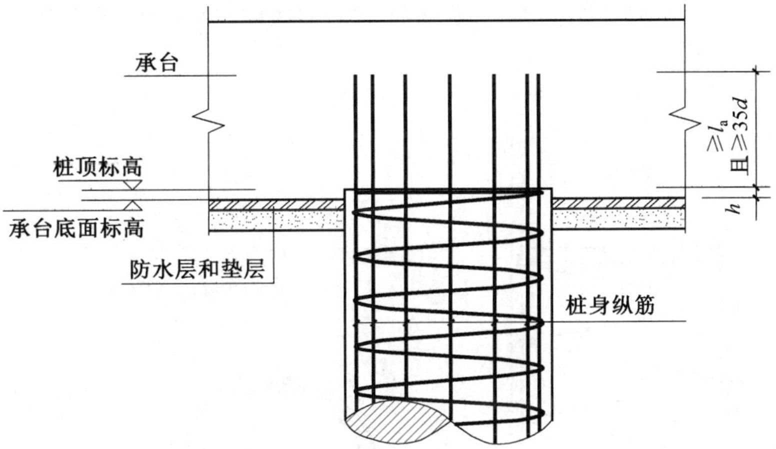

图 2.51　桩顶与承台连接构造图(一)

注:h 为桩顶进入承台高度,桩径<800 mm 时取 50 mm,桩径≥800 mm时取 100 mm。

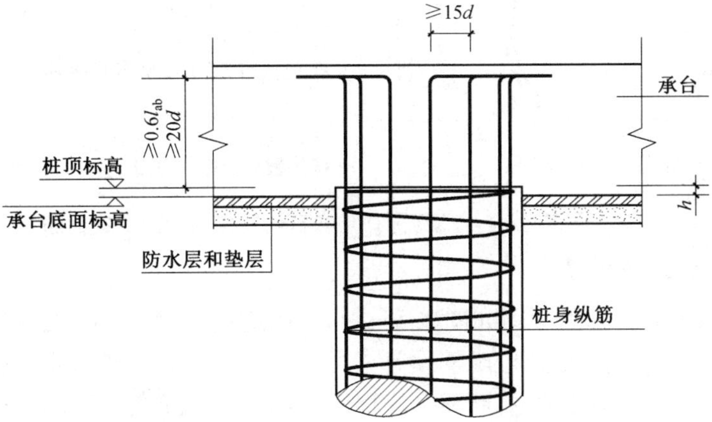

图 2.52　桩顶与承台连接构造图(二)

注:h 为桩顶进入承台高度,桩径<800 mm 时取 50 mm,桩径≥800 mm时取 100 mm。

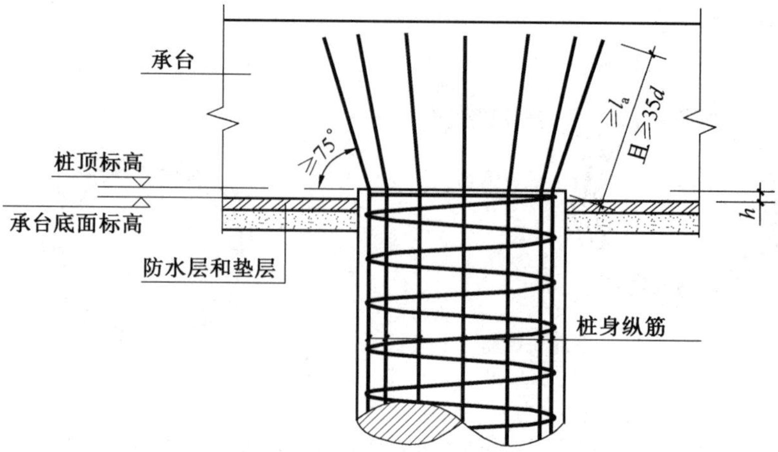

图 2.53　桩顶与承台连接构造(三)

注:h 为桩顶进入承台高度,桩直径<800 mm 时取 50 mm,桩径≥800 mm时取 100 mm。

螺旋箍筋构造图如图 2.54 所示。

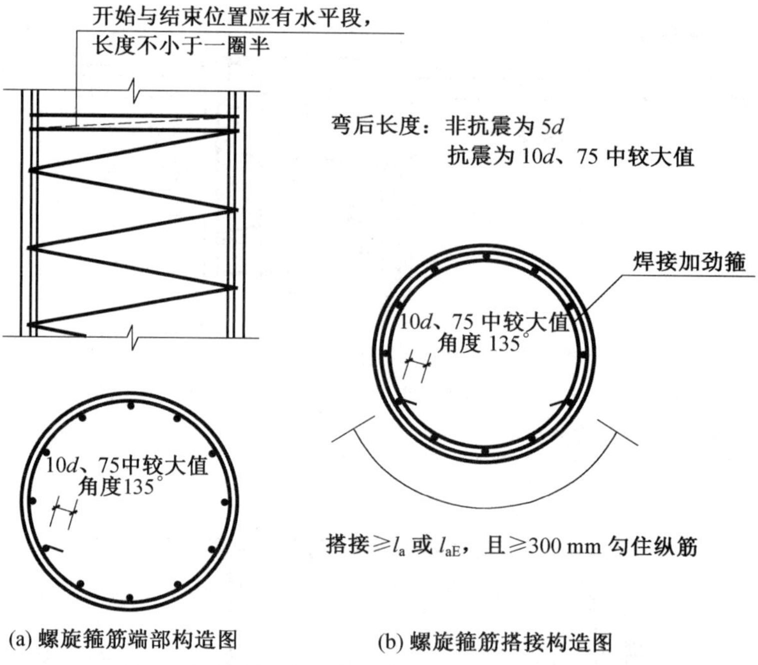

图 2.54　螺旋箍筋构造图(圆柱环状箍筋搭接构造同螺旋箍筋)

2.4.5　灌注桩钢筋算量

桩身大样图、1—1 桩身断面图如图 2.55、图 2.56 所示,桩帽(CT)大样图、A—A 桩帽剖面图,如图 2.57、2.58 所示,挖孔桩配筋设计参数见表 2.20,有效桩长取 18 m,混凝土强度为 C30,保护层为 40 mm,焊接加劲箍和螺旋箍筋桩底起步距离为 30 mm(参照纵筋底端),如果是机械打桩,桩身直径无须减护壁尺寸。根据图 2.55 ~ 2.58 进行识图算量,计算结果见表 2.21。

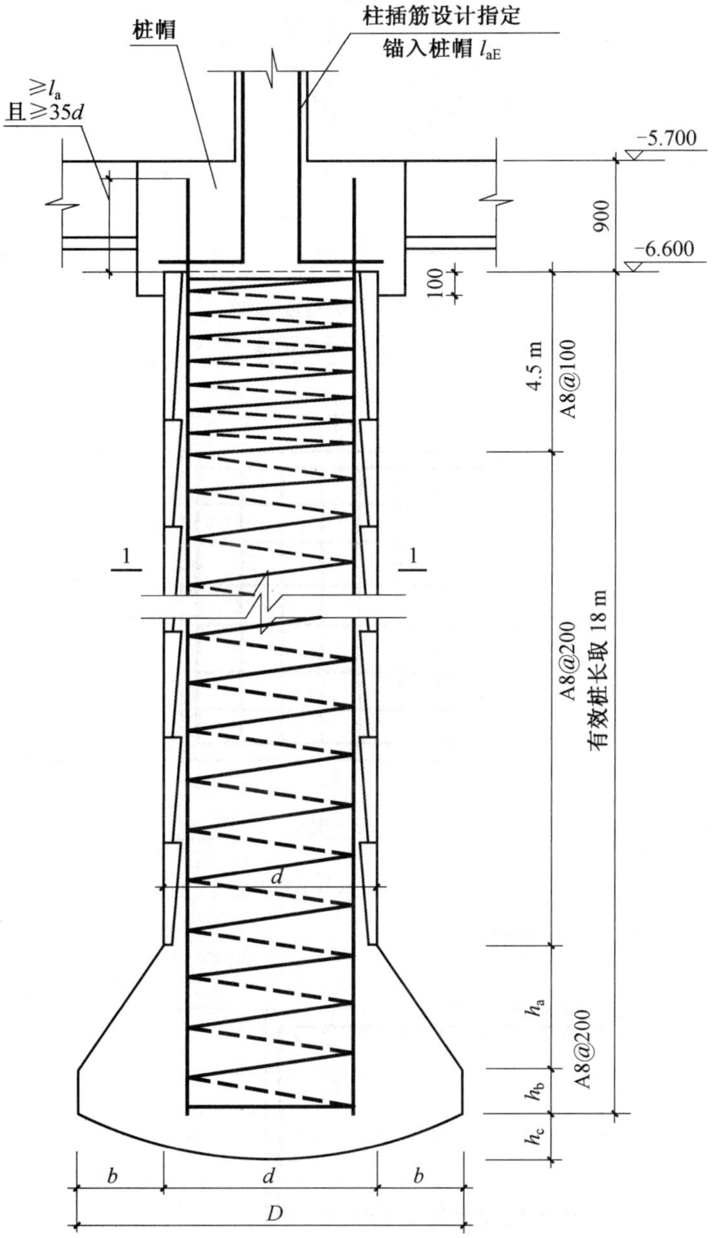
桩帽
柱插筋设计指定
锚入桩帽 l_{aE}
$\geqslant l_a$
且$\geqslant 35d$
−5.700
900
−6.600
100
4.5 m
A8@100
1
1
A8@200
有效桩长取 18 m
d
h_a
h_b
h_c
A8@200
b
d
b
D

图 2.55　桩身大样图

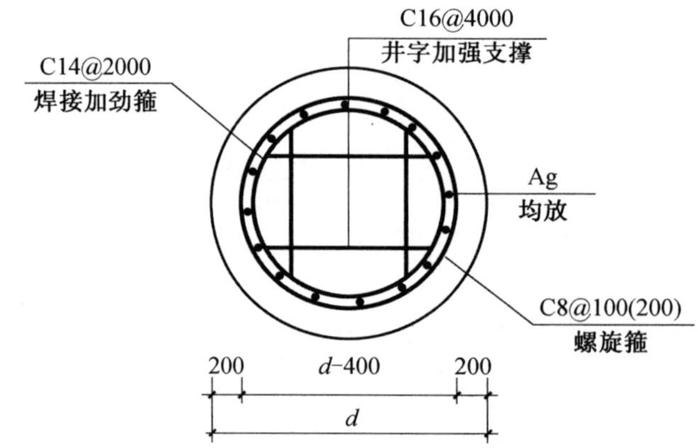

图 2.56 1—1 桩身断面图

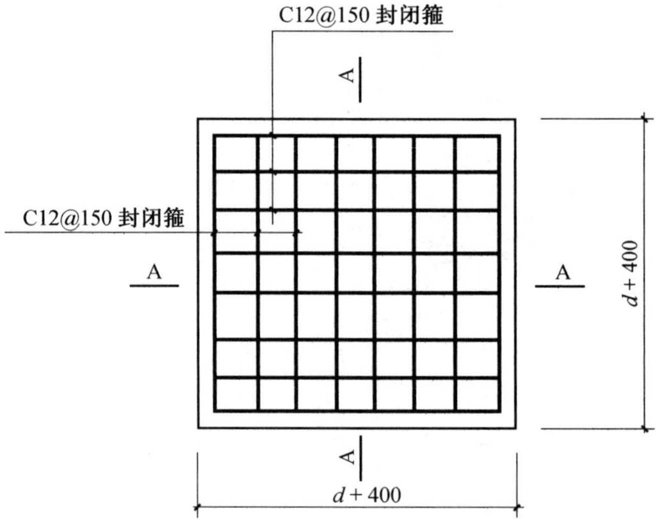

图 2.57 桩帽(CT)大样图

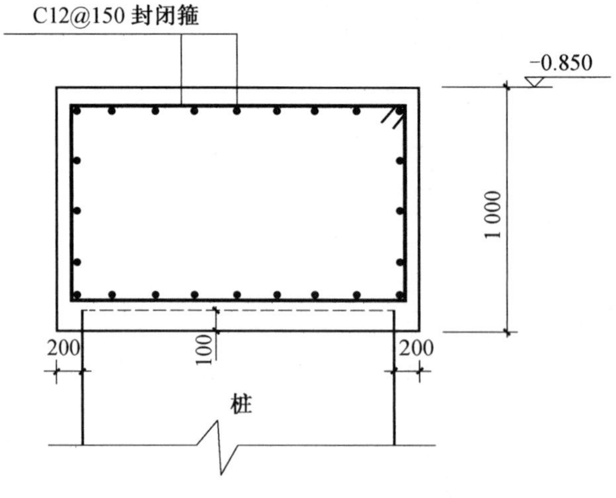

图 2.58 A—A 桩帽剖面图

表 2.20　挖孔桩配筋设计参数

mm

桩号	桩身(外)直径 d	扩大头直径 D	h_a	h_b	h_c	桩身纵筋
WKZ5	1 300(含护壁)	2 000	1 350	450	200	13C16

表 2.21　桩身钢筋算量表

序号	钢筋名称	钢筋简图	计算式
1	纵向受力筋		单长＝18 000+35×16＝18 560(mm)(因底部扩大,无须减保护层) 总根数＝13 根
2	焊接加劲箍 (单面焊 10d)	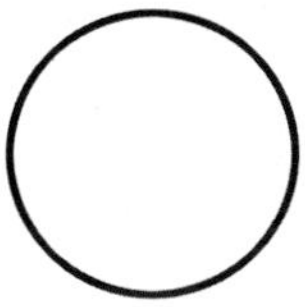	单长＝3. 14×[1 300－2×(200＋40＋8＋16)]＋10×14＝2 564(mm) 总根数＝(18 000－2×30)/2 000+1＝10(根)(向上取整)
3	井字加强支撑		略
4	螺旋箍(展开示意图如图 2.59 所示)		连续排布,不用加 1,见单独计算

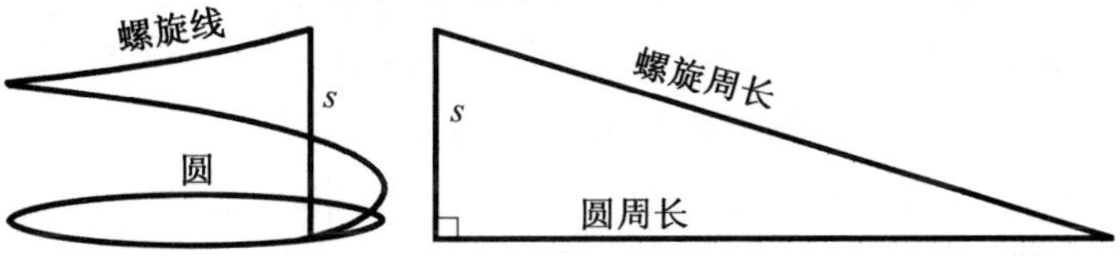

图 2.59　螺旋箍筋展开示意图

加密区螺旋箍筋一个间距的长度为

$$\sqrt{s^2+[\pi\times(d-400-2\times c)]^2}=\sqrt{100^2+[3.14\times(1\ 300-400-2\times 40)]^2}=2\ 577(\text{mm})$$

非加密区螺旋箍筋一个间距的长度为

$$\sqrt{s^2+[\pi\times(d-400-2\times c)]^2}=\sqrt{200^2+[3.14\times(1\ 300-400-2\times 40)]^2}=2\ 583(\text{mm})$$

加密区间距数量 $n=(4\ 500-30)/100=45$(个)(向上取整)

非加密区间距数量 $n=(18\ 000-4\ 500-30)/200=68$(个)(向上取整)

两个水平段一圈半长度为 $2\times1.5\times\pi\times(1\ 300-400-2\times40)+2\times11.9\times8=7\ 915$(mm)

螺旋箍筋总长度＝45×2 577+68×2 583+7 915＝299 524(mm)

s 为螺旋箍筋的距离(简称螺距),d 为桩身的外径(含护壁),c 为保护层厚度。

2.4.6　灌注桩实训

1. 实训指导书

根据图 2.55、图 2.56 制作桩身的钢筋笼模型,比例为 1 ∶ 10。实训指导书见二维码 2.59。

2. 桩基础钢筋笼绑扎

(1)识图。

对照实训指导书的结构施工图,WKZ5 的桩身(外)直径 d=______mm,扩大头直径 D=________mm,桩身纵筋配筋是________________,含义是____,焊接加劲箍配筋是____________________,含义是____。螺旋箍筋配筋是________________________,含义是____。

团队负责人签字确认之后方可进行下一步。团队负责人签字:________

(2)算量及下料(表 2.22)。

表 2.22　灌注桩实训算量表

序号	钢筋名称	钢筋长度/cm	钢筋数量/个	比例	铁线规格	备注
1	受力纵筋			1 : 10	8 号	长度减短 20 cm
2	焊接加劲箍			1 : 10	10 号成品	焊接,直径调整为 12 cm
3	螺旋箍筋			1 : 10	14 号	容易损耗

说明:因为桩基础较高,为了方便摆放,做了适当调整。

团队负责人签字确认之后方可进行下一步。团队负责人签字:________

(3)绘制绑扎示意图。

分别绘制焊接加劲箍与纵筋、螺旋箍筋与纵筋的立面图(含构件边缘线,表达保护层,表达加密区与非加密区),以及桩身的横截面图(表达 3 种钢筋的位置关系),尺寸以标注为准,可不按比例绘制,文字简要介绍绑扎流程。

团队负责人签字确认之后方可进行下一步。团队负责人签字:________

(4)实训过程中如何解决螺旋箍筋的拉扯作用,如何控制桩身垂直度?

(5)思考题:当桩基础较大时,还需要配置什么钢筋?

2.50　桩基础课程思政

2.51　桩基础概论微课

2.52　桩基础钢筋算量微课

2.53　组合桩身 VR 钢筋笼

2.54　桩身钢筋笼 VR 模型

2.55　灌注桩通长等截面配筋动画

2.56　桩身钢筋照片

2.57　桩顶照片

2.58　桩基础施工照片

2.59　桩身实训指导书

2.60　桩身钢筋笼实训视频

2.61　桩身实训报告

2.62　桩基础测评

2.63　桩基础课件

2.5　承台

本节目标

知识目标

(1)掌握承台类型和桩身数量的对应关系。
(2)理解两类承台的受力情况和钢筋组成。
(3)掌握承台的钢筋构造和注写方式。

能力目标

(1)能根据施工图和算量规则,完成封闭箍筋的钢筋算量。
(2)能根据桩帽三个方向的箍筋嵌套关系,按顺序完成钢筋绑扎实训。

素养目标

(1)根据桩帽的钢筋构造灵活调整桩帽的起步距离。
(2)发扬精益求精的工匠精神。

2.5.1　承台类型

承台是桩与柱、墩、剪力墙的联系部分。承台分为独立承台和承台梁,独立承台包括矩形承台、三桩承台(等边、等腰)、六边形承台、双柱联合承台、桩帽(详见本章第四节桩基础)。独立承台和承台梁分别按表2.23、2.24的规定编号。

表2.23　独立承台编号表

类型	独立承台截面形状	代号	序号	说明
独立承台	阶形	CTj	××	单阶截面即为平板式独立承台
	锥形	CTz	××	

注:杯口独立承台代号可为BCTj和BCTz,设计注写方式可参照杯口独立基础,施工详图由设计者提供。

表 2.24 承台梁编号

类型	代号	序号	跨数及有无外伸
承台梁	CTL	××	(××)端部无外伸 (××A)一端有外伸 (××B)两端有外伸

2.5.2 承台受力情况及钢筋组成

独立承台承受结构上部传递的各种竖向荷载,类似于独立基础的受力情况。承台梁的受力情况类似于基础梁的受力情况。

以矩形承台为例,由底部 x 向和 y 向的钢筋形成钢筋网片,类似于独立基础底部钢筋网片,在独立基础底部钢筋网片的基础上,钢筋在四周进行收头(弯锚),矩形承台钢筋组成见表 2.25。

表 2.25 矩形承台钢筋组成

序号	钢筋名称	简图	备注
1	x 向受力纵筋		
2	y 向受力纵筋		顺时针旋转 90°

2.5.3 桩基承台注写方式

桩基承台平法施工图,有平面注写、列表注写、截面注写 3 种表达方式,设计者可根据具体工程情况选择一种,或将两种方式相结合进行桩基承台施工图设计。

当绘制桩基承台平面布置图时,应将承台下的桩位和承台所支承的柱、墙一起绘制。当设置基础联系梁时,可根据图面的疏密情况,将基础联系梁与基础平面布置图一起绘制,或将基础联系梁布置图单独绘制。

当桩基承台的柱中心线或墙中心线与建筑定位轴线不重合时,应标注其定位尺寸;编号相同的桩基承台,可仅选择一个进行标注。

1. 独立承台平面注写方式

独立承台的平面注写方式,分为集中标注和原位标注两部分内容。

独立承台的集中标注,系在承台平面上集中引注:独立承台编号、截面竖向尺寸、配筋 3 项必注内容,以及承台板底面标高(与承台底面基准标高不同时)和必要的文字注解两项选注内容。具体规定如下:

(1)注写独立承台编号(必注内容),编号由代号和序号组成,应符合表 2.23 的要求。

(2)注写独立承台截面竖向尺寸(必注内容)。即注写 $h_1/h_2/\cdots\cdots$,具体标注为:

①当独立承台为阶形截面时,如图 2.60(a)、2.60(b)所示,当为多阶时各阶尺寸自下而上用"/"分隔顺写。当阶形截面独立承台为单阶时,截面竖向尺寸仅为一个,且为独立承台总高度。

②当独立承台为锥形截面(图 2.60(c))时,截面竖向尺寸注写为 h_1/h_2。

(3)注写独立承台配筋(必注内容)。底部与顶部双向配筋应分别注写,顶部配筋仅用于双柱或四柱等独立承台。当独立承台顶部无配筋时则不注顶部。注写规定如下：

①以B打头注写底部配筋，以T打头注写顶部配筋。

②矩形承台 x 向配筋以X打头，y 向配筋以Y打头；当两向配筋相同时，则以X&Y打头。

③当为等边三桩承台时，以“△”打头，注写三角布置的各边受力钢筋（注明根数并在配筋值后注写“×3”）。

【例2.17】　△6C25@150×3，表示等边三桩承台每边各配置6根直径为25 mm的HRB400钢筋，间距为150 mm。

④当为等腰三桩承台时，以“△”打头注写等腰三角形底边的受力钢筋+两对称斜边的受力钢筋（注明根数并在两对称配筋值后注写“×2”）。

【例2.18】　△5C22@150+6C22@150×2。表示等腰三桩承台底边配置5根直径为22 mm的HRB400钢筋，间距为150 mm；两对称斜边各配置6根直径为22 mm的HRB400钢筋，间距为150 mm。

⑤当为多变形（五边形或六边形）承台或异形独立承台，且采用 x 向和 y 向正交配筋时，注写方式与矩形独立承台相同。

⑥两桩承台可按承台梁进行标注。

设计和施工时应注意：三桩承台的底部受力钢筋应按三向板带均匀布置，且最里面的三根钢筋围成的三角形应在柱截面范围内。

（4）注写基础底面标高（选注内容）。当独立承台的底面标高与桩基承台底面基准标高不同时，应将独立承台底面标高注写在括号内。

（5）必要的文字注解（选注内容）。当独立承台的设计有特殊要求时，宜增加必要的文字注解。

独立承台的原位标注，系在桩基承台平面布置图上标注独立承台的平面尺寸，相同编号的独立承台，可仅选择一个进行标注。内容较为简单，类似于独立基础的原位标注。

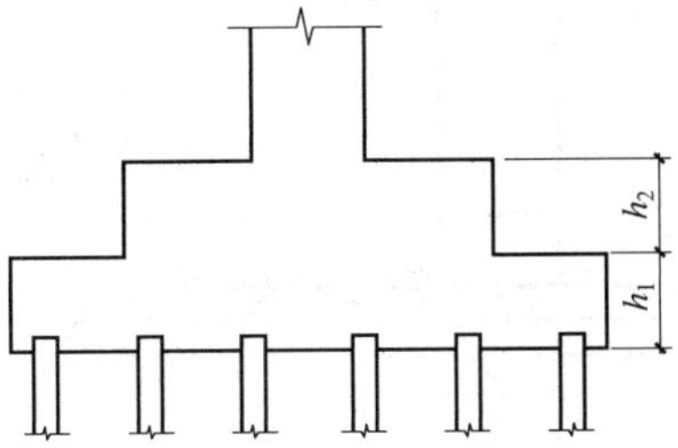

(a) 阶形截面独立承台竖向尺寸

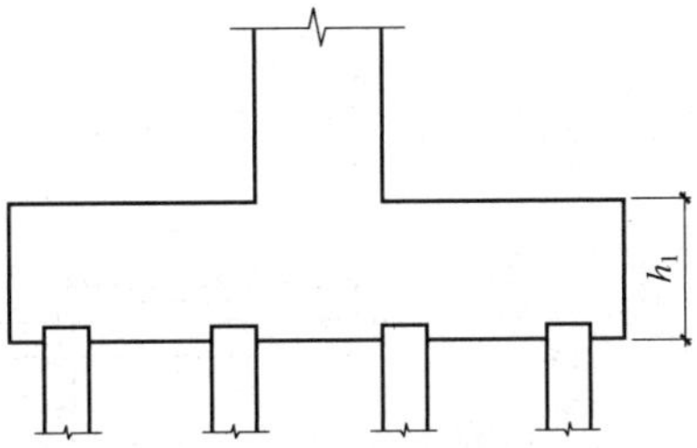

(b) 单阶截面独立承台竖向尺寸

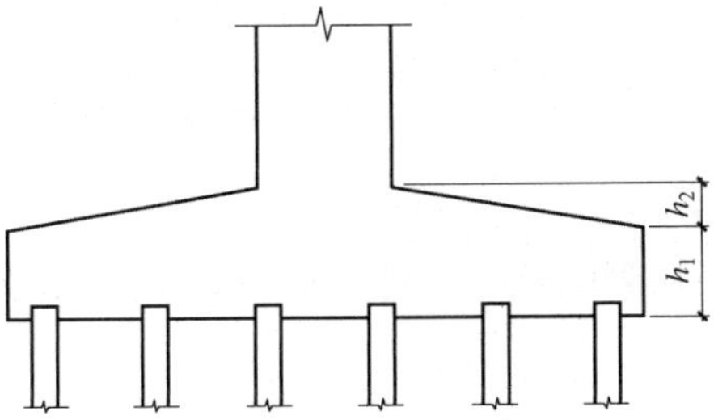

(c) 锥形截面独立承台竖向尺寸

图2.60　独立承台

2. 桩基承台截面注写方式和列表注写方式

桩基承台的截面标注和列表注写(结合截面示意图)应在桩基平面布置图上对所有桩基承台进行编号,桩基承台的截面注写方式和列表注写方式,可参照独立基础的注写方式,进行设计施工图的表达,如图 2.61、图 2.62 所示。

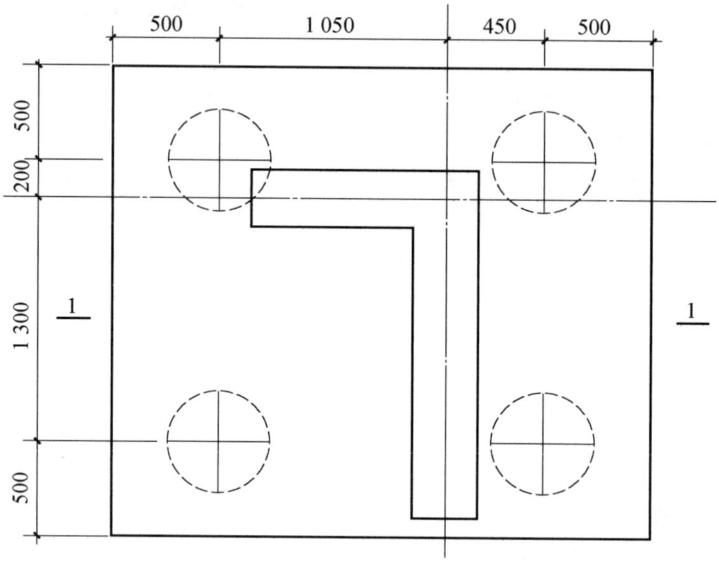

图 2.61 矩形承台平面图

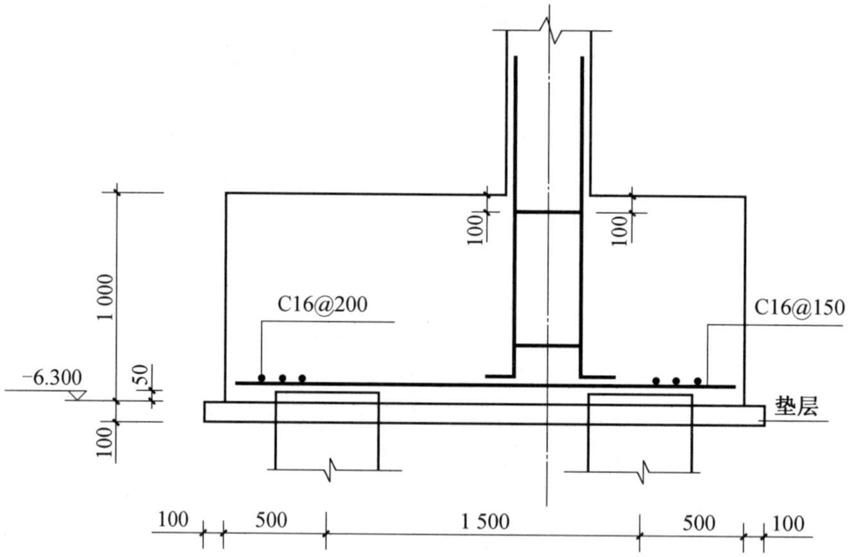

图 2.62 1—1 矩形承台断面图

2.5.4 承台钢筋构造

承台梁端部钢筋构造将在第四章梁构件中进行讲解,矩形承台端部钢筋一般向上弯锚 $10d$,具体构造如图 2.63 所示。

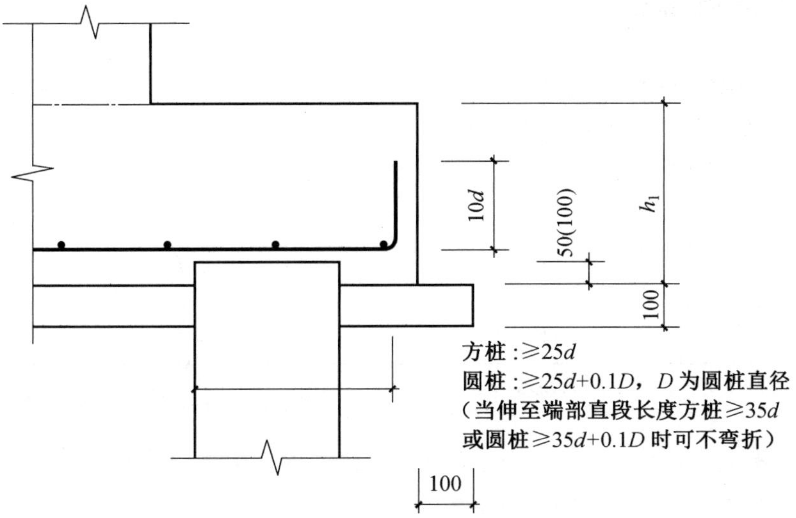

图 2.63　矩形承台端部钢筋构造

2.5.5　桩帽钢筋算量

如图 2.57、图 2.58 所示，d 为 1 300 mm，保护层为 40 mm，起步距离为间距的一半（x、y 向的箍筋形成钢筋骨架，不留起步距离），计算桩帽钢筋，计算结果见表 2.26。

表 2.26　桩帽钢筋算量表

序号	钢筋名称	钢筋简图	计算式
1	x 向	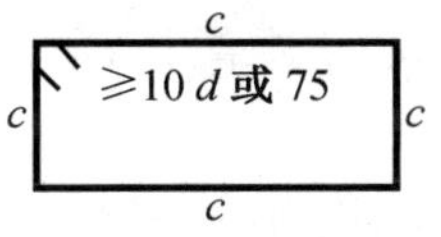	单长＝2×(1 300＋400－2×40＋1 000－100－2×40＋11.9×12)＝5 166(mm) 总根数＝(1 700－2×40)/150＋1＝12(根)(向上取整)
2	y 向	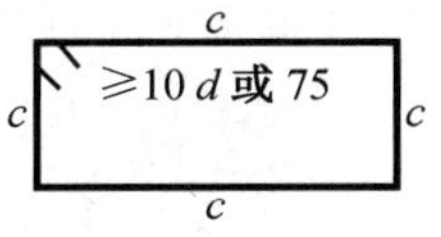	单长＝2×(1 300＋400－2×40＋1 000－100－2×40＋11.9×12)＝5 166(mm) 总根数＝(1 700－2×40)/150＋1＝12(根)(向上取整)
3	z 向	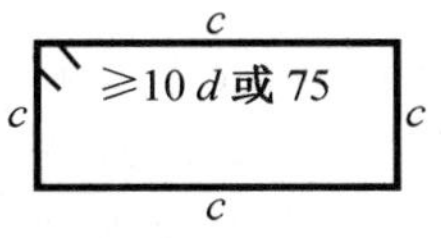	单长＝2×(1 700－2×40＋1 700－2×40＋11.9×12)＝6 766(mm) 总根数＝(1 000－100－2×40－2×75)/150＋1＝6(根)

2.5.6　桩帽实训

1. 实训说明书

根据图 2.57、图 2.58，制作桩帽钢筋笼模型，比例为 1∶5，实训指导书见二维码 2.85。

2. 桩帽钢筋笼实训报告

(1)识图。

对照实训指导书的结构施工图,桩帽由________、________、________3 个方向的________________形成钢筋笼,配筋相同,都是________________________,含义是________________。桩帽的长宽相同,都是________mm(桩身外直径 d 请查看桩身施工图),桩帽总高为________mm。

团队负责人签字确认之后方可进行下一步。团队负责人签字:________

(2)算量及下料(表 2.27)。

表 2.27 桩帽钢筋笼算量表

序号	钢筋名称	钢筋长度/cm	钢筋数量/个	比例	铁线规格	备注
1	x 向封闭箍			1∶7.5	12 号	长度、数量有调整
2	y 向封闭箍			1∶7.5	12 号	长度、数量有调整
3	z 向封闭箍			1∶7.5	12 号	长度、数量有调整

说明:因为桩帽由三个方向的封闭箍嵌套形成,下料尺寸和数量做了适当调整。

团队负责人签字确认之后方可进行下一步。团队负责人签字:________

(3)绘制绑扎示意图。

绘制桩帽钢筋笼顶视图(含构件边缘线,表达保护层,表达 z 向箍筋弯钩的位置)、前视图(表达 x 向箍筋弯钩的位置),标注箍筋间距值(无起步距离),尺寸以标注为准,可不按比例绘制,文字简要介绍绑扎流程。

团队负责人签字确认之后方可进行下一步。团队负责人签字:________

(4)实训过程中遇到的问题及解决办法。

(5)思考题:桩的数量为 2 根、3 根及以上时,桩的上面需要配置什么构件?

2.64 承台课程思政

2.65 承台概论微课

2.66 承台钢筋算量微课

2.67 双层独立承台 VR 模型

2.68 矩形承台 VR 钢筋网片

2.69 三桩承台 VR 钢筋网片

2.70 建筑承台梁(下部并筋)VR 模型

2.71 剪力墙下承台梁 VR 钢筋笼

2.72 简单承台梁 VR 钢筋笼

2.73 桩帽 VR 钢筋笼

2.74　翼墙及巨型柱VR模型

2.75　矩形承台钢筋网片动画

2.76　三桩承台钢筋网片动画

2.77　桩帽钢筋笼动画

2.78　桩帽模型照片

2.79　桩帽照片

2.80　三桩承台照片

2.81　矩形独立承台照片

2.82　承台梁照片

2.83　剪力墙下异形承台梁照片

2.84　承台案例

2.85　桩帽实训指导书

2.86　桩帽实训视频

2.87　桩帽实训报告

2.88　承台测评

2.89　承台课件

第3章　柱构件

本章目标

知识目标

(1)了解柱构件在房屋结构中的重要作用。
(2)掌握柱的代号、钢筋组成、钢筋构造、列表注写和截面注写方式。
(3)了解超级工程的巨型柱,理解隔震器的工作原理。

能力目标

(1)能掌握列表注写和截面注写的转换,看懂巨型柱和隔震器的施工图。
(2)能完成框架柱钢筋算量。
(3)能进行钢筋绑扎实训,理解现浇柱与预制柱的区别与联系。

素养目标

(1)柱构件是保障房屋不倒塌的核心构件,要对工程质量终身负责。
(2)培养量变导致质变,以柔克刚的辩证思维。
(3)具有实现建筑工业化的责任担当,努力推广预制柱。

3.1　柱类型

《22G101-1图集》中,柱的类型包括框架柱、转换柱、芯柱,编号见表3.1。此外砌体结构中有构造柱,剪力墙结构中有墙柱。

表3.1　柱编号

柱类型	代号	序号
框架柱	KZ	××
转换柱	ZHZ	××
芯柱	XZ	××

据《湖南省工程建设标准设计图集》(装配式混凝土框架结构示例　湘2017G104　框架结构),预制柱的编号如图3.1所示。

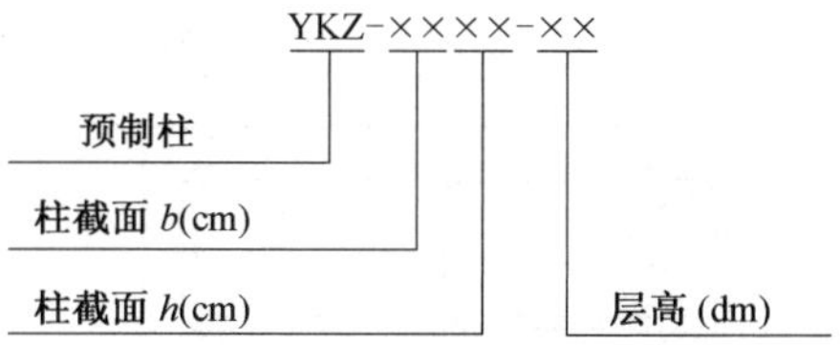

图 3.1 预制柱编号示例图

YKZ-5050-30 表示预制柱层高 3 m(预制混凝土高度为柱净高减 0.02 m 灌浆厚度)、截面 b 为 500 mm、截面 h 为 500 mm。配筋正视图如图 3.2 所示,俯视图如图 3.3 所示。

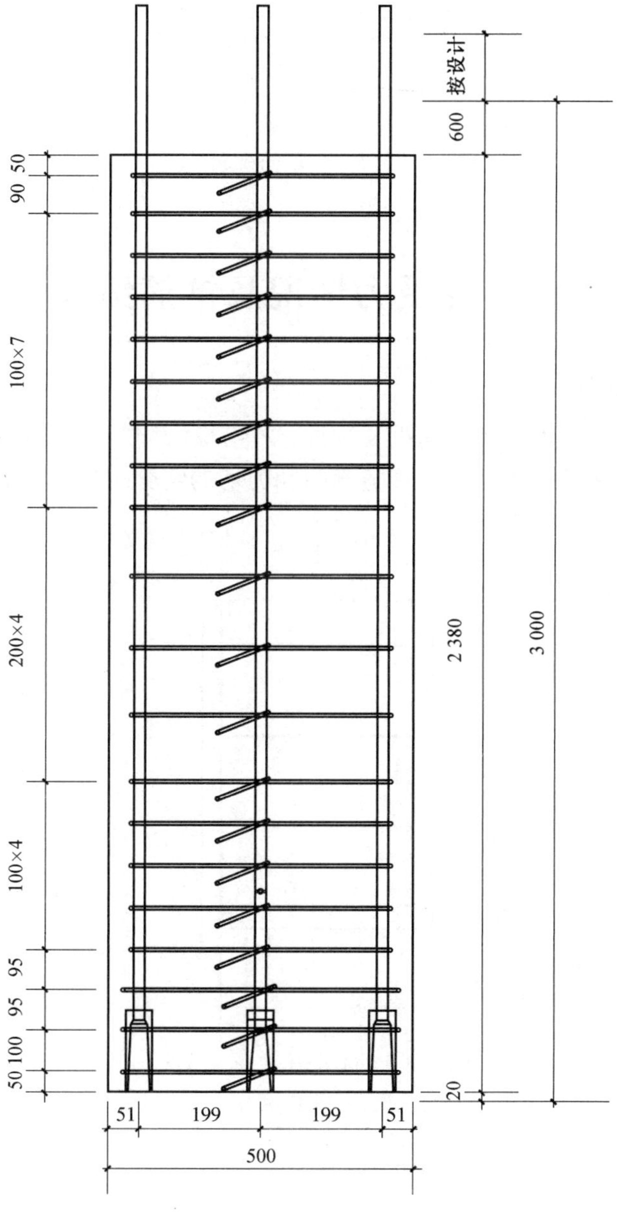

图 3.2 配筋正视图

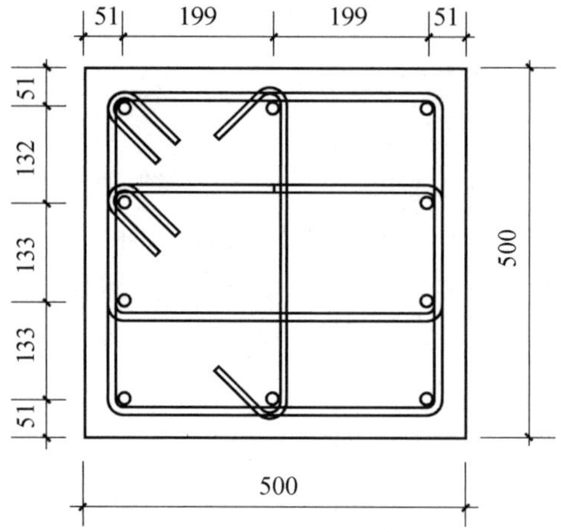

图 3.3 配筋俯视图

3.2 柱受力情况及钢筋组成

3.2.1 柱受力情况

柱是结构传递竖向及水平荷载的重要构件，受上部荷载作用形式的影响，轴心受压柱主要受压。偏心受压柱除了受压之外还伴随弯曲和剪切的组合变形，如图 3.4、图 3.5 所示。

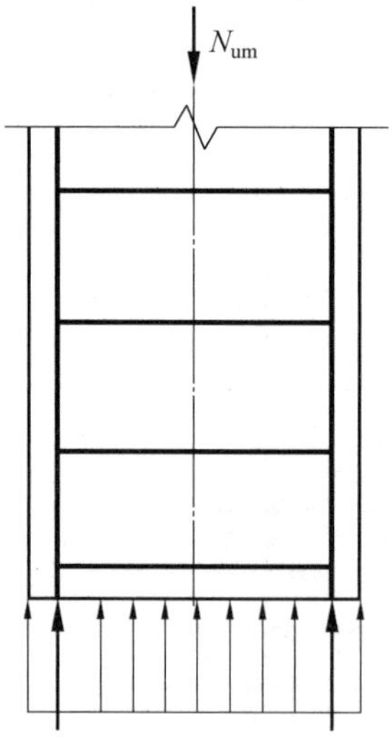

图 3.4 轴心受压柱受力情况

N_{um}—轴心压力

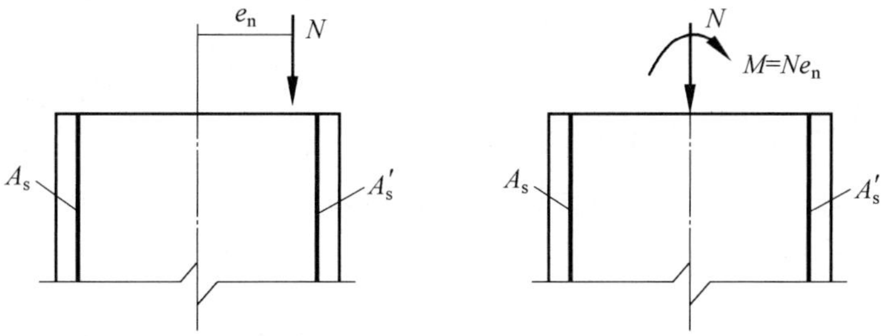

图 3.5　偏心受压柱受力情况

A_s、A'_s—受剪面积；e_n—偏心距；M—弯矩；N—轴向压力

3.2.2　柱钢筋组成

柱由受力纵筋、箍筋和拉筋形成钢筋笼，见表 3.2。

表 3.2　柱钢筋组成表

序号	钢筋名称	简图	备注
1	受力纵筋	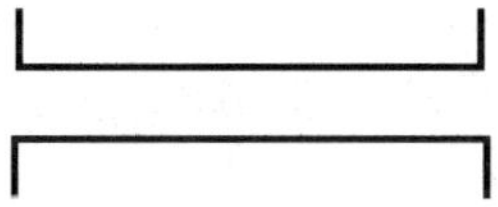	顺时针旋转 90°，以两端弯锚为例
2	箍筋	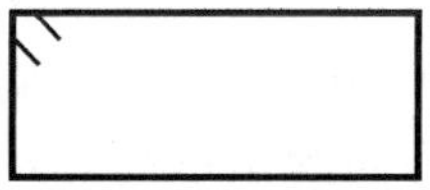	一个矩形箍筋箍住 4 根纵筋
3	拉筋	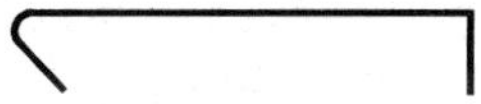	一个拉筋拉住 2 根纵筋

3.3　柱注写方式

柱平法施工图系在柱平面布置图上采用列表注写方式或截面注写方式表达。柱平面布置图可采用适当比例单独绘制，也可与剪力墙平面布置图合并绘制。在柱平法施工图中，应注明各结构层的楼面标高、结构层高及相应的结构层号，尚应注明上部结构嵌固部位位置。

上部结构嵌固部位的注写：

(1)框架柱嵌固部位在基础顶面时，无须注明。

(2)框架柱嵌固部位不在基础顶面时，在层高表嵌固部位标高下使用双细线注明，并在层高表下注明上部结构嵌固部位标高。

(3)框架柱嵌固部位不在地下室顶板，但仍需考虑地下室顶板对上部结构实际存在嵌固作用时，可在层高表地下室顶板标高下使用双虚线注明，此时首层柱端箍筋加密区长度范围及纵向钢筋(也称“纵筋”)连接位置均按嵌固部位要求设置。

3.3.1 列表注写方式

列表注写方式，系在柱平面布置图上（一般只需采用适当比例绘制一张柱平面布置图，包括框架柱、转换柱、芯柱等），分别在同一编号的柱中选择一个（有时需要选择几个）截面标注几何参数代号；在柱表中注写柱编号、柱段起止标高、几何尺寸（含柱截面对轴线的定位情况）与配筋的具体数值，并配以柱截面形状及其箍筋类型的方式来表达柱平法施工图。柱表注写内容规定如下：

（1）注写柱编号，柱编号由类型代号和序号组成，应符合表3.1的规定。

（2）注写各段柱的起止标高，自柱根部往上以变截面位置或截面未变但配筋改变处为界分段注写。梁上起框架柱的根部标高系指梁顶面标高；剪力墙上起框架柱的根部标高为墙顶面标高。从基础起的柱，其根部标高系指基础顶面标高。当屋面框架梁上翻时，框架柱顶标高应为梁顶面标高。芯柱的根部标高系指根据结构实际需要而定的起始位置标高。

（3）对于矩形柱，注写柱截面尺寸 $b \times h$ 及轴线关系的几何参数代号 b_1、b_2 和 h_1、h_2 的具体数值，需对应于各段柱分别注写。其中 $b=b_1+b_2$，$h=h_1+h_2$。当截面的某一边收缩变化至与轴线重合或偏到轴线的另一侧时，b_1、b_2、h_1、h_2 中的某项为零或为负值。

对于圆柱，表中 $b \times h$ 一栏改用在圆柱直径数字前加 d 表示。为表达简单，圆柱截面与轴线的关系也用 b_1、b_2 和 h_1、h_2 表示，并使 $d=b_1+b_2=h_1+h_2$。

对于芯柱，根据结构需要，可以在某些框架柱的一定高度范围内，在其内部的中心位置设置（分别引注其柱编号）。芯柱中心应与柱中心重合，并标注其截面尺寸，按22G101-1图集标准构造详图施工；当设计者采用与图集不同的做法时，应另行注明。芯柱定位随框架柱，不需要注写其与轴线的几何关系。

（4）注写柱纵筋。当柱纵筋直径相同，各边根数也相同时（包括矩形柱，圆柱和芯柱），将纵筋注写在"全部纵筋"一栏中；除此之外，柱纵筋分角筋、截面 b 边中部筋和 h 边中部筋三项分别注写（对于采用对称配筋的矩形截面柱，可仅注写一侧中部筋，对称边省略不注）。

（5）注写箍筋类型编号及箍筋肢数，在箍筋类型栏内注写按表3.3规定的箍筋类型编号和箍筋肢数。箍筋肢数可有多种组合，应在表中注明具体的数值：m、n 及 Y 等。

表3.3 箍筋类型表

编号	箍筋肢数	复合方式
1	$m \times n$	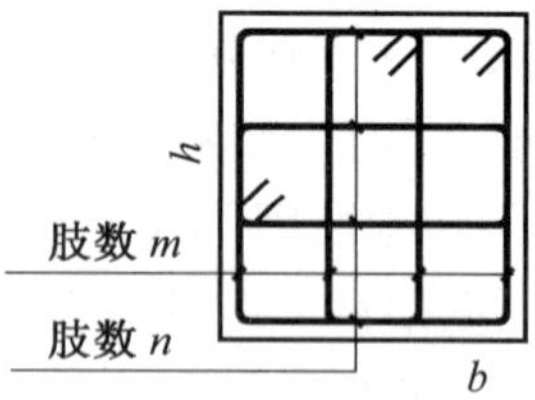
2	—	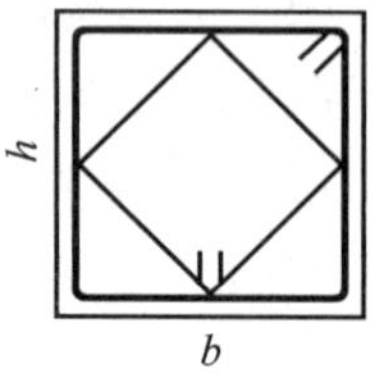

续表3.3

编号	箍筋肢数	复合方式
3	—	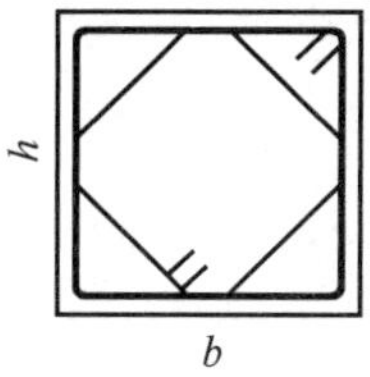
4	Y+m×n,Y 为圆形箍	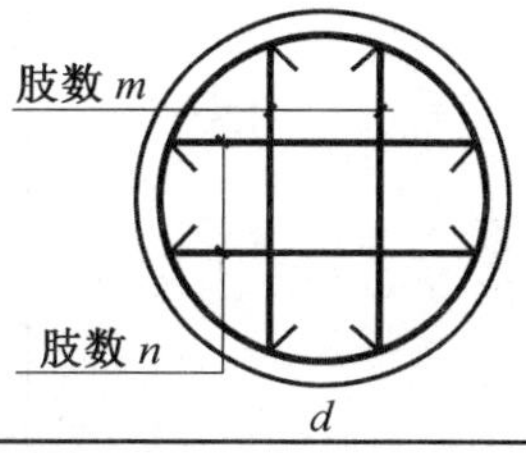

注:1. 确定箍筋肢数时应满足对柱纵筋“隔一拉一”以及箍筋肢距的要求。

2. 具体工程设计时,若采用超出本表所列举的箍筋类型或标准构造详图中的箍筋复合方式,应在施工图中另行绘制,并标注与施工图中对应的 b 和 h。

(6)注写柱箍筋,包括钢筋种类、直径与间距。

用斜线“/”区分柱端箍筋加密区与柱身非加密区长度范围内箍筋的不同间距。施工人员需根据标准构造详图的规定,在规定的几种长度值中取其最大者作为加密区长度。当框架节点核心区内箍筋与柱端箍筋设置不同时,应在括号中注明核心区箍筋直径及间距。

【例 3.1】　A10@100/200,表示箍筋为 HPB300 钢筋,直径为 10 mm,加密区间距为 100 mm,非加密区间距为 200 mm。

A10@100/200(A12@100),表示柱中箍筋为 HPB300 钢筋,直径为 10 mm,加密区间距为 100 mm,非加密区间距为 200 mm,框架节点核心区箍筋为 HPB300 级钢筋,直径为 12 mm,间距为 100 mm。

当箍筋沿柱全高为一种间距时,则不使用“/”线。

【例 3.2】　A10@100,表示沿柱全高范围内为箍筋均为 HPB300,钢筋直径为 10 mm,间距为 100 mm。

当圆柱采用螺旋箍筋时,需要在箍筋前加“L”(圆形箍用 Y 表示)。

【例 3.3】　LA10@100/200,表示采用螺旋箍筋,HPB300,钢筋直径为 10 mm,加密区间距为 100 mm,非加密区间距为 200 mm。

采用列表注写方式表达的柱平法施工图示例见表 3.4,当采用并筋时,见表 3.5。

表 3.4 柱表

注写名称	柱号	标高/m	$b×h$/(mm×mm)	b_1/mm	b_2/mm	h_1/mm	h_2/mm	角筋	b 边一侧中部筋	h 边一侧中部筋	箍筋类型号	箍筋
注写内容	KZ1	19.470~37.470	650×600	325	325	150	450	4C22	5C22	4C20	1(4×4)	A10 @ 100/200
解释含义	编号为 1 的框架住	适用高度为 19.470~37.470 m	水平方向尺寸 650 mm，竖直方向 600 mm	b_1 = 325 mm	b_2 = 325 mm	h_1 = 150 mm	h_2 = 450 mm	4 根角筋是直径为22 mm的三级钢筋	b 边一侧中部筋是 5 根直径为22 mm的三级钢筋	h 边一侧中部筋是 4 根直径为20 mm的三级钢筋	箍筋为类型1，是 4 mm × 4 mm肢箍	箍筋为直径为 10 mm的一级钢筋，加密区间隔100 mm，非加密区间隔为 200 mm

表 3.5　并筋柱表

角筋	b 边一侧中部筋	h 边一侧中部筋	箍筋类型
4×(3C28)	10C25	9C25	1(8×8)
4×(3C28)	16C28(两两并)	11C28	1(8×9)
4×(3C28)	5C25	12C28　10/2	1(6×8)
4×(3C28)	18C28(两两并)	17C28　9/8	1(7×7)
4×(3C28)	24C28　14/10(两两并)	20C28　16/4(两两并)	1(6×6)

说明:要结合箍筋肢数来确定纵筋的排布。

3.3.2　截面注写方式

(1)截面注写方式,系在柱平面布置图的柱截面上,分别在同一编号的柱中选择一个截面,以直接注写截面尺寸和配筋具体数值的方式来表达柱平面施工图。

(2)对除芯柱之外的所有柱截面按表 3.1 的规定进行编号,从相同编号的柱中选择一个截面,按另一种比例原位放大绘制柱截面配筋图,并在各配筋图上继其编号后再注写截面尺寸 $b×h$、角筋或全部的纵筋(当纵筋采用一种直径且能够图示清楚时)、箍筋的具体数值,以及在柱截面配筋图上标注柱截面与轴线的关系 b_1、b_2、h_1、h_2 的具体数值。

当纵筋采用两种直径时,需再注写截面各边中部筋具体数值(对于采用对称配筋的矩形截面柱,可仅在一侧注写中部筋,对称边省略不注)。

当在某些框架柱的一定高度范围内,在其内部的中心位设置芯柱时,首先按照表 3.1 的规定进行编号,继其编号之后注写芯柱的起止标高、全部纵筋及箍筋的具体数值,芯柱的截面尺寸按构造确定,并按标准的构造详图施工,设计不注;当设计者采用与《22G101-1 图集》构造详图不同的做法时,应另行注明。芯柱定位随框架柱,不需要注写与轴线的几何关系。

(3)在截面注写方式中,如柱的分段截面尺寸和配筋均相同,仅截面与轴线的关系不同时,可将其编为同一柱号。但此时应在未画配筋的柱截面上注写该柱截面与轴线关系的具体尺寸,如图 3.6 所示。

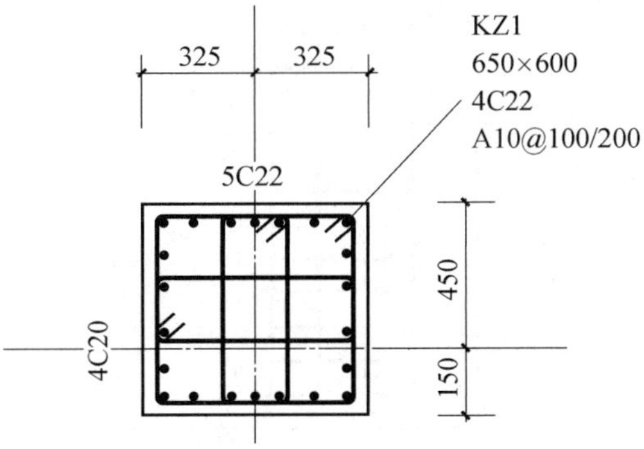

图 3.6　柱平法施工图

3.4 柱钢筋构造

柱钢筋构造按以下分类进行介绍，纵向钢筋分为柱脚（基础部位）、柱中、柱顶3个部位，其中，柱中根据截面和钢筋不同又分为等截面等钢筋、变截面等钢筋、变截面变钢筋3种构造，柱顶钢筋根据位置分为内侧钢筋和外侧钢筋。

3.4.1 柱纵向钢筋在基础中构造

柱纵向钢筋在基础中构造，如图3.7所示。

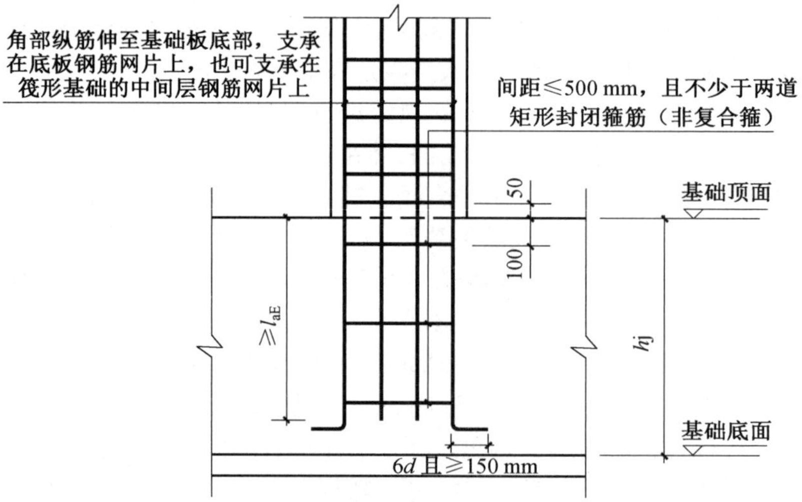

(a) 保护层厚度>5d；基础高度满足直锚

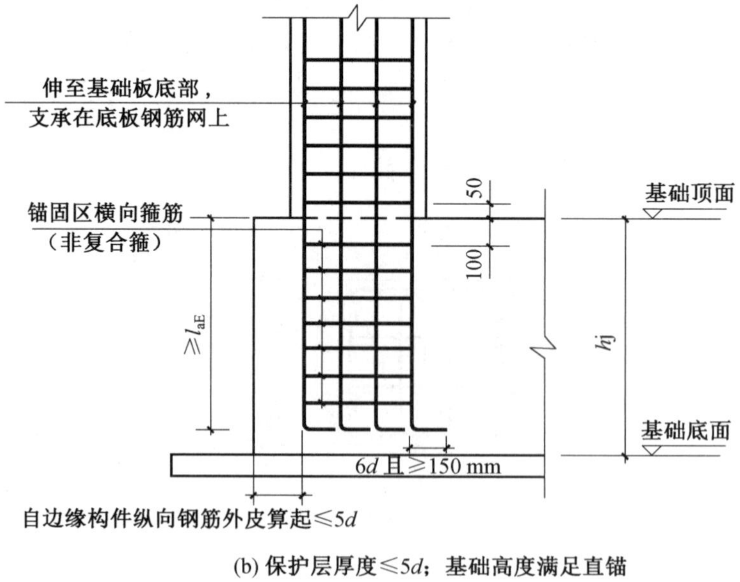

(b) 保护层厚度≤5d；基础高度满足直锚

图3.7 柱纵向钢筋在基础中构造（d为柱纵筋直径）

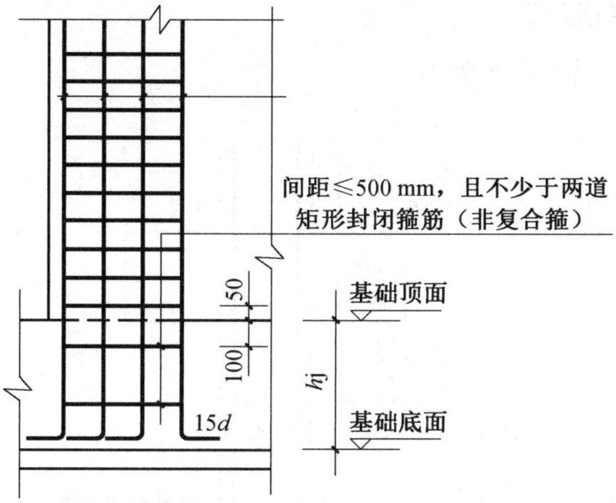

(c) 保护层厚度 >5d；基础高度不满足直锚

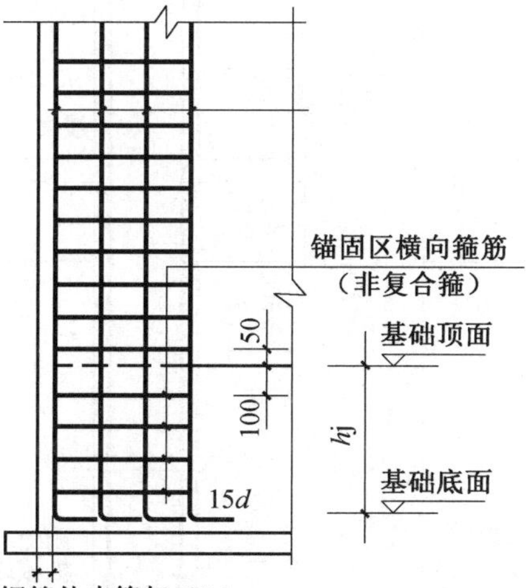

(d) 保护层厚度≤5d；基础高度不满足直锚

续图 3.7

注:当符合下列条件之一时,可仅将柱四角纵筋伸至底板钢筋网片上或者筏形基础中间层钢筋网片上(伸至钢筋网片上的柱纵筋间距不应大于 1 000 mm),其余纵筋锚固在基础顶面下 l_{aE} 即可。

①柱为轴心受压或小偏心受压,基础高度或基础顶面至中间层钢筋网片顶面距离不小于 1 200 mm。

②柱为大偏心受压,基础高度或基础顶面至中间层钢筋网片顶面距离不小于1 400 mm。

3.4.2 柱纵筋连接方式

柱纵筋连接方式，如图 3.8 所示。

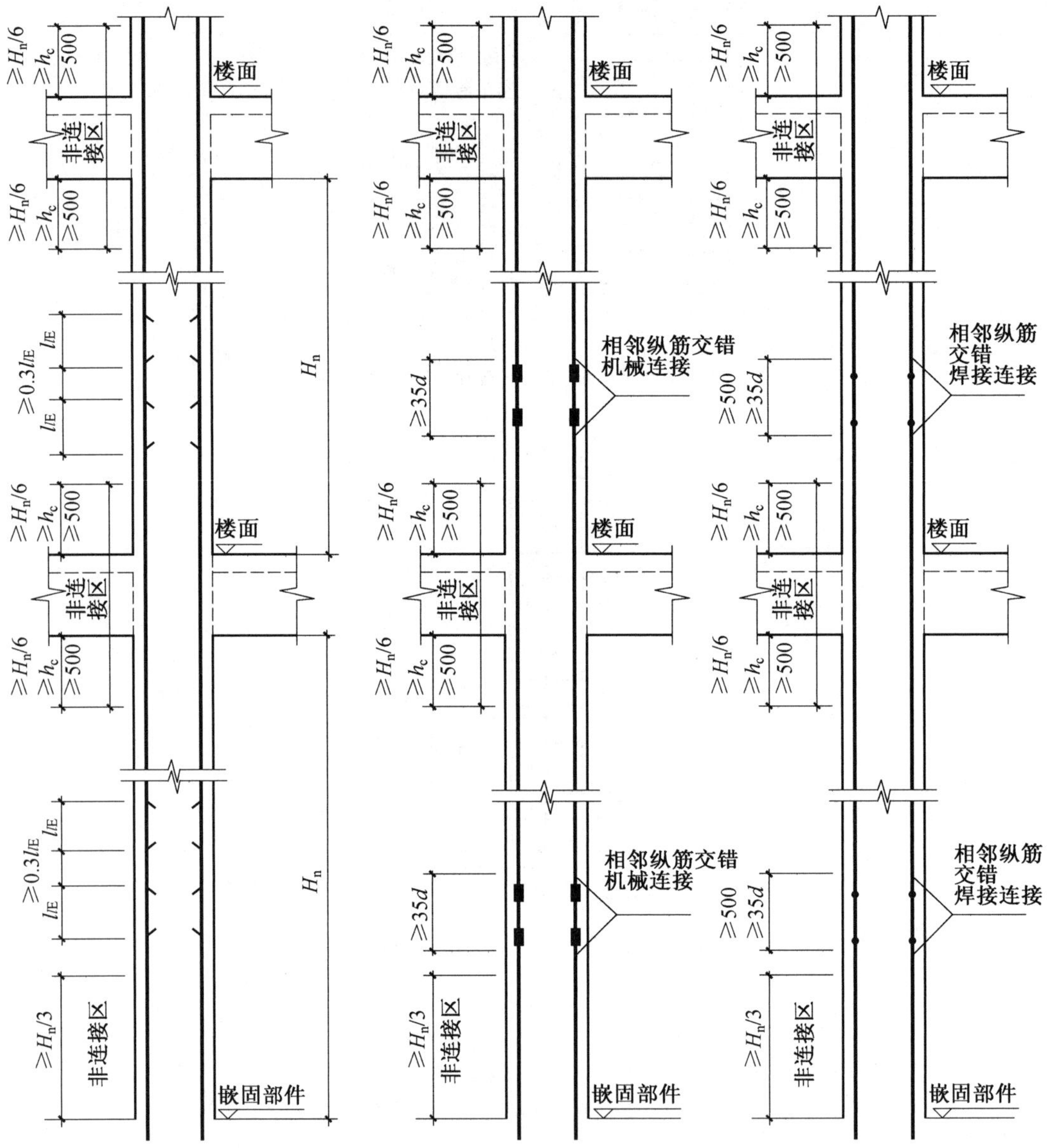

图 3.8 柱纵筋连接方式

注：1. 柱相邻纵向钢筋连接接头相互错开，在同一连接区段内钢筋接头面积百分率不宜大于 50%。

2. h_c 为柱截面长边尺寸（圆柱为截面直径），H_n 为所在楼层的柱净高。

3.4.3　框架柱箍筋加密区范围

框架柱箍筋加密区范围,如图 3.9 所示。

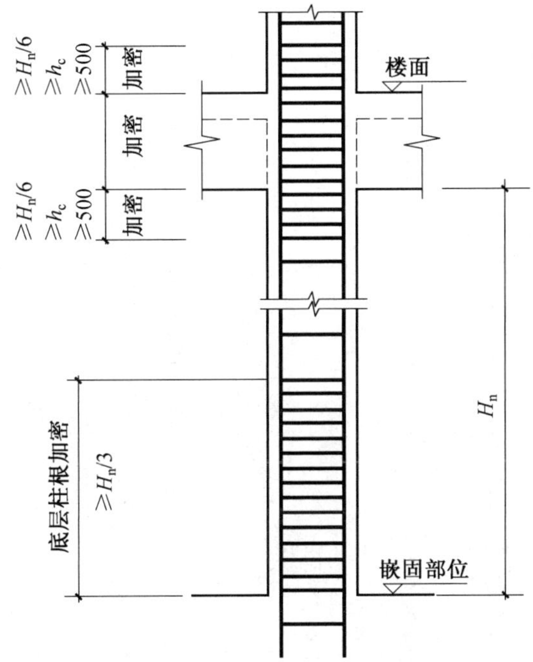

图 3.9　框架柱箍筋加密区范围

注:1. 除具体工程设计标注有箍筋全高加密的柱外,柱箍筋加密区按本图所示。

2. 当柱纵筋采用搭接连接时,搭接区范围内箍筋构造如图 1.1 所示。

3. 为便于施工时确定柱箍筋加密区的高度,可按抗震框架柱和小墙肢箍筋加密区高度选用表(表 3.6)查用。

4. H_n 为所在楼层的柱净高。

表 3.6 抗震框架柱和小墙肢箍筋加密区高度选用表

mm

柱净高 H_n	柱截面长边尺寸 h_c 或圆柱直径 D																		
	400	450	500	550	600	650	700	750	800	850	900	950	1 000	1 050	1 100	1 150	1 200	1 250	1 300
1 500																			
1 800	500																		
2 100	500	500	500																
2 400	500	500	500	550															
2 700	500	500	500	550	600	650													
3 000	500	500	500	550	600	650	700												
3 300	550	550	550	550	600	650	700	750	800										
3 600	600	600	600	600	600	650	700	750	800	850									
3 900	650	650	650	650	650	650	700	750	800	850	900	950							
4 200	700	700	700	700	700	700	700	750	800	850	900	950	1 000						
4 500	750	750	750	750	750	750	750	750	800	850	900	950	1 000	1 050	1 100				
4 800	800	800	800	800	800	800	800	800	800	850	900	950	1 000	1 050	1 100	1 150			
5 100	850	850	850	850	850	850	850	850	850	850	900	950	1 000	1 050	1 100	1 150	1 200	1 250	
5 400	900	900	900	900	900	900	900	900	900	900	900	950	1 000	1 050	1 100	1 150	1 200	1 250	1 300
5 700	950	950	950	950	950	950	950	950	950	950	950	950	1 000	1 050	1 100	1 150	1 200	1 250	1 300
6 000	1 000	1 000	1 000	1 000	1 000	1 000	1 000	1 000	1 000	1 000	1 000	1 000	1 000	1 050	1 100	1 150	1 200	1 250	1 300
6 300	1 050	1 050	1 050	1 050	1 050	1 050	1 050	1 050	1 050	1 050	1 050	1 050	1 050	1 050	1 100	1 150	1 200	1 250	1 300
6 600	1 100	1 100	1 100	1 100	1 100	1 100	1 100	1 100	1 100	1 100	1 100	1 100	1 100	1 100	1 100	1 150	1 200	1 250	1 300
6 900	1 150	1 150	1 150	1 150	1 150	1 150	1 150	1 150	1 150	1 150	1 150	1 150	1 150	1 150	1 150	1 150	1 200	1 250	1 300
7 200	1 200	1 200	1 200	1 200	1 200	1 200	1 200	1 200	1 200	1 200	1 200	1 200	1 200	1 200	1 200	1 200	1 200	1 250	1 300

箍筋全高加密

注：1.表内数值未包括框架嵌固部位柱根部箍筋加密区范围。

2.柱净高(包括因嵌砌填充墙等形成的柱净高)与柱截面长边尺寸(圆柱为截面直径)的比值 $H_n/h_c \leqslant 4$ 时，箍筋沿柱全高加密。

3.小墙肢即墙肢长度不大于墙厚4倍的剪力墙。矩形小墙肢的厚度不大于300 mm时,箍筋全高加密。

3.4.4　柱等截面位置纵向钢筋构造

柱等截面位置纵向钢筋构造，如图 3.10 所示。

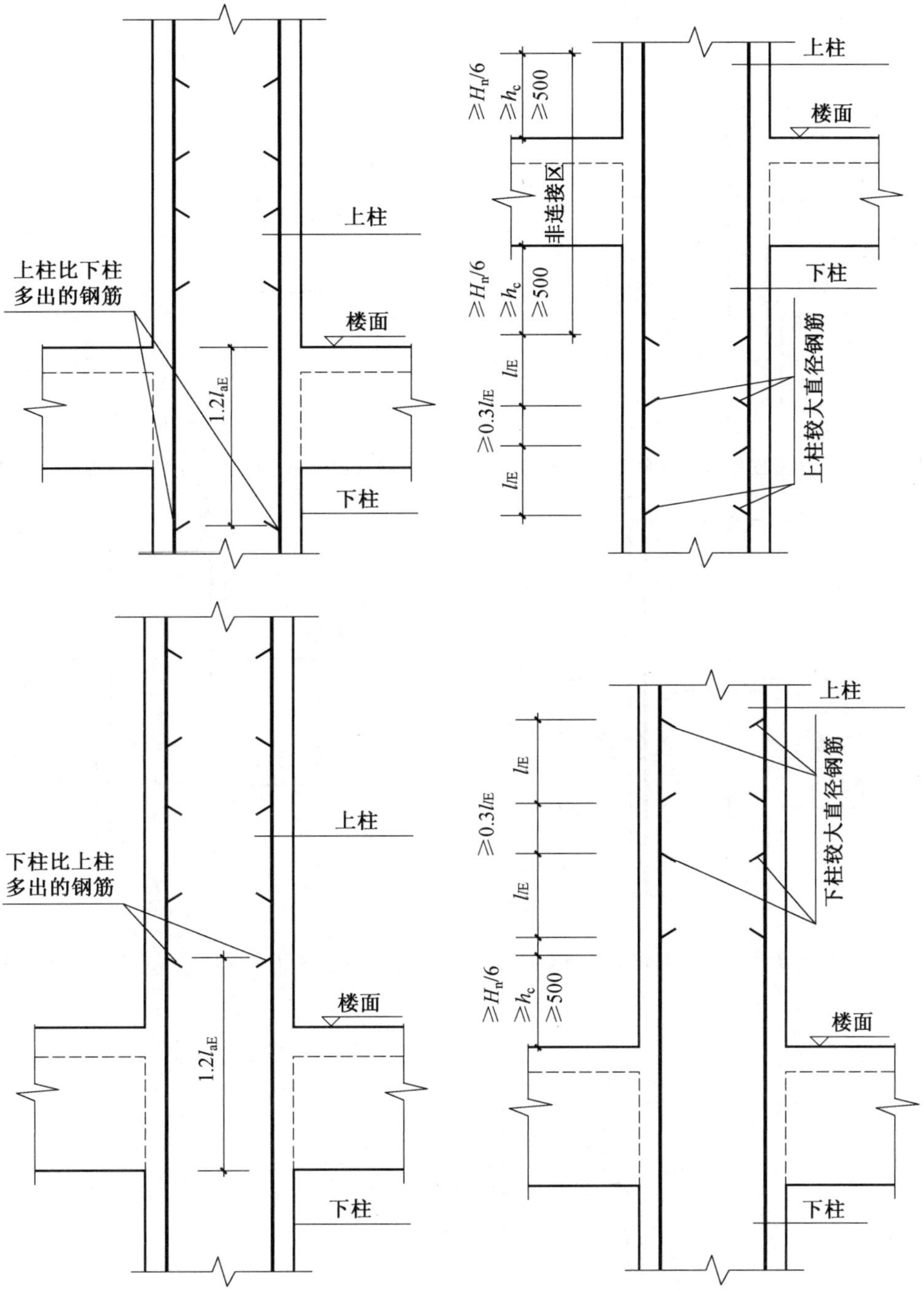

图 3.10　柱等截面位置纵向钢筋构造

3.4.5　柱变截面位置纵向钢筋构造

柱变截面位置纵向钢筋构造，如图 3.11 ~ 图 3.15 所示。

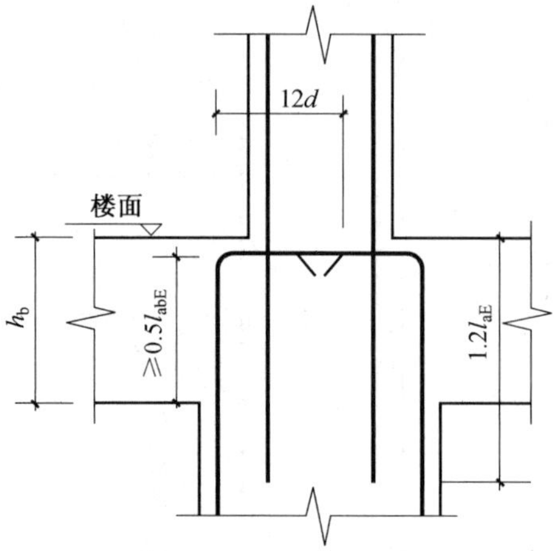

图 3.11　柱变截面位置纵向钢筋构造(一)

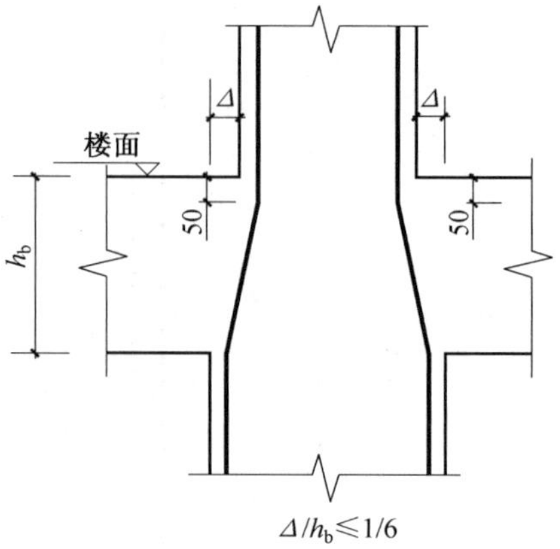

图 3.12　柱变截面位置纵向钢筋构造(二)

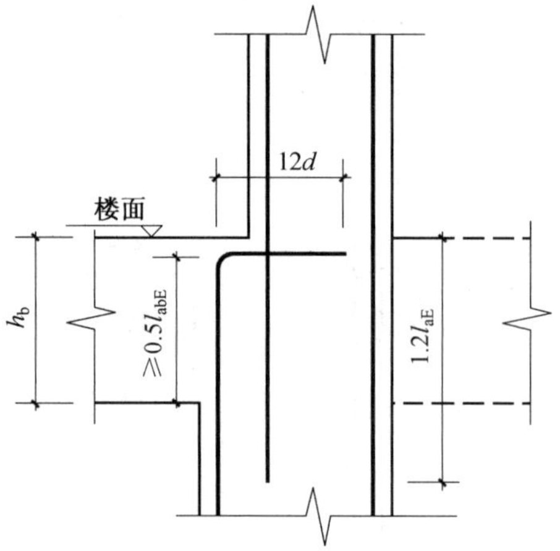

图 3.13　柱变截面位置纵向钢筋构造(三)

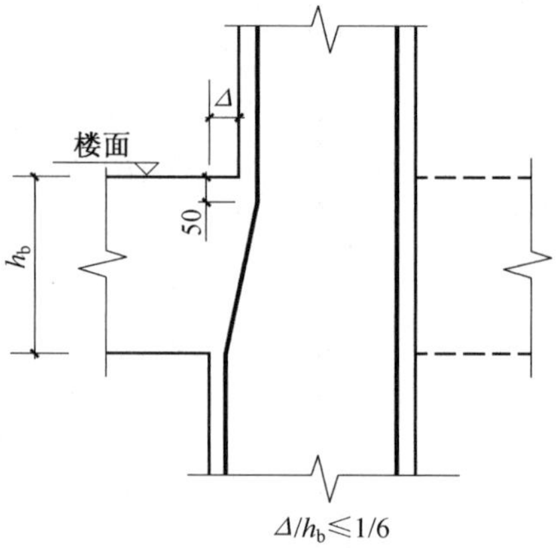

图 3.14　柱变截面位置纵向钢筋构造(四)

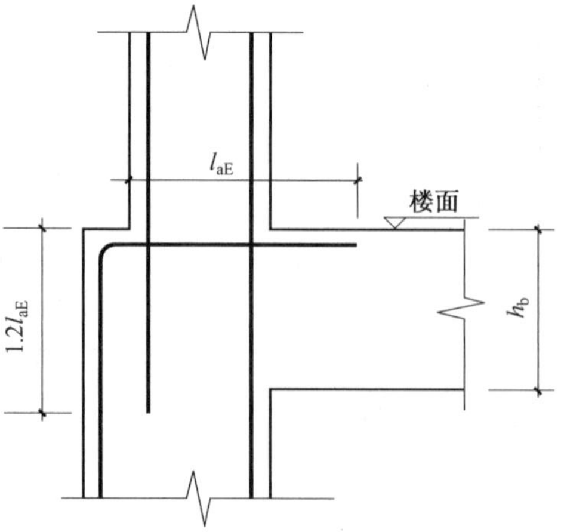

图 3.15　柱变截面位置纵向钢筋构造(五)

3.4.6　柱类型

框架柱根据平面所处位置,分为中柱、边柱、角柱,如图 3.16 所示。

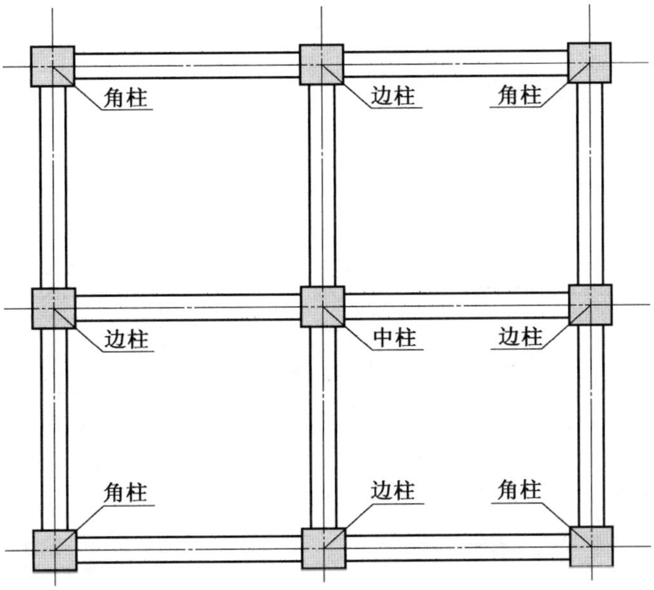

图 3.16　中柱、边柱、角柱示意图

3.4.7　中柱柱顶纵向钢筋构造

中柱柱顶纵向钢筋构造,如图 3.17 所示。

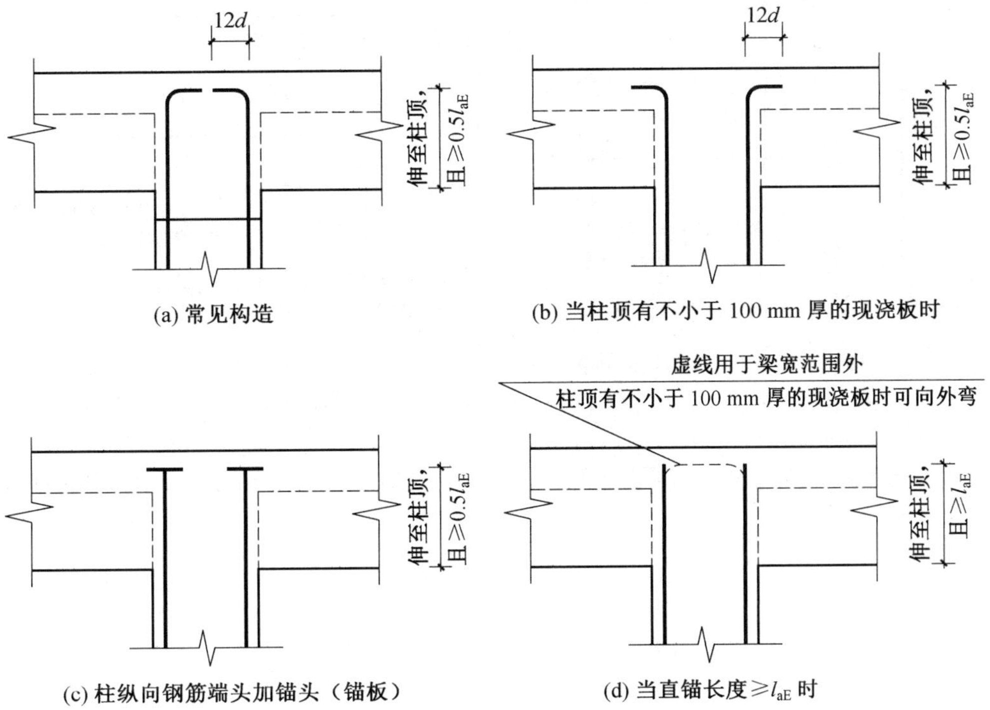

图 3.17　中柱柱顶纵向钢筋构造图

3.4.8 柱外侧纵向钢筋和梁上部纵向钢筋在节点外侧弯折搭接构造

柱外侧纵向钢筋和梁上部纵向钢筋在节点外侧弯折搭接构造,如图 3.18 所示。

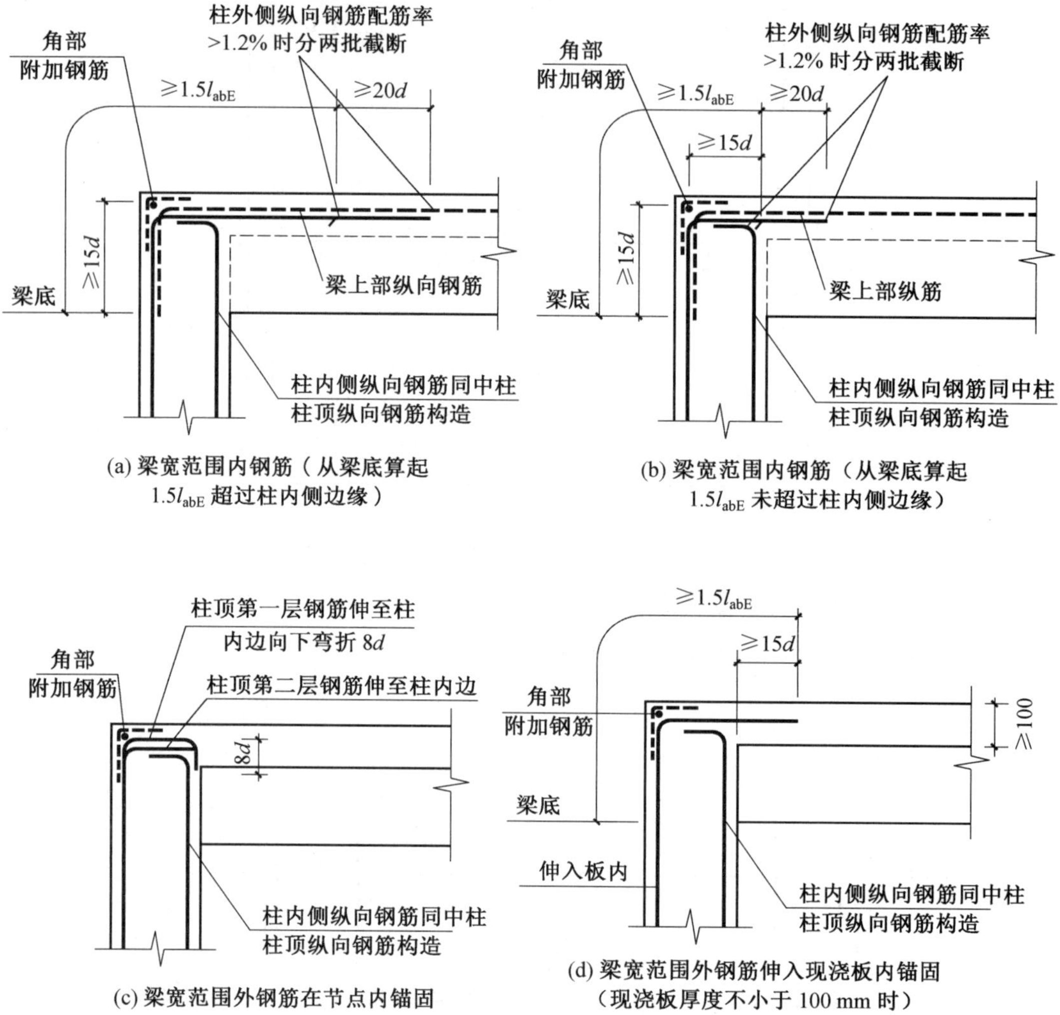

(a) 梁宽范围内钢筋(从梁底算起 1.5l_{abE} 超过柱内侧边缘)

(b) 梁宽范围内钢筋(从梁底算起 1.5l_{abE} 未超过柱内侧边缘)

(c) 梁宽范围外钢筋在节点内锚固

(d) 梁宽范围外钢筋伸入现浇板内锚固(现浇板厚度不小于 100 mm 时)

图 3.18 柱外侧纵向钢筋和梁上部纵向钢筋在节点外侧弯折搭接构造

注:1. KZ 边柱和角柱梁宽范围外节点外侧柱纵向钢筋构造应与梁宽范围内节点外侧和梁端顶部弯折搭接构造配合使用。

2. 梁宽范围内 KZ 边柱和角柱柱顶纵向钢筋伸入梁内的柱外侧纵筋不宜少于柱外侧全部纵筋面积的 65%。

3.4.9　梁上部纵向钢筋和柱外侧纵向钢筋在柱顶外侧直线搭接构造

梁上部纵向钢筋和柱外侧纵向钢筋在柱顶外侧直线搭接构造,如图 3.19 所示。

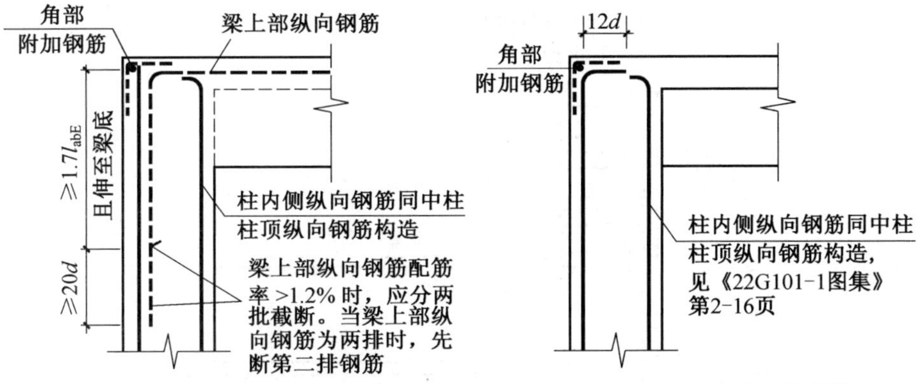

(a) 梁上部纵向钢筋搭接　　(b) 柱外侧纵向钢筋搭接

图 3.19　梁上部纵向钢筋和柱外侧纵向钢筋在柱顶外侧直线搭接构造

3.4.10　柱顶其他构造

柱顶其他构造,如图 3.20 所示。

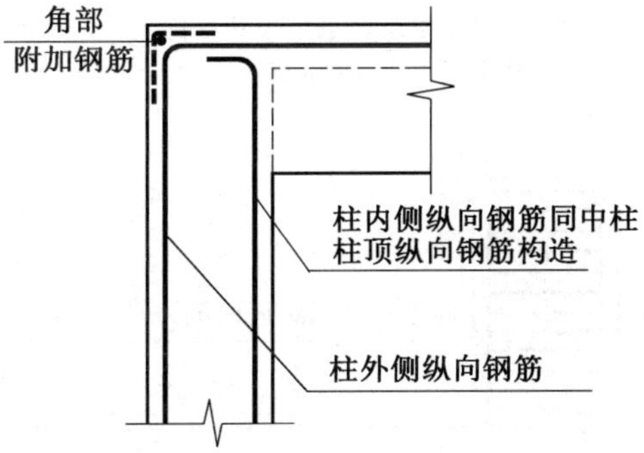

(a) 梁宽范围内柱外侧纵向钢筋弯入梁内做梁筋构造

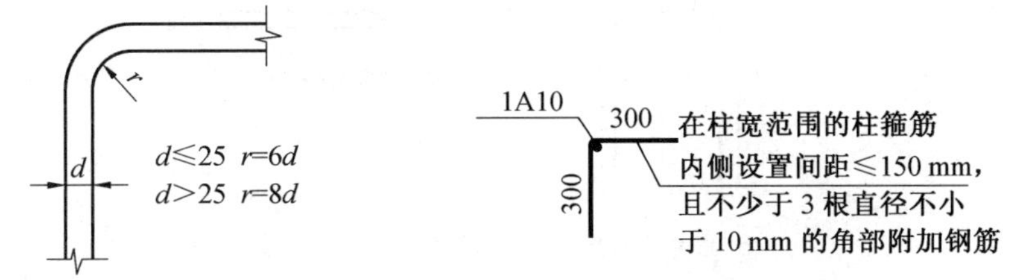

(b) 节点纵向钢筋弯折要求　　(c) 角部附加钢筋

图 3.20　柱顶其他构造

注:当柱外侧纵向钢筋直径不小于梁上部钢筋时,梁宽范围内柱外侧纵向钢筋可弯入梁内做梁上部纵向钢筋,与柱外侧纵向钢筋和梁上部纵向钢筋在节点外侧弯折搭接构造(梁宽范围内钢筋)组合使用。为了保护纵筋弯折处的混凝土,柱顶纵筋弯折半径较大,理论上要设置角部附加钢筋。

3.4.11 KZ 边柱、角柱柱顶等截面伸出时纵向钢筋构造

KZ 边柱、角柱柱顶等截面伸出时纵向钢筋构造,如图 3.21 所示。

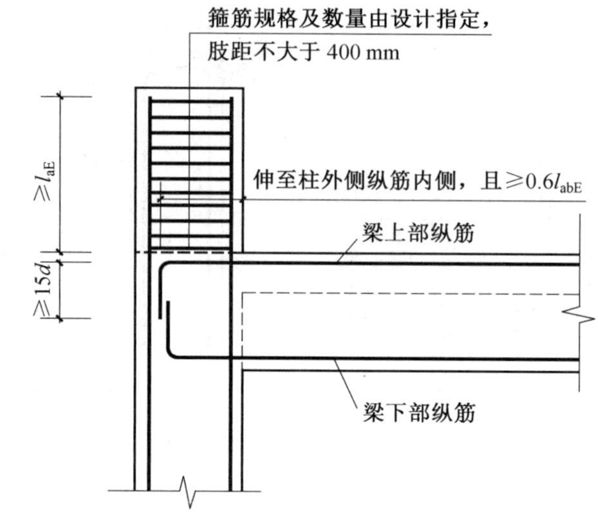

(a) 当伸出长度自梁顶算起满足直锚长度 l_{aE} 时

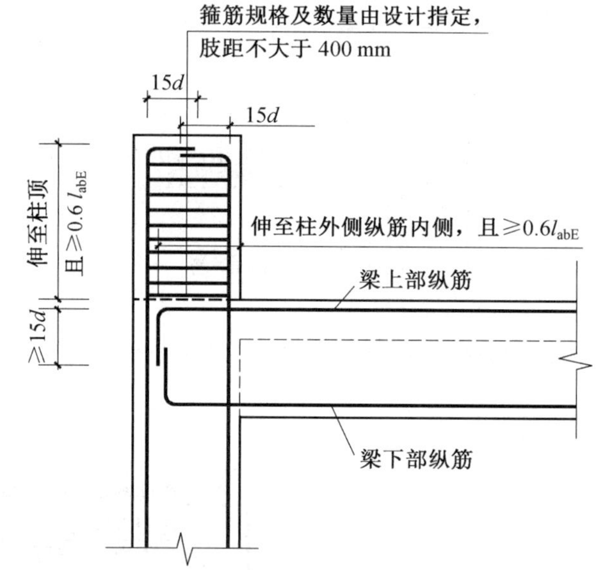

(b) 当伸出长度自梁顶算起满足直锚长度 l_{aE} 时

图 3.21 KZ 边柱、角柱柱顶等截面伸出时纵向钢筋构造

注:蒸压加气混凝土砌块墙体与柱交接处,沿柱全高每隔 500/600 mm 设 2A6 拉结筋,500 mm 用于 250 mm 高砌块,600 mm 用于 200 mm 或 300 mm高砌块。拉结筋伸入砌块墙内长度 L,抗震设防烈度为 6 度及 6 度以下时不宜小于 700 mm,多层建筑 7 度时宜沿墙全长贯通,7 度高层建筑及 8 度时应沿墙全长贯通。

3.4.12　封闭箍筋及拉筋弯钩常见构造

封闭箍筋及拉筋弯钩常见构造,如图 3.22 所示。

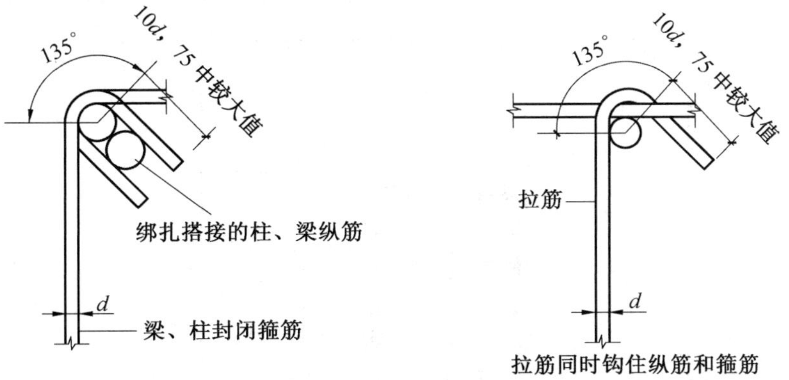

图 3.22　封闭箍筋及拉筋弯钩常见构造

注:非框架梁以及不考虑地震作用的悬挑梁,箍筋及拉筋弯钩平直段长度可为 $5d$;当其受扭时,应为 $10d$。

3.5　框架柱钢筋算量

根据图 3.23、图 3.24,计算 KZ3 的钢筋长度和数量,框架柱和框架梁的保护层为 20 mm,基础保护层为 40 mm,混凝土强度都为 C30,一级抗震,纵筋采用焊接连接。外侧钢

图 3.23　框架柱立面图

筋从梁底锚入梁或板 $1.5l_{aE}$，内侧钢筋锚入柱内 $12d$，箍筋按中心线计算，在基础内设置两道箍筋，箍筋在柱根处起步距离取 50 mm，柱顶起步距离为 150 mm，钢筋计算结果见表 3.7。为了方便实训，本框架柱只设计了一个层高，根据算量的需要，可以增加两个相同的层高。

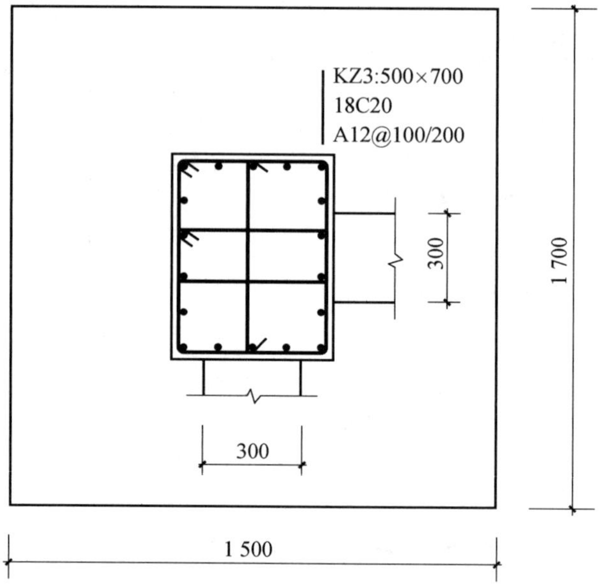

图 3.24　框架柱平法施工图

表 3.7　钢筋计算表

序号	钢筋名称	钢筋简图	计算式
1	柱根高位纵筋	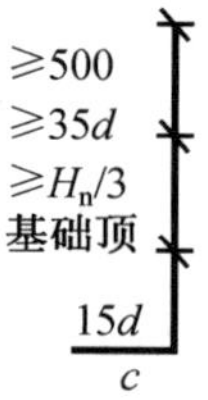	单长 = 15 × 20 + 600 − 40 + (3 000 − 600)/3 + 35 × 20 = 2 360(mm) 总根数 = 9 根
2	柱根低位纵筋	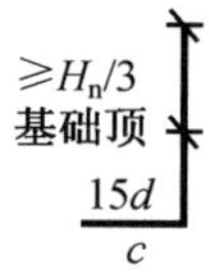	单长 = 15×20+600−40+(3 000−600)/3 = 1 660(mm) 总根数 = 9 根
3	柱顶外侧高位纵筋	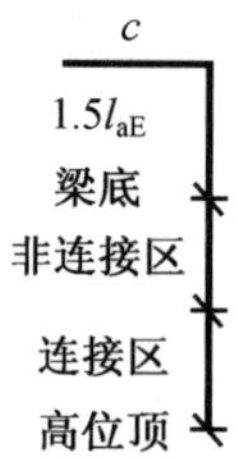	单长 = (3 000−600) − (3 000−600)/3 − 35×20 + 1.5×40×20 = 2 100(mm) 总根数 = 5 根

续表3.7

序号	钢筋名称	钢筋简图	计算式
4	柱顶外侧低位纵筋	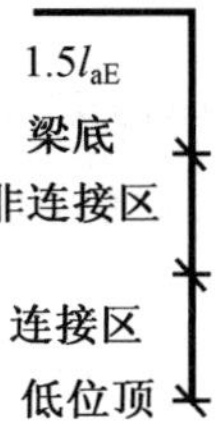	单长＝(3 000－600)－(3 000－600)/3＋1.5×40×20＝2 800(mm) 总根数＝5 根
5	柱顶内侧高位纵筋	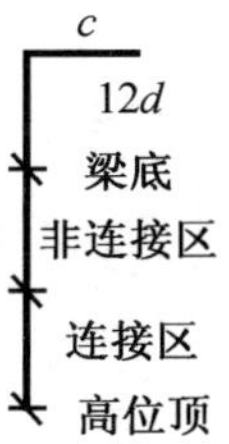	单长＝3 000－(3 000－600)/3－35×20－20＋12×20＝1 720(mm) 总根数＝4 根
6	柱顶内侧低位纵筋	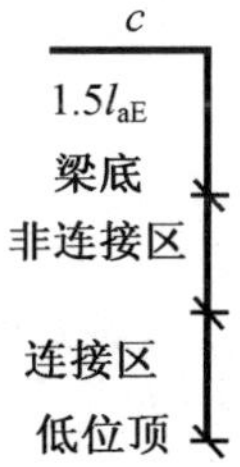	单长＝3 000－(3 000－600)/3－20＋12×20＝2 420(mm) 总根数＝4 根
7	大箍筋	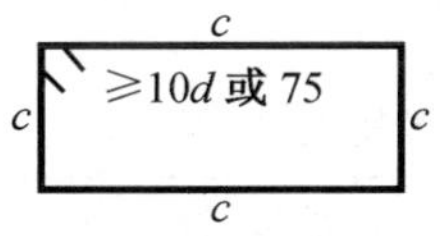	单长＝2×(700－20×2－12)＋2×(500－20×2－12)＋11.9×12×2＝2 478(mm) 总根数＝2＋[(3 000－600)/3－50]/100＋1＋(600＋700－150)/100＋1＋(3 000－800－700－600)/200＋1－2＝28(根)(向上取整)
8	小箍筋	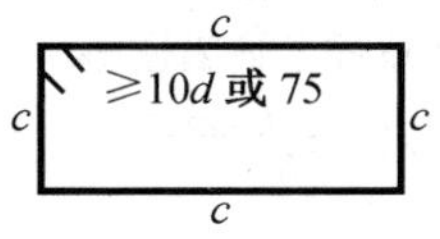	单长＝2×(500－20×2－12)＋[(700－2×20－12×2－20)/5＋20＋12]×2＋2×11.9×12＝1 492(mm) 总根数＝[(3 000－600)/3－50]/100＋1＋(600＋700－150)/100＋1＋(3 000－800－700－600)/200＋1－2＝26(根)(向上取整)
9	拉筋	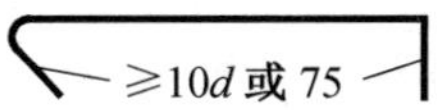	单长＝700－20×2－12＋2×11.9×12＝934(mm) 总根数＝[(3 000－600)/3－50]/100＋1＋(600＋700－150)/100＋1＋(3 000－800－700－600)/200＋1－2＝26(根)(向上取整)

3.6 柱实训

根据图 3.25 制作构造柱钢筋笼模型,箍筋加密区为楼层上下各 500 mm,主筋锚入上下梁内 640 mm,比例为 1∶2。根据图 3.23、3.24 制作柱钢筋笼模型,比例为1∶5,柱顶采用《22G101-1 图集》的复杂构造,实训指导书见二维码 3.69。

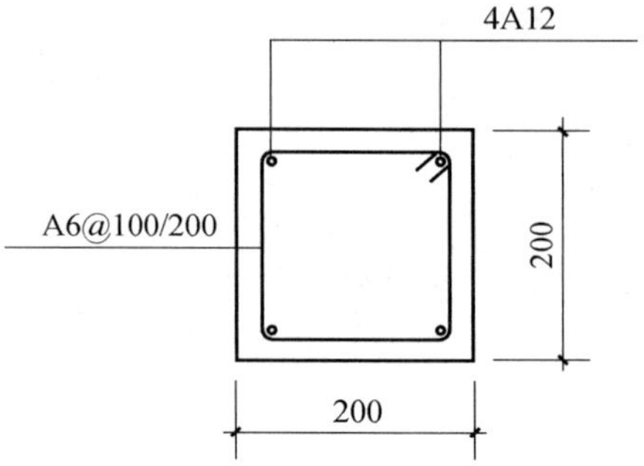

图 3.25 构造柱配筋图

1. 构造柱钢筋笼绑扎实训报告

(1)识图。

对照实训指导书的结构施工图,构造柱的长宽都为________mm,4 根角筋配筋为____________,含义是____。箍筋的配筋信息是________________,含义是____。

团队负责人签字确认之后方可进行下一步。团队负责人签字:________

(2)算量及下料(表 3.8)。

表 3.8 构造柱钢筋笼算量表

序号	钢筋名称	钢筋长度/cm	钢筋数量/根	比例	铁线规格	备注
1	纵筋			1∶2	8 号	微调
2	箍筋			1∶2	12 号	微调

说明:因为构造柱较高,不便于竖直放置,下料尺寸和数量做了适当调整。

团队负责人签字确认之后方可进行下一步。团队负责人签字:________

(3)绘制绑扎示意图。

绘制 4 个横截面图分别表达相邻箍筋弯钩的位置关系,绘制一个立面图(含构件边缘线,表达保护层,表达箍筋起步距离、间距值)。尺寸以标注为准,可不按比例绘制,文字简要介绍绑扎流程。

团队负责人签字确认之后方可进行下一步。团队负责人签字:________

(4)实训过程中遇到的问题及解决办法。

(5)思考题:现浇柱与预制柱的钢筋排布有何不同?

2. 框架柱钢筋笼绑扎实训报告

(1)识图。

框架柱钢筋笼绑扎实训指导书见二维码 3.72。对照实训指导书的结构施工图，框架柱的 b 边尺寸是________mm，h 边尺寸是________mm，净高是________m。________根纵筋配筋为____________，含义是____。箍筋的配筋信息是________________，含义是____。

团队负责人签字确认之后方可进行下一步。团队负责人签字：________

(2)算量及下料(表 3.9)。

表 3.9　框架柱钢筋笼算量表

序号	插筋长/cm	中间长/cm	柱顶长/cm	总长/cm	铁线规格	备注
1	6				8 号	角筋
2	6				10 号	
3	6				10 号	
4	6				10 号	
5	6				8 号	角筋
6	6				10 号	
7	6				10 号	
8	6				10 号	
9	6				10 号	
10	6				8 号	角筋
11	6				10 号	
12	6				10 号	
13	6				10 号	
14	6				8 号	角筋,10.9 含下弯 3
15	6				10 号	
16	6				10 号	
17	6				10 号	
18	6				10 号	
19	大箍筋 2 cm+9 cm+13 cm+9 cm+13 cm+2 cm				12 号	17 个
20	小箍筋 2 cm+9 cm+3.5 cm+9 cm+3.5 cm+2 cm				12 号	15 个
21	拉筋 2 cm+13.7 cm+2 cm				12 号	15 个

说明：为了方便操作，纵筋贯通，全柱高一起绑扎。

团队负责人签字确认之后方可进行下一步。团队负责人签字：________

(3)绑扎示意图。

绘制 4 个横截面图分别表达相邻箍筋弯钩(含小箍筋)的位置关系，绘制立面图(含构件边缘线，表达保护层，表达箍筋起步距离、间距值)。尺寸以标注为准，可不按比例绘制，文字简要介绍绑扎流程。

团队负责人签字确认之后方可进行下一步。团队负责人签字:________

(4)实训过程中遇到的问题及解决办法。

(5)思考题:柱的类型还有哪些?配筋与预制柱有什么区别和联系?

3.1 柱构件课程思政

3.2 柱类型微课

3.3 柱受力及钢筋组成微课

3.4 柱注写方式微课

3.5 钢筋构造(柱脚)微课

3.6 钢筋构造(柱中)微课

3.7 钢筋构造(柱顶)微课

3.8 减隔震支墩钢筋构造微课

3.9 柱钢筋算量微课

3.10 实训介绍微课

3.11 柱插筋 VR 模型 1

3.12 柱插筋 VR 模型 2

3.13 柱插筋 VR 模型 3

3.14 柱插筋 VR 模型 4

3.15 螺箍预制柱 VR 模型

3.16 图集预制柱 VR 模型

3.17 转换柱 VR 模型

3.18 型钢柱脚 VR 模型

3.19 型钢柱 VR 模型

3.20 巨型柱 VR 模型

3.21　柱变截面 VR 模型 1

3.22　柱变截面 VR 模型 2

3.23　柱变截面 VR 模型 3

3.24　柱变截面 VR 模型 4

3.25　柱变截面 VR 模型 5

3.26　等截面变钢筋 VR 模型

3.27　柱标准层钢筋构造 VR 模型

3.28　框支柱 VR 模型

3.29　圆柱 VR 模型

3.30　L 形框架柱 VR 模型

3.31　完整框架柱 VR 模型

3.32　完整框架柱 VR 模型（插筋）

3.33　完整框架柱 VR 模型（柱顶）

3.34　图集框架柱 VR 模型（有拉筋）

3.35　图集框架柱 VR 模型

3.36　框架柱芯柱 VR 钢筋笼

3.37　弧形框架柱 VR 模型

3.38　构造柱 VR 钢筋笼

3.39　箍筋类型 VR 模型 1

3.40　箍筋类型 VR 模型 2

3.41　箍筋类型 VR 模型 3

3.42　箍筋类型 VR 模型 4

3.43　加腋隔震器下支墩 VR 模型

3.44　型钢隔震器上支墩 VR 模型

3.45　屈曲约束支撑 BRB 减震器预埋件 VR 模型

3.46 黏滞阻尼器悬臂墙 VR 模型

3.47 隔震器组合 VR 模型

3.48 柱标准层箍筋构造动画

3.49 图集框架柱钢筋动画

3.50 图集转换柱动画

3.51 并筋转换柱动画

3.52 完整框架柱模型动画

3.53 型钢柱动画

3.54 图集预制柱动画

3.55 螺箍预制柱动画

3.56 黏滞阻尼器悬臂墙动画

3.57 屈曲约束支撑 BRB 动画

3.58 隔震器组合动画

3.59 型钢上支墩动画

3.60 加腋下支墩动画

3.61 构造柱钢筋模型照片

3.62 框架柱钢筋模型照片

3.63 L 形框架柱钢筋模型照片

3.64 插筋钢筋模型照片

3.65 单层框架柱照片

3.66 螺箍预制柱照片

3.67 图集预制框架柱钢筋模型照片

3.68 装配式框架柱模具照片

3.69 构造柱实训指导书

3.70 构造柱实训视频

3.71　构造柱实训报告

3.72　框架柱实训指导书

3.73　框架柱实训视频

3.74　框架柱实训报告

3.75　柱构件测评

3.76　柱构件课件

3.77　期中测试

第4章　梁构件

本章目标

知识目标

(1)了解梁的受力情况。

(2)掌握4种常见梁的类型及代号、钢筋组成、钢筋构造,以及梁构件的两种注写方式。

(3)了解叠合梁的钢筋组成。

能力目标

(1)能看懂梁构件采用两种注写方式注写的结构施工图。

(2)能进行梁钢筋算量和钢筋绑扎实训。

(3)能查阅装配式相关图集,掌握叠合梁的钢筋构造。

素养目标

(1)梁是房屋中的重要构件,要为工程质量终身负责。

(2)努力成为国家的栋梁之才。

(3)具有实现建筑工业化的责任担当,努力推广叠合梁。

4.1　梁类型

梁的类型有楼层框架梁、楼层框架扁梁、屋面框架梁、框支梁、托柱转换梁、非框架梁、悬挑梁、井字梁等,详见表4.1。

根据《湖南省装配式建筑全产业链BIM智能建造平台配套标准图集》(简称:《湘2021G106-3图集》),预制钢筋混凝土梁、柱的叠合主梁、叠合次梁的编号示例图如图4.1、图4.2所示,含义见表4.2,主视图如图4.3所示,配筋图如图4.4所示。

表 4.1　梁编号

梁类型	代号	序号	跨数及是否带有悬挑
楼层框架梁	KL	××	(××)、(××A)或(××B),(××A)为一端有悬挑,(××B)为两端有悬挑,悬挑不计入跨数
楼层框架扁梁	KBL	××	
屋面框架梁	WKL	××	
框支梁	KZL	××	
托柱转换梁	TZL	××	
非框架梁	L	××	
悬挑梁	XL	××	
井字梁	JZL	××	

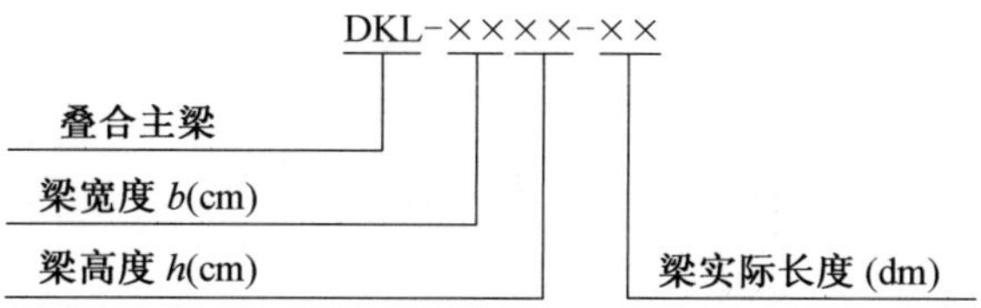

图 4.1　叠合主梁编号示例图

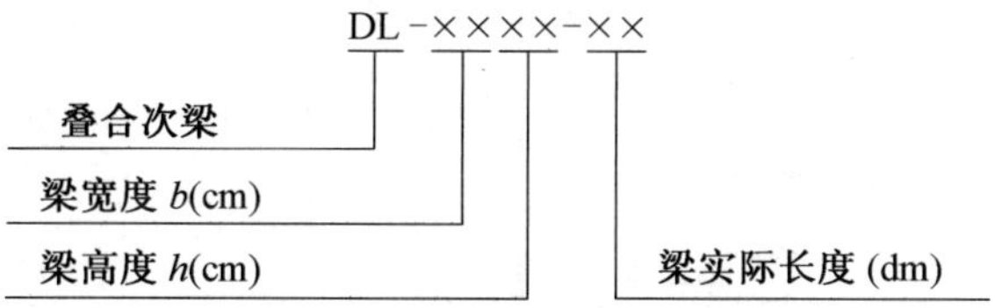

图 4.2　叠合次梁编号示例图

表 4.2　叠合梁编号示例表

叠合梁类型	叠合梁编号	梁宽度/mm	梁高度/mm	梁长度/mm
叠合主梁	DKL-2050-36	200	500	3 600
叠合次梁	DL-2040-21	200	400	2 100

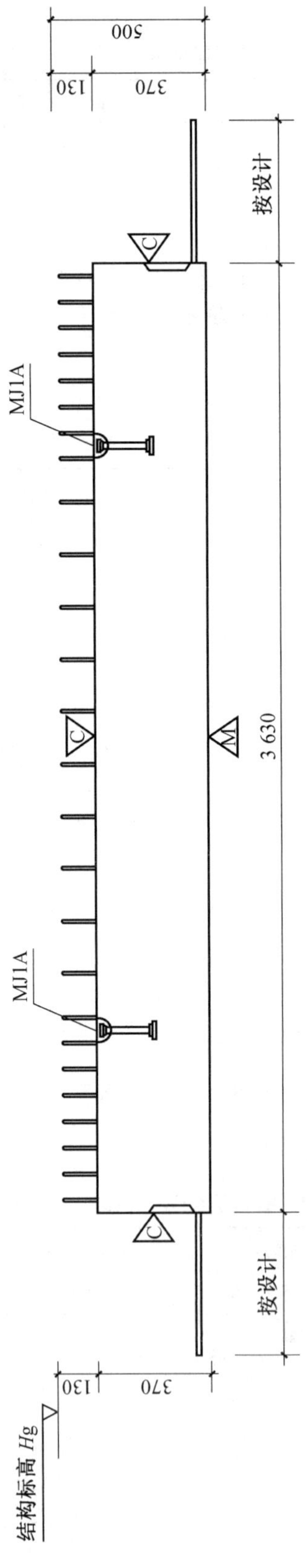

图 4.3 主视图

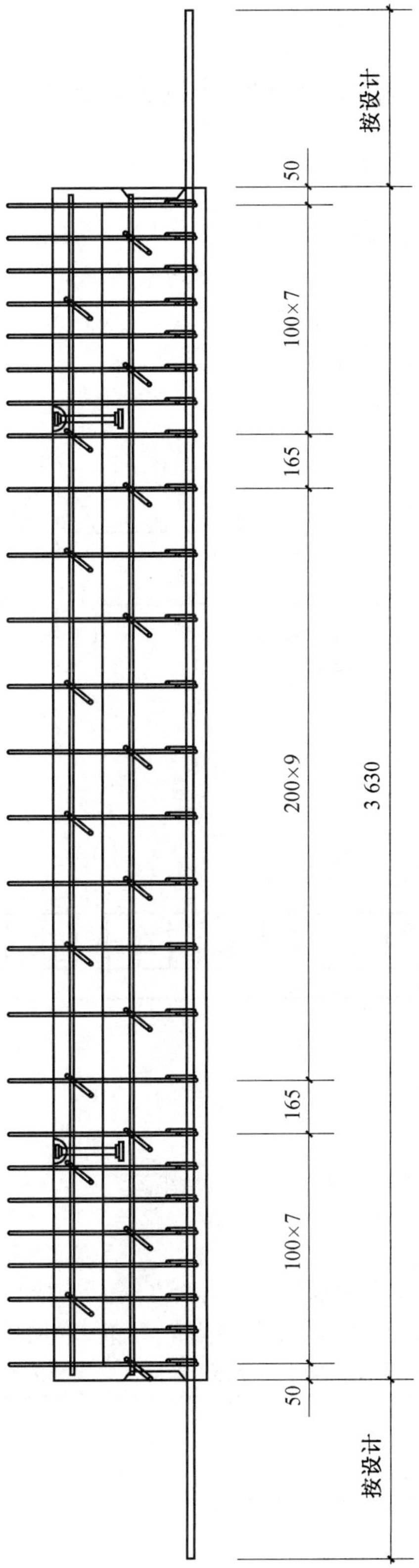

图 4.4　配筋图

4.2 梁受力情况及钢筋组成

4.2.1 梁受力情况

梁作为结构的水平构件,起着传递上部荷载的作用,梁的主要变形是弯曲,弯曲变形同时伴随着剪切的作用,梁具体的受力情况受梁下部约束情况的影响而不同,在上部竖向荷载的作用下,一般的连续梁跨中承受正弯矩而下部受拉,支座位置承受负弯矩而上部受拉。同时都伴随剪力的作用。悬挑梁因为其特殊的约束特点,往往是上部承受负弯矩而受拉,如图4.5、图4.6所示。

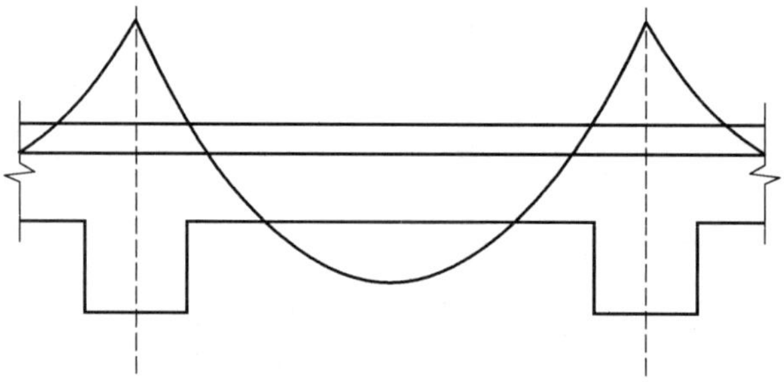

图 4.5 连续梁弯矩图

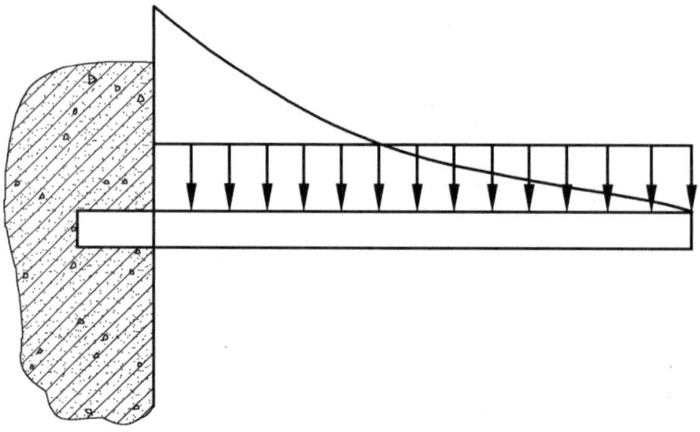

图 4.6 悬挑梁弯矩图

4.2.2 钢筋组成

梁钢筋笼一般包括下部纵筋、上部通长筋(或架立筋)、支座负筋、架立筋、箍筋、侧面钢筋(构造、受扭)、拉筋、弯起钢筋(悬挑梁)、附加钢筋(吊筋、附加箍筋),详见表4.3。

表 4.3 楼层框架梁钢筋组成(以端支座弯锚为例)

序号	钢筋名称	简图	备注
1	下部纵筋	⌊___⌋	弯锚

续表4.3

序号	钢筋名称	简图	备注
2	上部通长筋	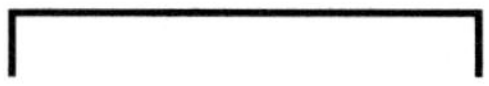	弯锚
3	支座负筋（非贯通筋）		左端支座
			中间支座
			右端支座
4	架立筋		
5	箍筋	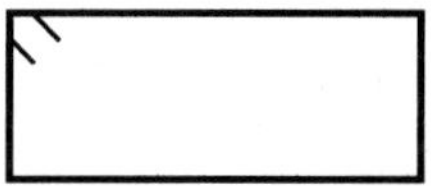	顺时针旋转 90°
6	侧面钢筋		以直锚为例
7	拉筋		
8	弯起钢筋		悬挑梁
9	附加钢筋		花篮筋、元宝筋、鸭筋（反扣）

4.3　梁注写方式

梁平法施工图系在梁平面布置图上采用平面注写方式或截面注写方式表达。

4.3.1　平面注写方式

梁的纵筋在不同的位置受力不同，分为上部、侧面、下部。在梁宽方向又分为角部、中部，在梁高方向又分为上排、下排，钢筋位置示意如图 4.7 所示，梁平面注写方式示例如图 4.8 所示，梁常见平面注写方式见表 4.4，基础梁常见平面注写方式见表 4.5。

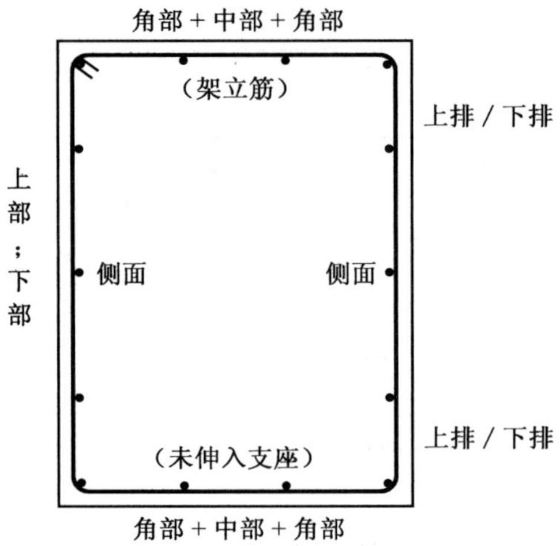

图 4.7　钢筋位置示意图

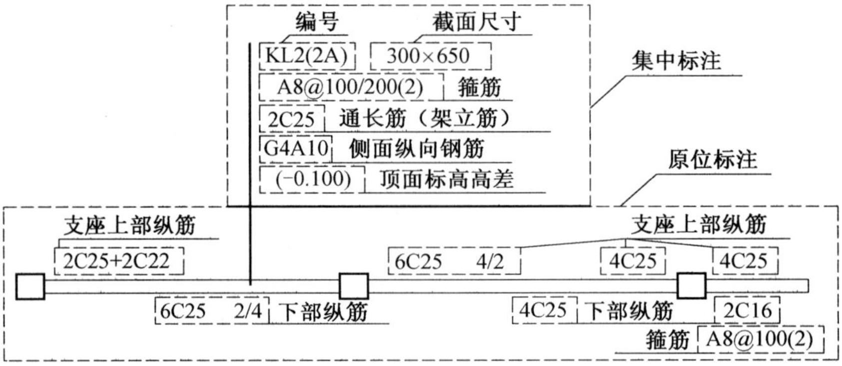

图 4.8　梁平面注写方式示例

表 4.4　梁常见平面注写方式一览表

大项	序号	细项	可能出现的情况	含义	备注
集中标注	1	编号	KL2(2A)	2 号框架梁,有 2 跨,一端有悬挑	
			WKL2(2A)	2 号屋面框架梁,有 2 跨,一端有悬挑	
			DKL2(2B)	2 号地下框架梁,有 2 跨,两端有外伸	
			L1(3B)	1 号非框架梁,有 3 跨,两端有悬挑	
	2	截面尺寸	300×700	等截面梁宽 300 mm,高 700 mm	
			300×700 Y500×250	竖向加腋梁,等截面部分梁宽 300 mm,高 700 mm,加腋长 500 mm,高 250 mm	
			300×700 PY500×250	水平加腋梁,等截面部分梁宽 300 mm,高 700 mm,加腋长 500 mm,高 250 mm	
			300×700/ 500	悬挑梁宽 300 mm,根部高 700 mm,端部高 500 mm	梁高含板厚,示意图如图 4.9 所示

续表4.4

大项	序号	细项	可能出现的情况	含义	备注
集中标注	3	箍筋	A10@200(2)	箍筋为 HPB300 钢筋,直径为 10 mm,间距为 200 mm,两肢箍	柱(主梁)与梁(次梁)的节点处,柱(主梁)的箍筋贯通,梁(次梁)的箍筋不贯通,且距离柱(主梁)边缘 50 mm 开始起放。梁的箍筋弯钩位于受压区左右错开。
			A10@100/200(2)	箍筋为 HPB300 钢筋,直径为 10 mm,加密区间距为 100 mm,非加密区间距为 200 mm,均为两肢箍	
			A10@100/200(4)	箍筋为 HPB300 钢筋,直径为 10 mm,加密区间距为 100 mm,非加密区间距为 200 mm,均为四肢箍	
			A10@100(4)/200(2)	箍筋为 HPB300 钢筋,直径为 10 mm,加密区间距为 100 mm,四肢箍,非加密区间距为 200 mm,两肢箍	
			13A10@150/200(4)	箍筋为 HPB300 钢筋,直径为 10 mm,梁的两端各有 13 个四肢箍,间距为150 mm,梁跨中部分间距为 200 mm,四肢箍	
			18A12@150(4)/200(2)	箍筋为 HPB300 钢筋,直径为 12 mm,梁的两端各有 18 个四肢箍,间距为150 mm,梁跨中部分,间距为 200 mm,两肢箍	
	4	通长筋(上部架立筋)	2C25	上部通长筋为 2 根直径为 25 mm 的三级钢	原位标注为4C25
			(2C16)	上部跨中架立筋为 2 根直径为 16 mm 的三级钢	原位标注为2C25
			2C25+(2C16)	上部通长筋为 2 根直径为 25 mm 的三级钢,位于角部,跨中架立筋为 2 根直径为 16 mm 的三级钢,位于中部	四肢箍,原位标注 4C25
			2C25;2C20	上部通长筋为 2 根直径为 25 mm 的三级钢,下部通长筋为 2 根直径为 20 mm 的三级钢	
			2C25+(2C16);2C20	上部通长筋为 2 根直径为 25 mm 的三级钢,位于角部,跨中架立筋为 2 根直径为 16 mm 的三级钢,位于中部;下部通长筋为 2 根直径为 20 mm 的三级钢	4 肢箍,支座上部原位标注为 4C25

续表4.4

大项	序号	细项	可能出现的情况	含义	备注
集中标注	5	侧面钢筋	G4A12	侧面构造筋为4根直径为12 mm的一级钢	梁腹板高≥450 mm
			N6C22	侧面受扭钢筋为6根直径为22 mm的三级钢	
	6	高差	(-0.100)	全跨梁顶面标高相对于结构标准层的楼面标高低0.1 m	
原位标注	1	支座上部筋	2C25	支座上部纵筋为2根直径为25 mm的三级钢,在跨中断开	集中标注为2C16
			4C25	支座上部纵筋为4根直径为25 mm的三级钢,其中角部2根为通长筋,中部2根在跨中断开	集中标注为2C25,当净跨比较小,相邻两支座上部钢筋可贯通,注写在上部跨中,称为上部跨中钢筋
			2C25+2C16	支座上部通长筋为2根直径为25 mm的三级钢,位于角部,中部为2根直径为16 mm的三级钢,在跨中断开	
			6C25 4/2	支座上部纵筋为6根直径为25 mm的三级钢,其中4根位于上排,位于角部的2根为通长筋,位于中部的2根在跨中断开;另外2根位于下排,在跨中断开	
			2C18+3C20 3/2	支座上部纵筋分两排放置,上排有3根,其中位于角部的2根为通长筋,直径为18 mm的三级钢,另外一根是直径为20 mm的三级钢,位于中部,在跨中断开;下排是2根直径为20 mm的三级钢,在跨中断开	集中标注为2C18
			(Y2C25/2C25)	水平加腋的上部斜纵筋为2根直径为25 mm的三级钢,下部斜纵筋为2根直径为25 mm的三级钢	

续表4.4

大项	序号	细项	可能出现的情况	含义	备注
原位标注	2	下部筋	2C25	下部通长筋为 2 根直径为 25 mm 的三级钢	集中标注 2C25;2C25
			4C25(-2)	下部纵筋为 4 根直径为 25 mm 的三级钢,其中角部两根为通长筋,中部两根在跨中贯通,不伸入支座	集中标注 2C25;2C25
			2C25+2C16	下部通长筋为 2 根直径为 25 mm 的三级钢,位于角部,中部为 2 根直径为16 mm 的三级钢,在该跨贯通	集中标注 2C25;2C25
			6C25 2/4	下部纵筋为 6 根直径为 25 mm 的三级钢,其中 2 根位于上排,该跨贯通;另外 4 根位于下排,位于角部的 2 根为通长筋,位于中部的 2 根在该跨贯通	集中标注 2C25;2C25
			6C25 2(-2)/4	下部纵筋为 6 根直径为 25 的三级钢,其中 2 根位于上排,跨中贯通,不伸入支座;另外 4 根位于下排,位于角部的 2 根为通长筋,位于中部的 2 根在该跨贯通	集中标注 2C25;2C25
			2C25+3 C22(-3)/5C25	下部纵筋分两排放置,上排共有 5 根钢筋,其中位于边部的 2 根为直径为 25 mm 的三级钢,在该跨贯通,另外 3 根位于中部,直径为 22 mm 的三级钢,跨中贯通,不伸入支座;下排为通长筋,由 5 根直径为 25 mm 的三级钢组成	集中标注 2C25;5C25
			(Y4C25)	竖向加腋的下部斜纵筋为 4 根直径为 25 mm 的三级钢	
	3	附加钢筋	2C18	在主梁与次梁相交的地方,主梁共附加 2 根吊筋,直径为 18 mm 的三级钢	画法示例如图 4.10 所示
			8A8@50(2)	在主梁与次梁相交的地方,主梁共附加 8 个箍筋,直径为 8 mm 的 HPB300 钢筋,间距为 50 mm,两肢箍	
	4	高差	(-0.100)	该跨梁顶面标高相对于结构楼面标高低 0.1 m	
	5	截面尺寸	400×800	该跨梁宽为 400 mm,梁高为 800 mm	集中标注为 300×700

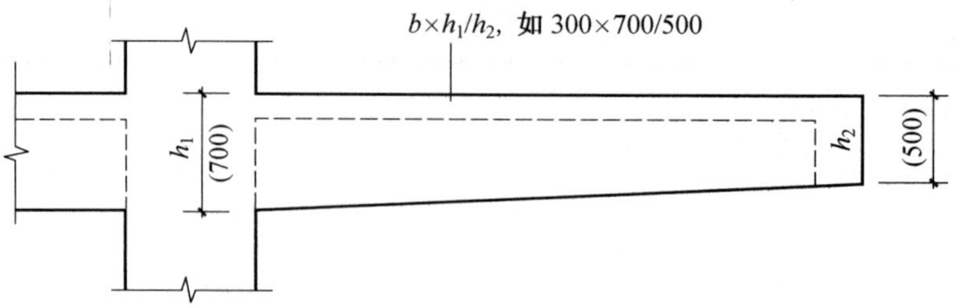

图 4.9 悬挑梁不等高截面注写示意图

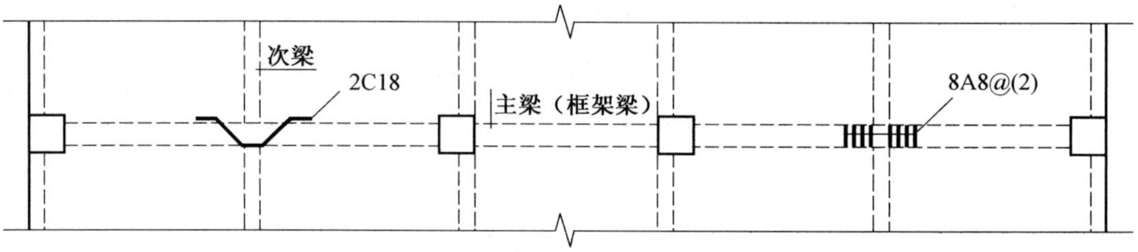

图 4.10 附加箍筋和吊筋的画法示例

表 4.5 基础梁常见平面注写方式一览表

大项	序号	细项	可能出现的情况	含义	备注
集中标注	1	编号	JL1(4B)	1 号基础主梁,有 4 跨,两端有外伸	基础梁平法施工图如图 4.11 所示
			JCL2(3A)	2 号基础次梁,有 3 跨,一端有外伸	
	2	截面尺寸	300×700	梁宽为 300 mm,高为 700 mm	
			300×700/500	梁宽为 300 mm,根部高为 700 mm,端部高为 500 mm	
			300×700 Y500×250	等截面部分梁宽 300 mm,高 700 mm,加腋长 500 mm,高 250 mm	
	3	箍筋	A10@200(2)	箍筋为 HPB300 钢筋,直径为 10 mm,间距为 200 mm,两肢箍	基础梁与柱子的节点处,基础主梁的箍筋贯通,基础次梁和柱子的箍筋不贯通。梁的箍筋弯钩位于受压区左右错开
			A10@100(4)	箍筋为 HPB300 钢筋,直径为 10 mm,间距为 100 mm,四肢箍	
			A10@100/200(2)	箍筋为 HPB300 钢筋,直径为 10 mm,加密区间距为 100 mm,非加密区间距为 200 mm,均为两肢箍	
			A8@100(4)/150(2)	箍筋为 HPB300 钢筋,直径为 8 mm,加密区间距为 100 mm,四肢箍,非加密区间距为 150 mm,两肢箍	

续表4.5

大项	序号	细项	可能出现的情况	含义	备注
集中标注	3	箍筋	5A10@150/200(4)	箍筋为 HPB300 钢筋，直径为 10 mm，梁的两端各有 5 个四肢箍，间距为 150 mm，梁跨中部分间距为 200 mm，四肢箍	
			5A12@150(4)/200(2)	箍筋为 HPB300 钢筋，直径为 12 mm，梁的两端各有 5 个四肢箍，间距为 150 mm，梁跨中部分间距为 200 mm，两肢箍	
	4	贯通纵筋（下部架立筋）	B:2C25	底部贯通纵筋为 2 根直径为 25 mm 的三级钢	
			B:2C25+(2C16)	底部贯通纵筋有 4 根，其中 2 根直径为 25 mm 的三级钢为角筋，另外 2 根直径为 16 mm 的三级钢为架立筋（两端未贯通）	
			B:2C25;T:2C20	底部贯通纵筋为 2 根直径为 25 mm 的三级钢，顶部贯通纵筋为 2 根直径为 20 mm的三级钢	
			B:2C25+(2C16);T:2C20	底部贯通纵筋有 4 根，其中 2 根直径为 25 mm 的三级钢为角筋，另外 2 根直径为 16 mm 的三级钢为架立筋（两端未贯通）；顶部贯通纵筋为 2 根直径为 20 mm 的三级钢	
			B:8C25 3/5;T:6C20 4/2	底部贯通纵筋为 8 根直径为 25 mm 的三级钢，分两排放置，上排放 3 根，下排放 5 根；顶部贯通纵筋为 6 根直径为 20 mm 的三级钢，分两排放置，上排放 4 根，下排放 2 根	
	5	侧面钢筋	G8A12	纵向构造钢筋为 8 根直径为 12 mm 的一级钢	梁腹板高≥450 mm
			G4A14+2A14	腹板高度较高的一侧配置 4 根，另一侧配置 2 根	
			N8C22	抗扭纵向钢筋为 8 根直径为 22 mm 的三级钢	
	6	高差（选注）	(-0.100)	全跨相对于标准标高低 0.1 m	

续表4.5

大项	序号	细项	可能出现的情况	含义	备注
原位标注	1	端（支座）底部纵筋	4C25	端（支座）底部贯通纵筋为 2 根直径为 25 mm 的三级钢，另外两根在跨中断开	集中标注为 B：2C25，顶部钢筋一般都贯通
			2C25+2C16	端（支座）底部纵筋有 4 根，其中直径为 25 mm 的 2 根三级钢为贯通筋，两根直径为 16 mm 的三级钢位于中间，跨中断开	
			6C25 2/4	端（支座）底部纵筋为 6 根直径为 25 mm的三级钢，分两排放置，其中上排放 2 根，跨中断开，下排放 4 根，其中 2 根为贯通筋，另外 2 根放置于中间，跨中断开	
			Y4C25	加腋部位斜纵钢筋为 4 根直径为25 mm 的三级钢	
	2	附加钢筋	8A8@100 (2)	附加钢筋为箍筋，是 8 根直径为 8 mm 的 HPB300 钢筋，间距为 100 mm，两肢箍	
			2C22	附加钢筋为吊筋，是 2 根直径为 22 mm 的三级钢	反扣
	3	高差（选注）	(-0.100)	该跨梁底面标高相对于基础底面标高低 0.1 m	
	4	截面尺寸	400×800	该跨梁宽为 400 mm，高为 800 mm	集中标注为 300×700

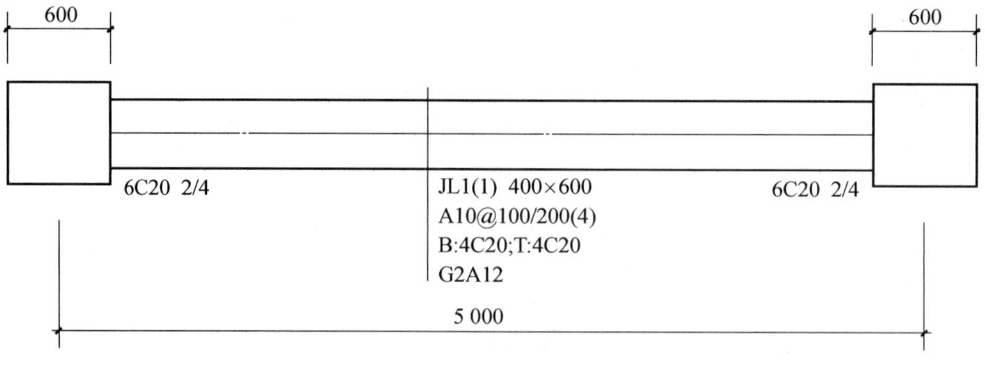

图 4.11 基础梁平法施工图

4.3.2　截面注写方式

对于跨度较短、纵筋贯通的梁，比如承台梁、冠梁、腰梁，可采用截面注写方式，如图 4.12、图 4.13 所示。

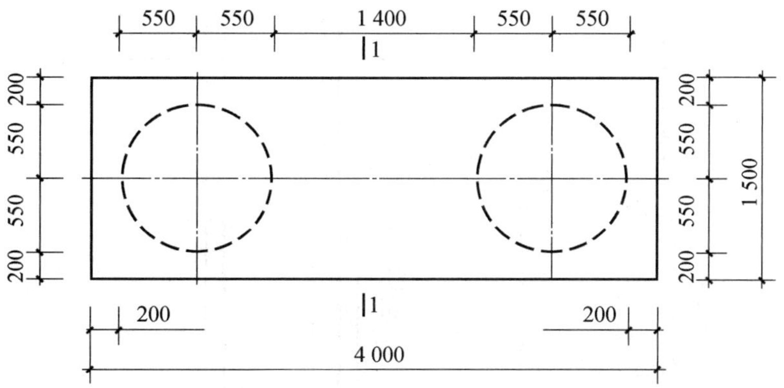

图 4.12　两桩承台梁平面图

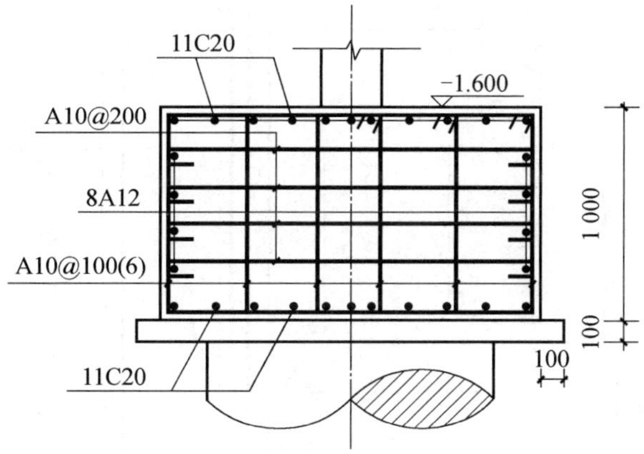

图 4.13　两桩承台梁断面图

4.4　梁钢筋构造

(1)楼层框架梁(KL)纵向钢筋构造，如图 4.14 所示。

(2)屋面框架梁(WKL)纵向钢筋构造如图 4.15 所示

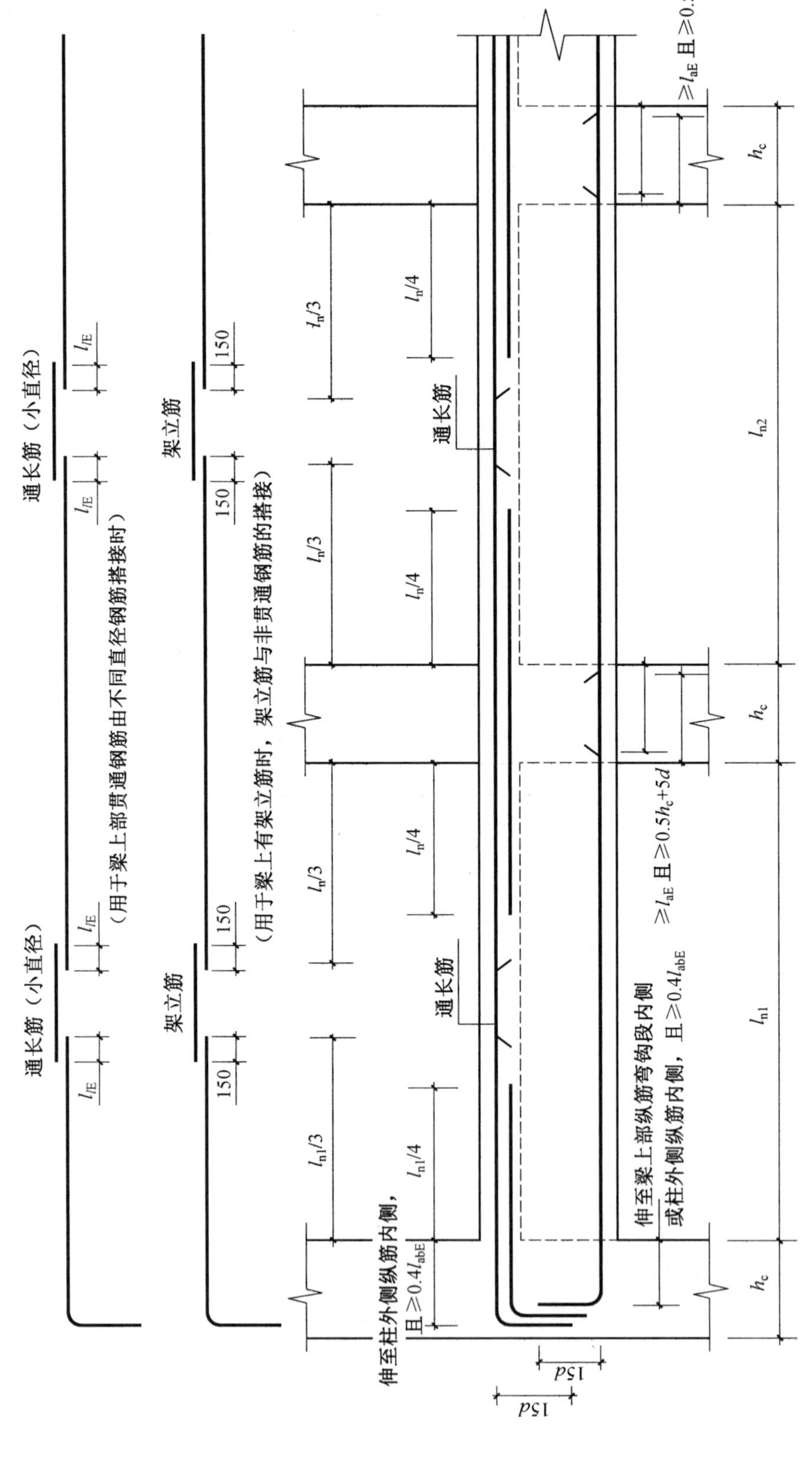

图 4.14 楼层框架梁纵向钢筋构造

注：h_c 为柱长边截面尺寸，l_n 为左右两跨中的较大跨。

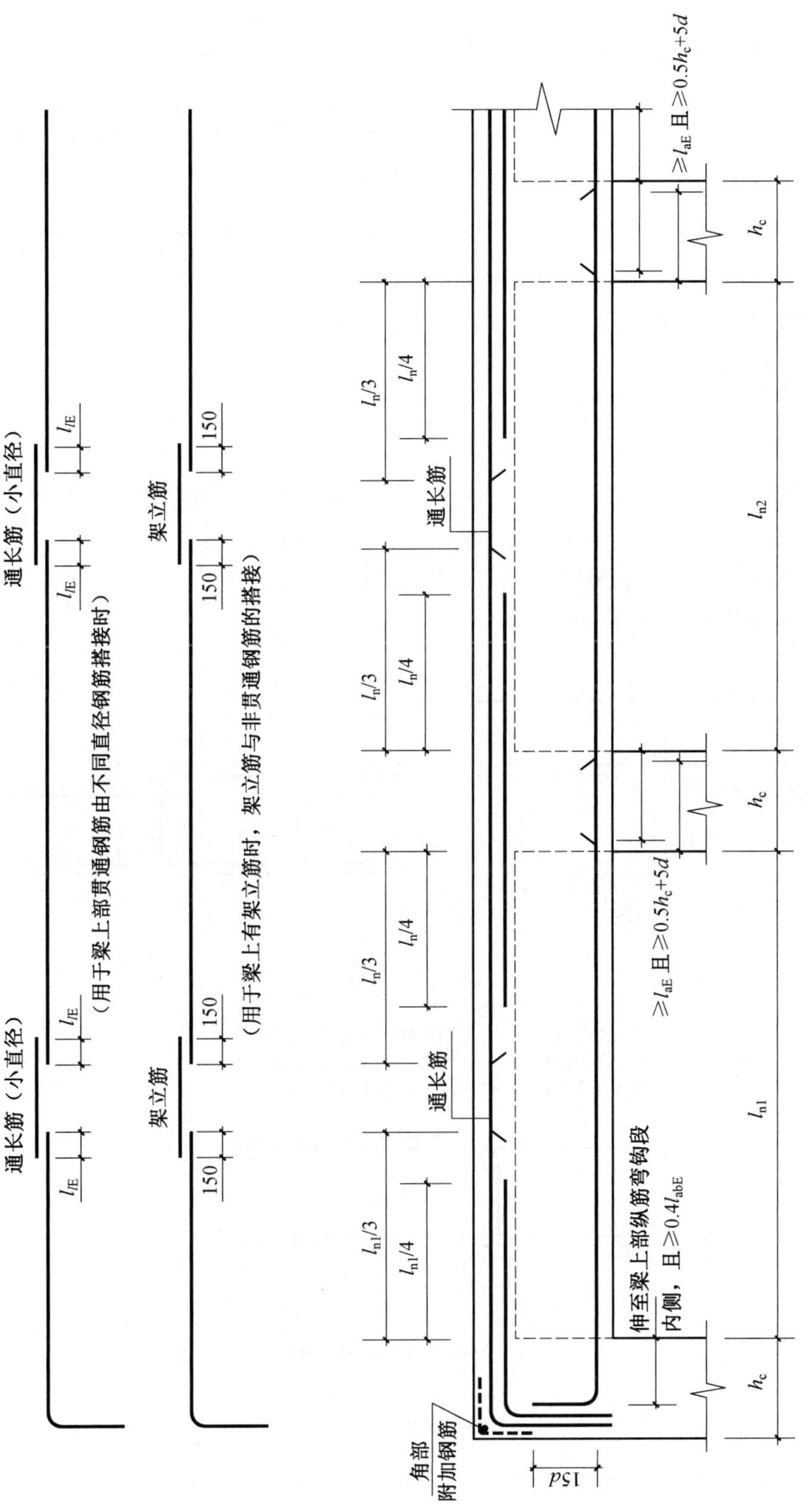

图 4.15　屋面框架梁纵向钢筋构造

(3)楼层框架梁和屋面框架梁端支座钢筋构造,如图 4.16 所示。

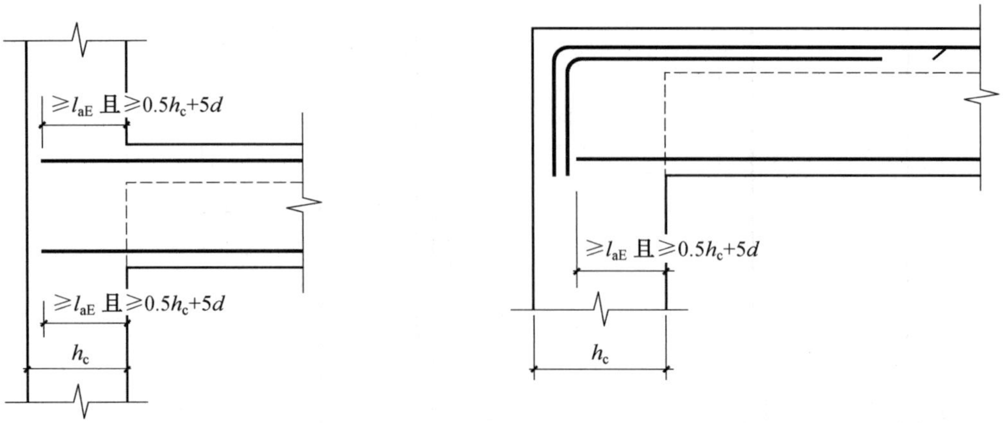

(a) KL 端支座直锚　　(b) WKL 顶层端支座下部钢筋直锚

图 4.16　楼层框架梁和屋面框架梁端支座钢筋构造

(4)屋面框架梁和楼层框架梁中间支座纵向钢筋构造如图 4.17、图 4.18 所示。

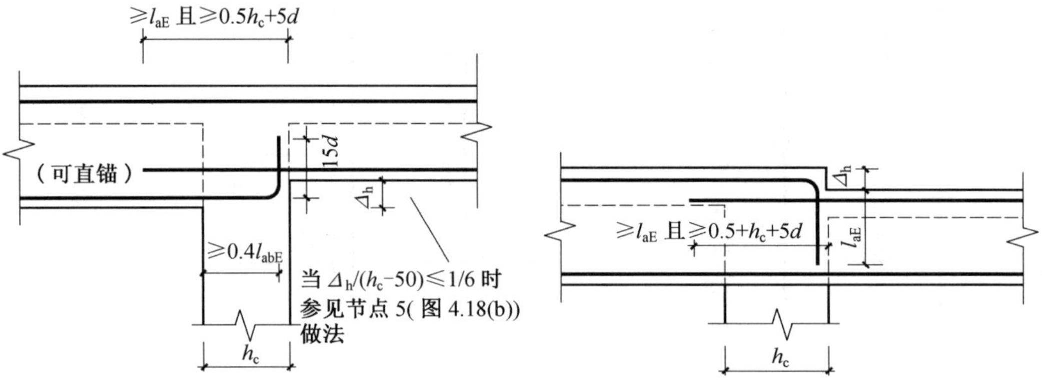

(a) 节点 1　　(b) 节点 2

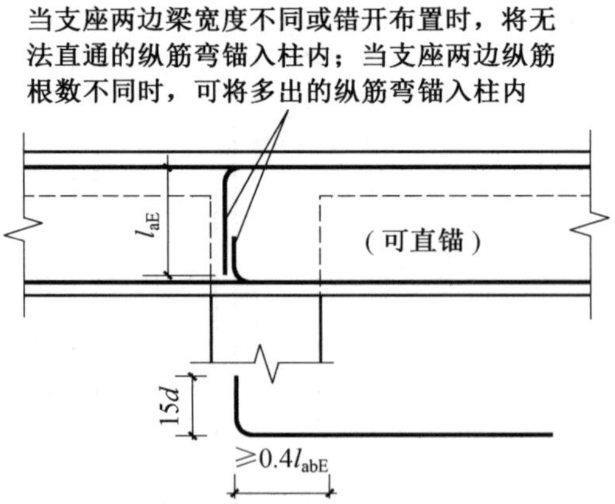

(c) 节点 3

图 4.17　屋面框架梁和楼层框架梁中间支座纵向钢筋构造

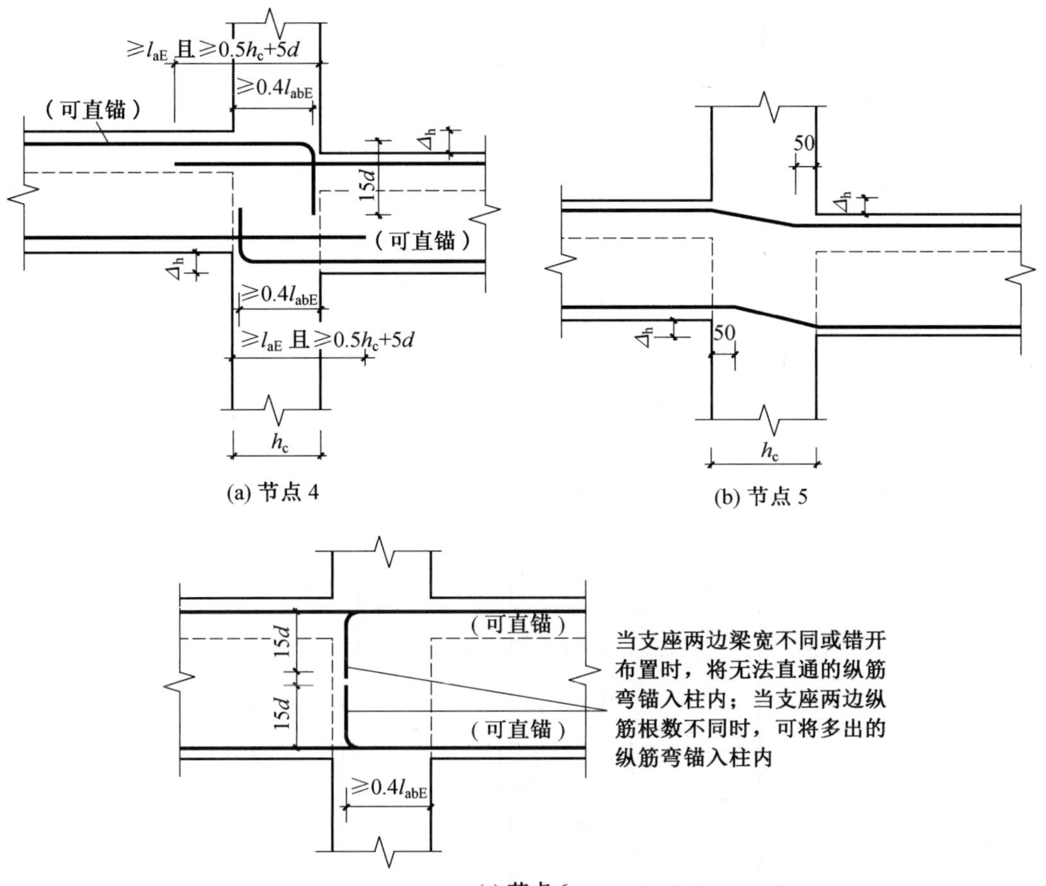

图 4.18　楼层框架梁和楼层框架梁中间支座纵向钢筋构造

(5)楼层框架梁、屋面框架梁箍筋加密区范围如图 4.19 所示。

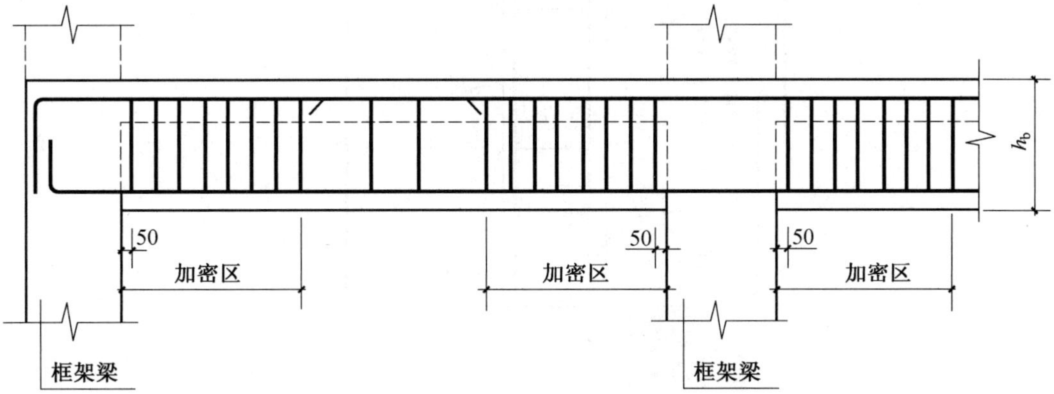

图 4.19　楼层框架梁、屋面框架梁箍筋加密区范围

注:加密区:抗震等级为一级:≥$2.0h_b$,且≥500 mm,抗震等级为二至四级:≥$1.5h_b$且≥500 mm,弧形梁沿梁中心线展开,箍筋间距沿凸面线量度。h_b 为梁截面高度。

(6)非框架梁配筋构造如图 4.20 所示。

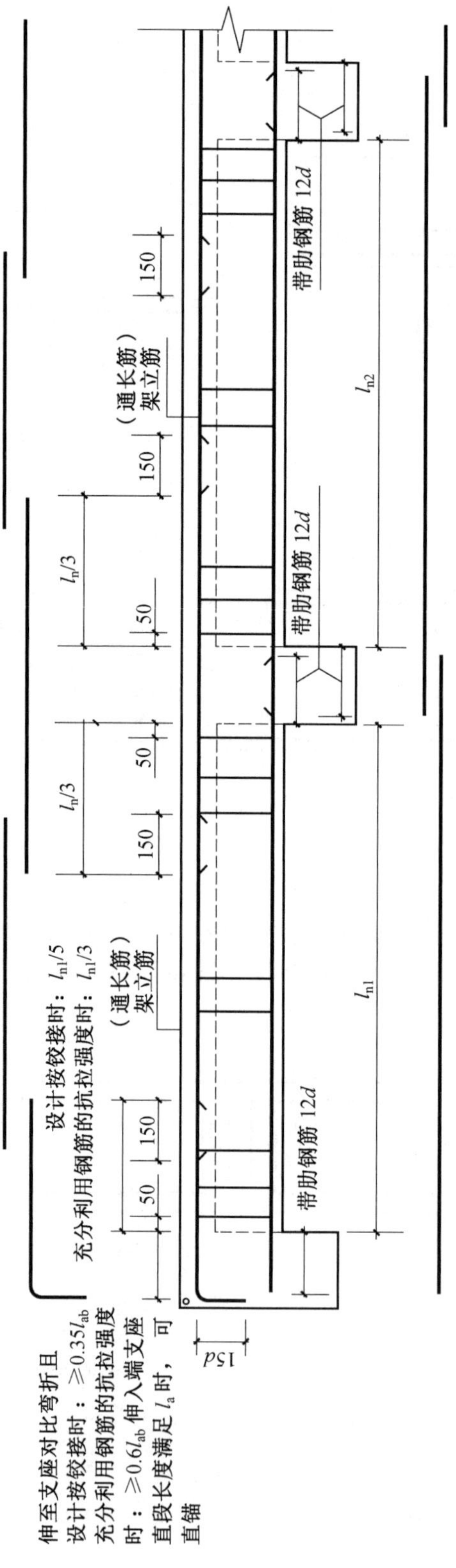

图 4.20　非框架梁配筋构造

(7)支座非框架梁下部纵筋弯锚构造如图4.21所示。

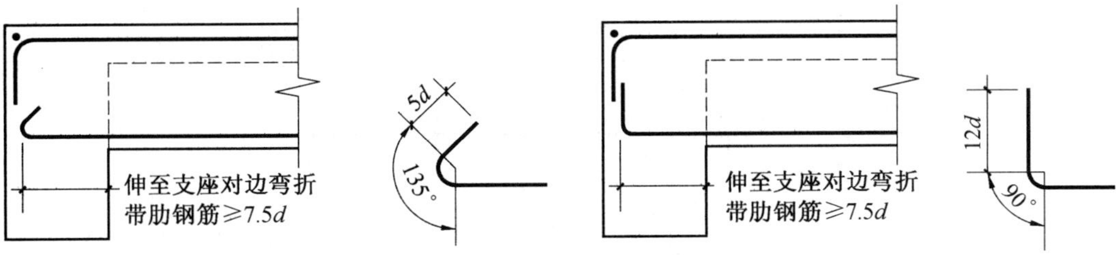

图4.21　支座非框架梁下部纵筋弯锚构造图

(8)不伸入支座梁下部纵向钢筋断点位置如图4.22所示。

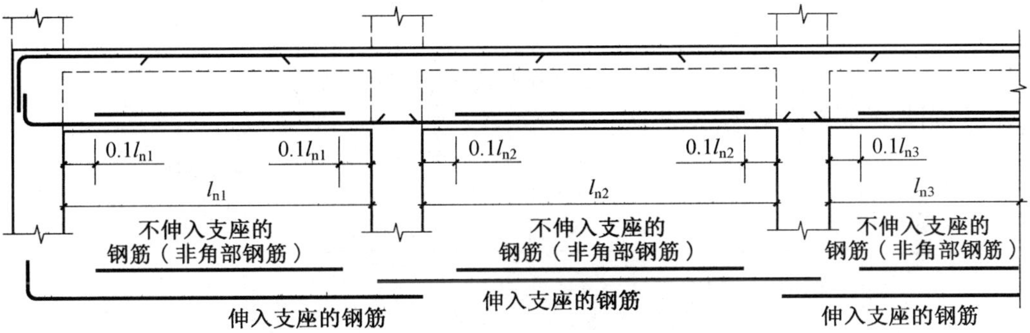

图4.22　不伸入支座梁下部纵向钢筋断点位置(本构造详图不适用框支梁、框架扁梁)

(9)梁侧面纵向钢筋构造如图4.23所示。

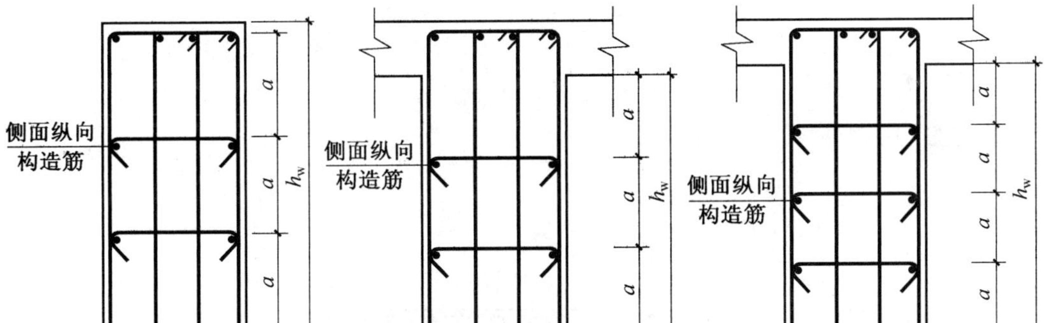

图4.23　梁侧面纵向钢筋构造图

注:1.当h_w≥450 mm时,在梁的两个侧面应沿高度配置纵向构造钢筋;纵向构造钢筋间距a≤200 mm。

2.当梁侧面配有直径不小于构造纵筋的受扭纵筋时,受扭钢筋可以代替构造钢筋。

3.梁侧面构造纵筋的搭接与锚固长度可取15d。梁侧面受扭纵筋的搭接长度:框架梁l_{lE},非框架梁为l_l。锚固方式:框架梁同框架梁下部纵筋,非框架梁如图4.21所示。

4.当梁宽≤350 mm时,拉筋直径为6 mm;梁宽>350 mm时,拉筋直径为8 mm。拉筋间距为非加密区箍筋间距的2倍。当设有多排拉筋时,上下两排拉筋竖向错开设置。

(10)附加箍筋构造如图 4.24 所示。

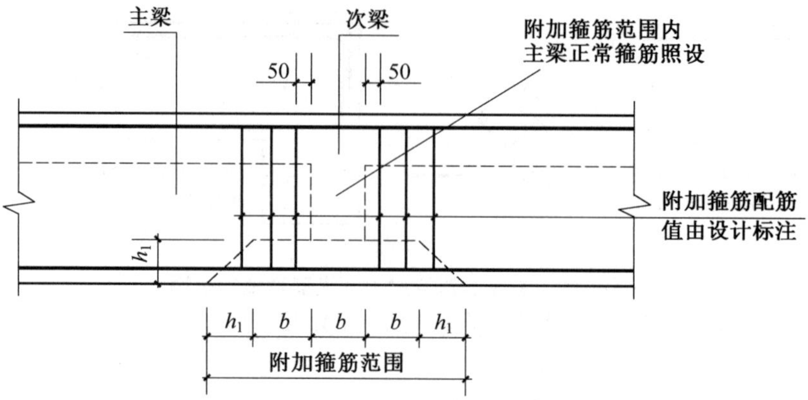

图 4.24 附加箍筋构造图

(11)附加吊筋构造如图 4.25 所示。

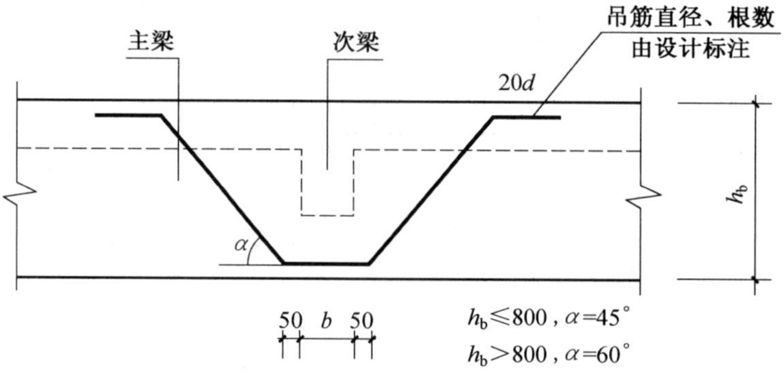

图 4.25 附加吊筋构造图

(12)悬挑梁钢筋构造如图 4.26 所示。

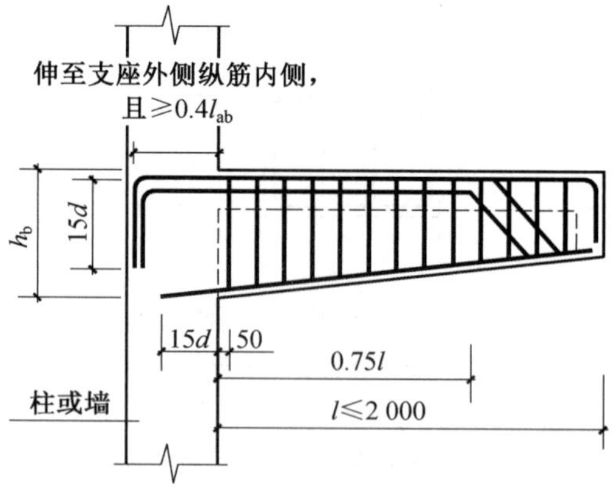

图 4.26 悬挑梁钢筋构造图

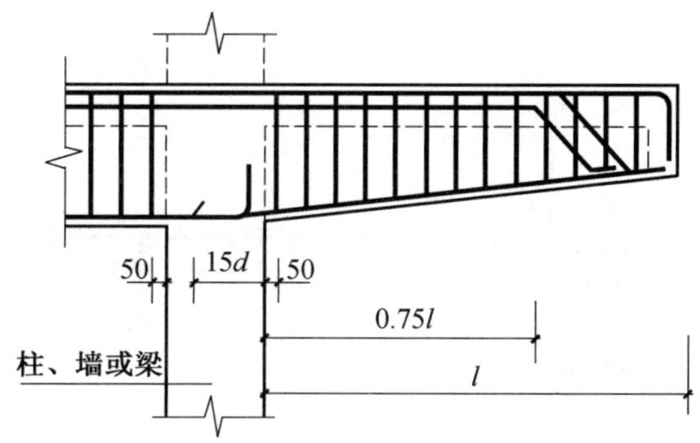

(b) 可用于中间层或屋面

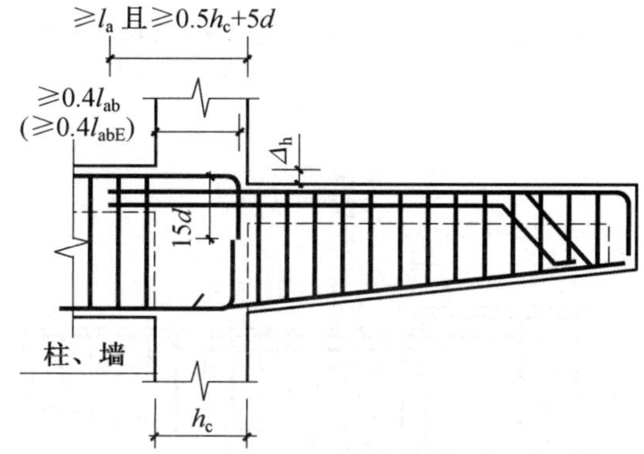

(c) $\Delta_h/(h_c-50)>1/6$，仅用于中间层

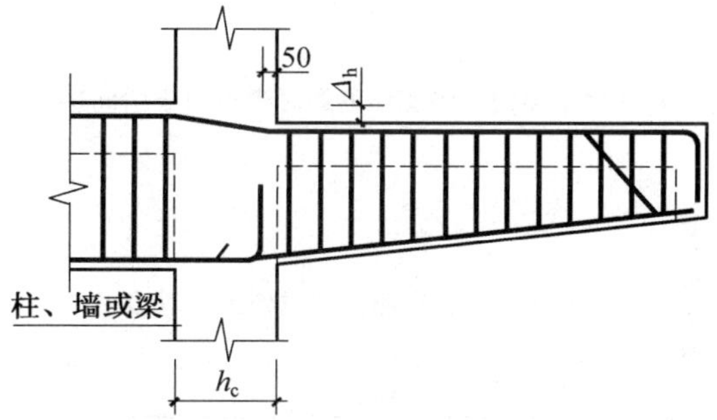

(d) 当 $\Delta_h/(h_c-50)\leqslant 1/6$ 时，上部纵筋连续布置用于中间层，当支座为梁时也可以用于屋面

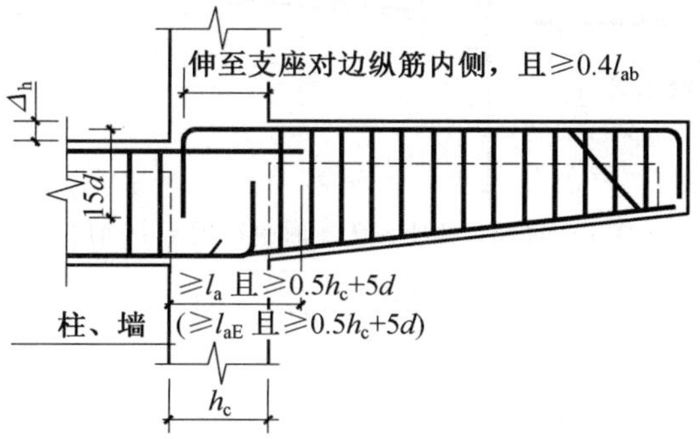

(e) $\Delta_h/(h_c-50)>1/6$，仅用于中间层

续图 4.26

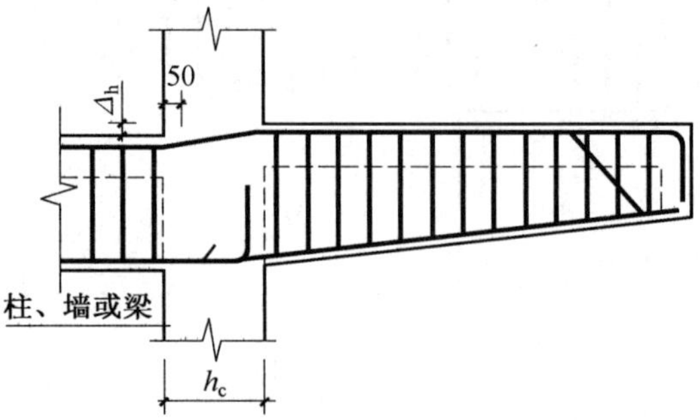

(f) 当 $\Delta_h/(h_c-50)\leqslant 1/6$ 时，上部纵筋连续布置用于中间层，当支座为梁时也可以用于屋面

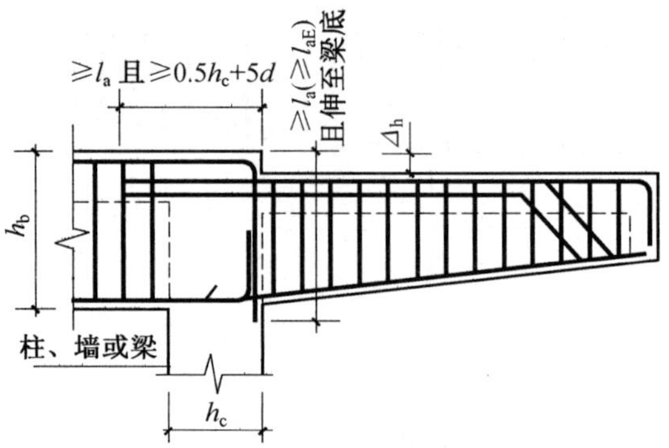

(g) $\Delta_h/\leqslant h_b/3$ 用于屋面，当支座为梁时也可用于中间层（一）

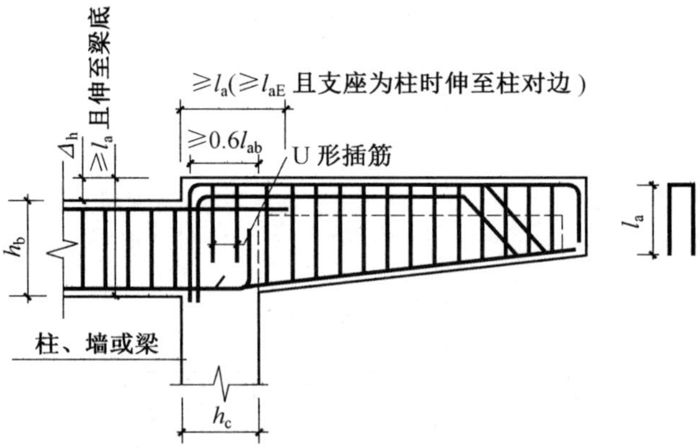

(h) $\Delta_h/\leqslant h_b/3$ 用于屋面，当支座为梁时也可用于中间层（二）

续图 4.26

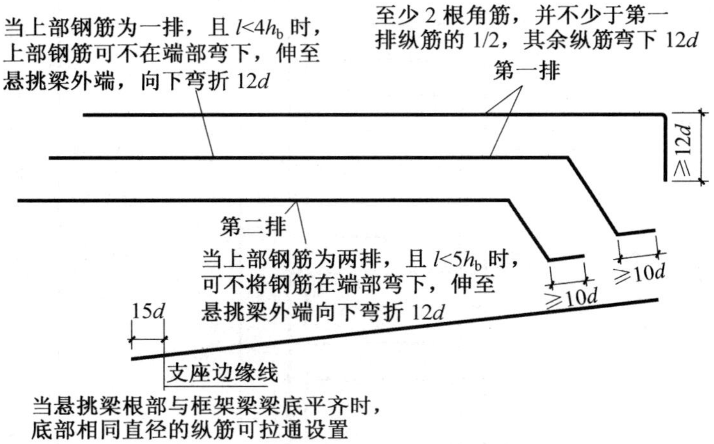

(i) 悬挑梁上、下部纵筋做法

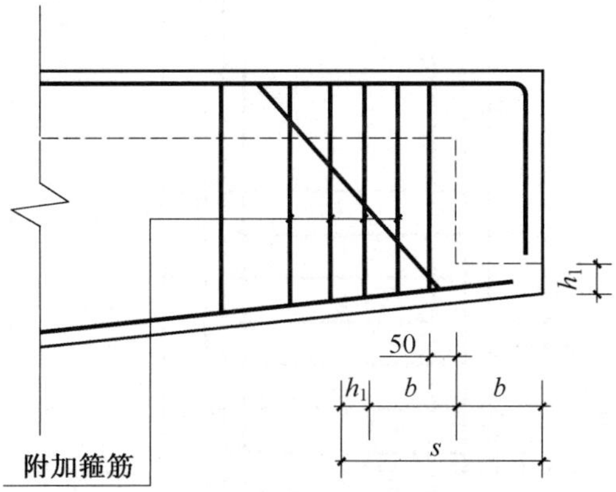

(j) 悬挑梁端附加箍筋范围

续图 4.26

(13) 基础梁纵向钢筋与箍筋构造如图 4.27 所示。

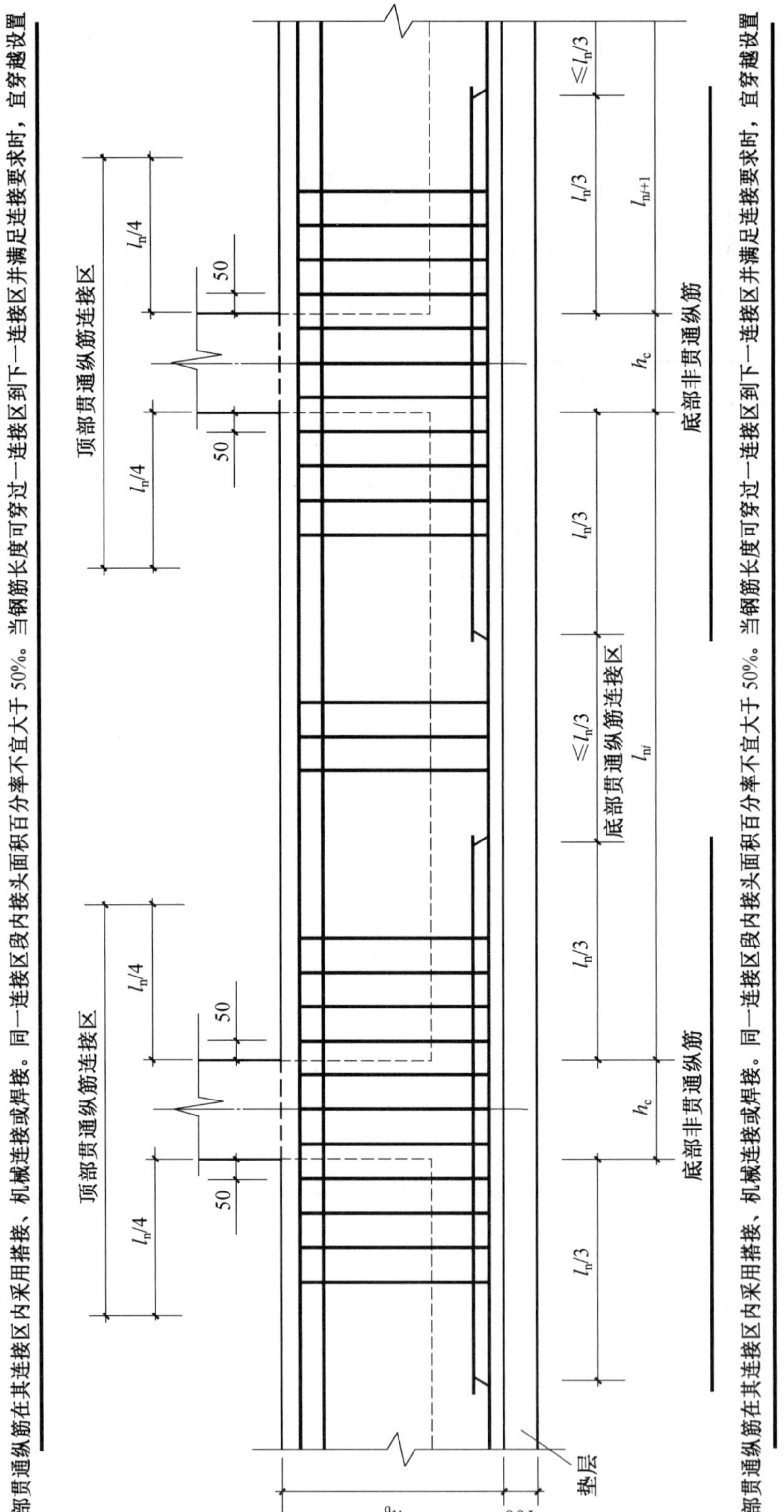

图 4.27 基础梁纵向钢筋与钢筋构造图

(14)基础梁配置两种箍筋构造如图 4.28 所示。

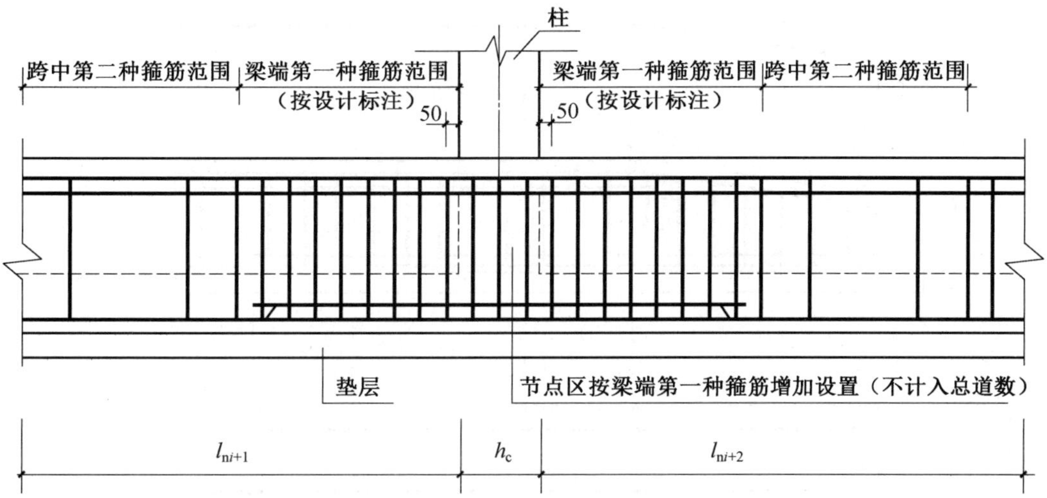

图 4.28　基础梁配置两种箍筋构造图

(15)梁板式筏形基础梁端部等截面外伸构造如图 4.29 所示。

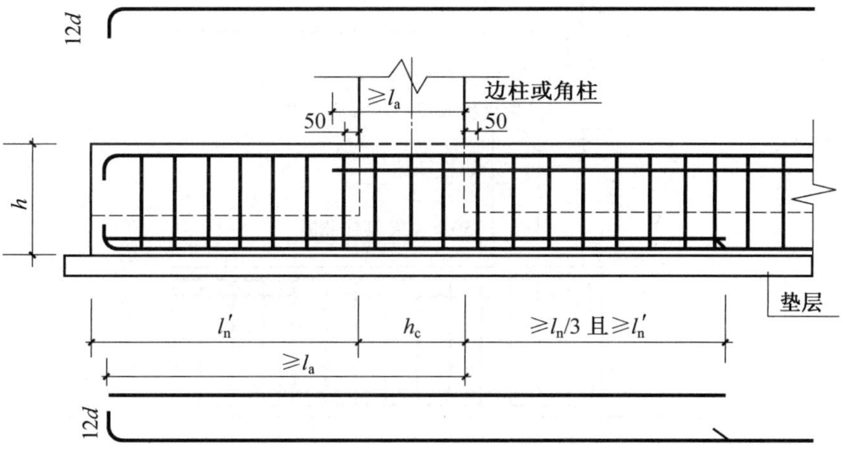

图 4.29　梁板式筏形基础梁端部等截面外伸构造图(l_n'表示外伸长度)

(16)梁板式筏形基础梁端部变截面外伸构造如图 4.30 所示。

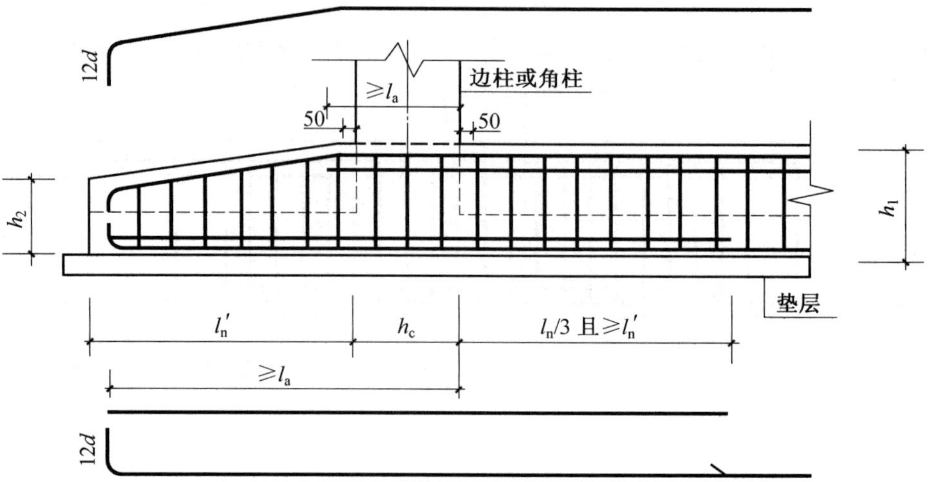

图 4.30 梁板式筏形基础梁端部变截面外伸构造图

(17)梁板式筏形基础梁端部无外伸构造如图 4.31 所示。

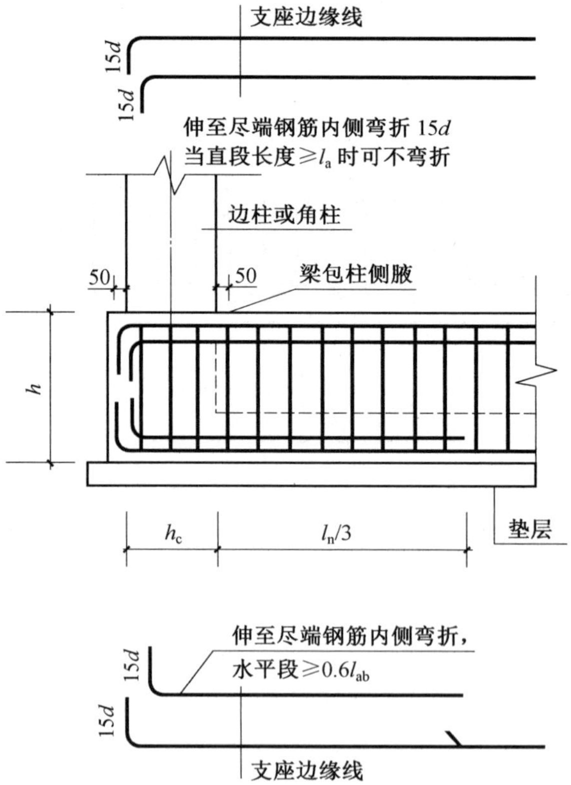

图 4.31 梁板式筏形基础梁端部无外伸构造图

(18)基础次梁纵向钢筋与箍筋构造如图 4.32 所示。

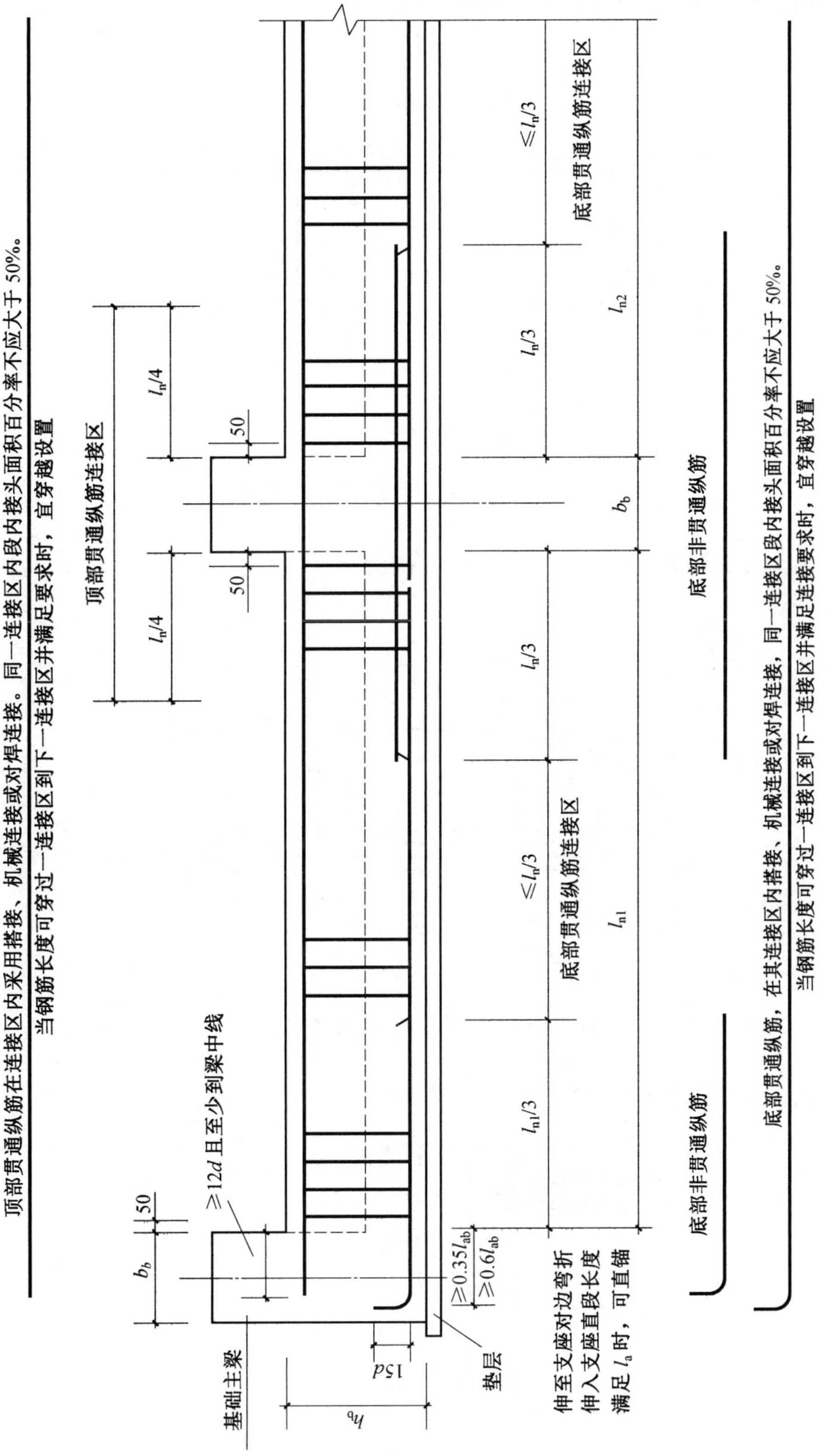

图 4.32　基础次梁纵向钢筋与箍筋构造

(19)基础次梁端部等截面外伸构造如图 4.33 所示。

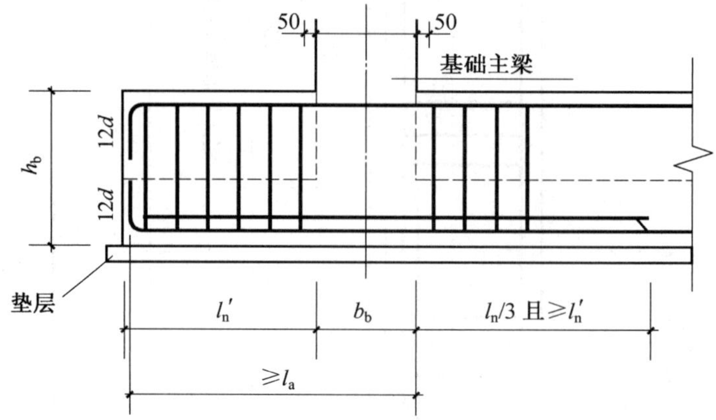

图 4.33　基础次梁端部等截面外伸构造图

(20)基础次梁端部变截面外伸构造如图 4.33 所示。

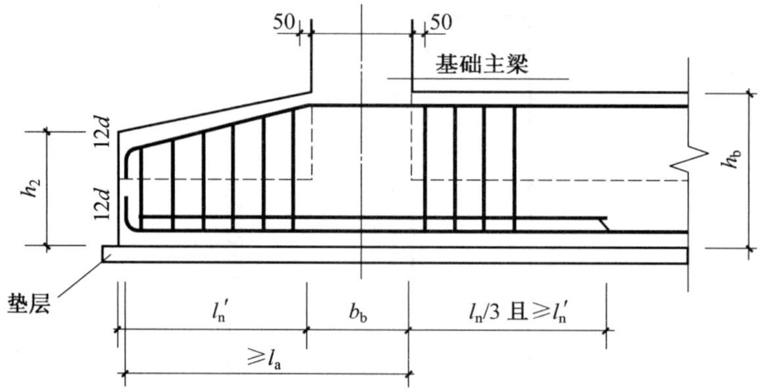

图 4.34　基础次梁端部变截面外伸构造图

(21)基础梁侧面构造纵筋和拉筋如图 4.35 所示。

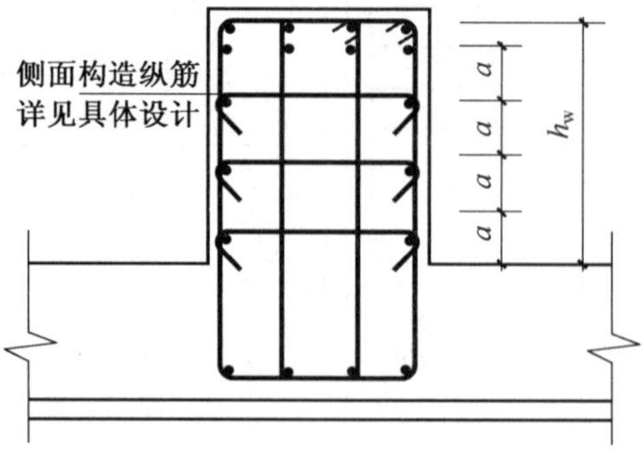

图 4.35　基础梁侧面构造纵筋和拉筋(a≤200 mm)

（22）附加箍筋构造如图 4.36 所示。

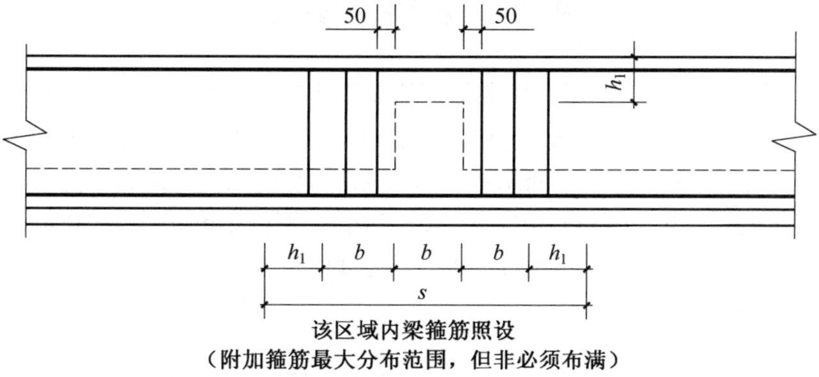

图 4.36　附加箍筋构造图

（23）附加（反扣）吊筋构造如图 4.37 所示。

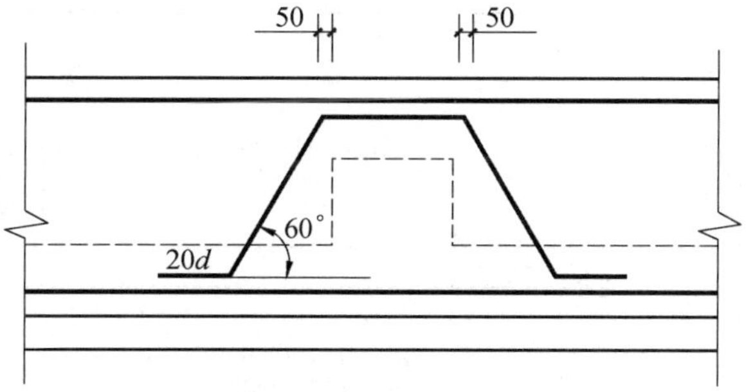

图 4.37　附加（反扣）吊筋构造图

（24）承台梁端部钢筋构造如图 4.38 所示。

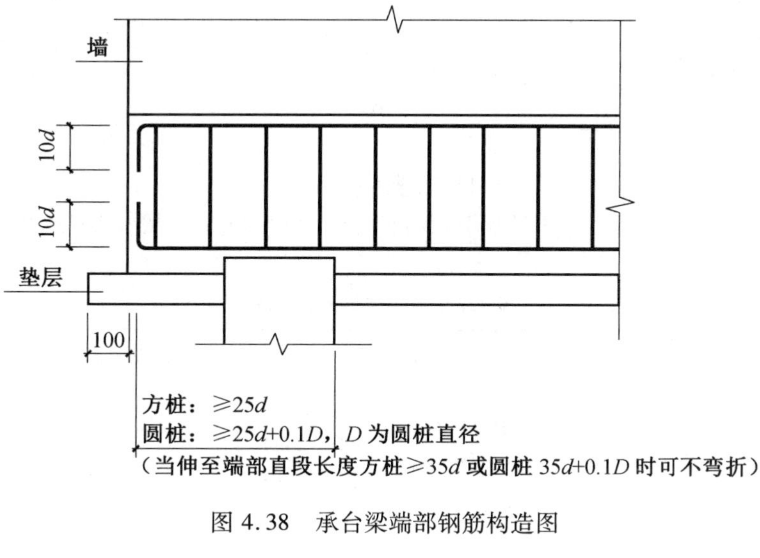

图 4.38　承台梁端部钢筋构造图

4.5 梁钢筋算量

根据图 4.39，计算 KL1 和 WKL2（上部钢筋端支座锚入柱内 $1.7l_{aE}$）的钢筋长度和根数。为了掌握复杂构造且方便制作模型，虽然悬挑长度 $L<4h_b$，但是根据《18G901-1 图集》，弯起位置由设计确定，悬挑端上排的中间两根支座负筋距离悬挑远端 $10d+c$ 以 45°弯起，下排的两根支座负筋距离悬挑远端 $10d+10d+c$ 以 45°弯起，上下排钢筋间距为 50 mm，在悬挑端按照等截面进行计算。一级抗震，混凝土强度 C30，箍筋按外表面计算，拉筋直径为 8 mm，计算结果见表 4.6、表 4.7。

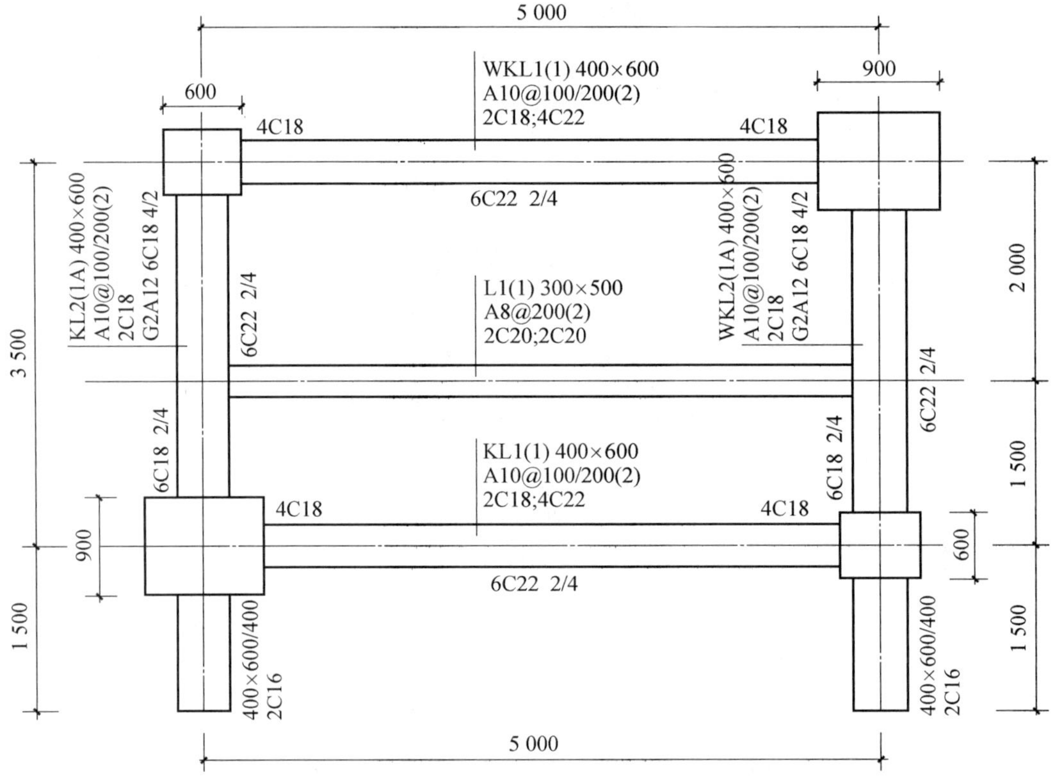

图 4.39 梁平法施工图

注：本图纸旨在掌握常见梁构件的识图和钢筋构造，所以屋面跨架梁和楼层跨架梁同时注写在一张图纸上。

表 4.6 KL1 钢筋计算表

序号	钢筋名称	钢筋简图	计算式
1	下部纵筋 6C22	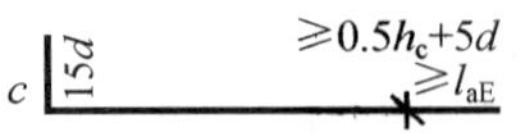	单长=2 000+1500+300−20+15×22−450+40×22=4 540 (mm) 总根数=6 根

续表4.6

序号	钢筋名称	钢筋简图	计算式
2	上部通长筋 2C18	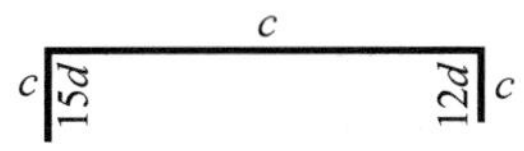	单长=2 000+1 500×2+300−20×2+15×18+12×18=5 746(mm) 总根数=2 根
3	上排小支座负筋 2C18	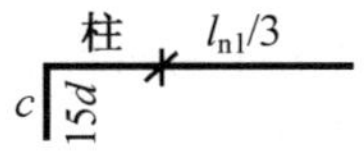	单长=(2 000+1 500−450−300)/3+600−20+15×18=1 767(mm) 总根数=2 根
4	下排小支座负筋 2C18	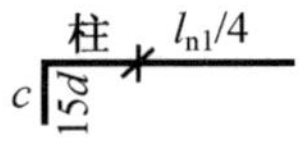	单长=(2 000+1 500−450−300)/4+600−20+15×18=1 538(mm) 总根数=2 根
5	箍筋（悬挑梁箍筋略）	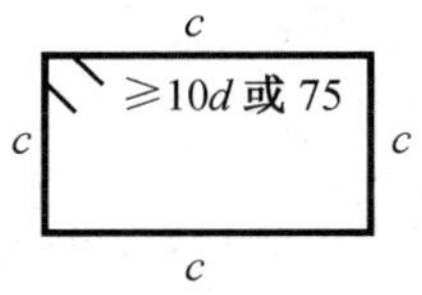	单长=2×(600−20×2)+2×(400−20×2)+2×11.9×10=2 078(mm) 总根数=(1 200−50)/100+1+(1 200−50)/100+1+(2 000+1 500−450−300−1 200×2)/200+1−2=27(根)(向上取整)
6	侧面钢筋 2A12	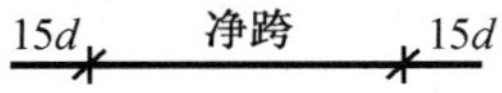	单长=2 000+1 500−450−300+2×15×12=3 110(mm) 总根数=2 根
7	拉筋	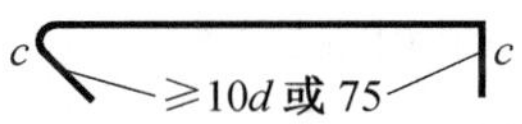	单长=400−20×2+2×11.9×8=550(mm) 总根数=(2 000+1 500−450−300−2×50)/400+1=8(根)
8	上排弯起钢筋 2C18	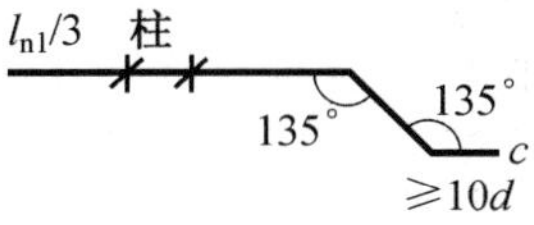	设弯起高度为 x mm，则悬挑斜长为$\sqrt{2}x$ mm，斜长投影为 x mm，$x=600-20\times2-10\times2=540$(mm) 单长=(3 500−300−450)/3+900+1 500−450−20+540($\sqrt{2}$−1)= 3 070(mm)(取整) 总根数=2 根
9	下排弯起钢筋 2C18	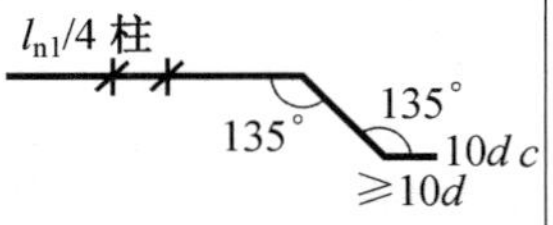	弯起高度为 540 − 50 = 490 mm，则悬挑斜长为 490$\sqrt{2}$ mm，斜长投影为 490 mm，单长=(3 500−300−450)/4+900+1 500−450−20−10×18+490($\sqrt{2}$−1)= 2 640(mm)(取整) 总根数=2 根
10	悬挑梁下部钢筋 2C16		单长=15×16+1 500−450−20=1 270(mm) 总根数=2 根

表 4.7 WKL2 钢筋计算表

序号	钢筋名称	钢筋简图	计算式
1	下部纵筋	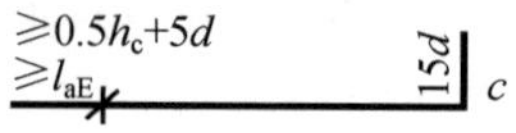	单长＝40×22+2 000+1 500+300−450−20+15×22＝4 540(mm) 总根数＝6 根
2	上部通长筋	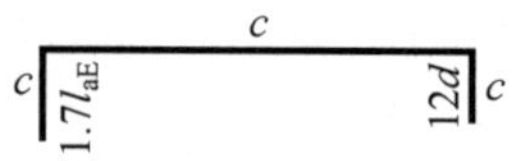	单长＝1.7×40×18+2 000+1 500×2+450−20×2+12×18＝6 850(mm) 总根数＝2 根
3	上排 大支座负筋	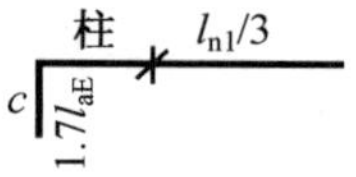	单长＝(2 000+15 00−450−300)/3+900−20+1.7×40×18＝3 021(mm) 总根数＝2 根
4	下排 大支座负筋	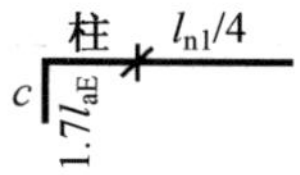	单长＝(2 000+1 500−450−300)/4+900−20+1.7×40×18＝2 792(mm) 总根数＝2 根
5	箍筋 (悬挑梁箍筋略)	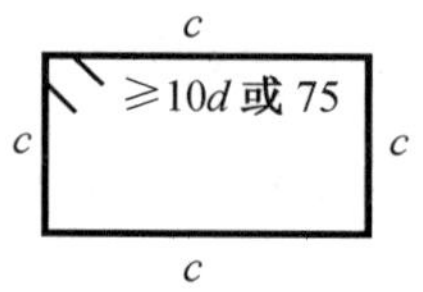	单长＝2×(600−20×2)+2×(400−20×2)+2×11.9×10＝2 078(mm) 总根数＝(1 200−50)/100+1+(1 200−50)/100+1+(2 000+1 500−450−300−1 200×2)/200+1−2＝27(根)(向上取整)
6	侧面钢筋	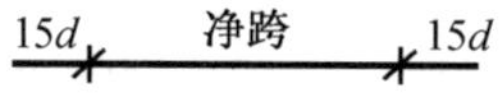	单长＝2 000+1 500−450−300+2×15×12＝3 110(mm) 总根数＝2 根
7	拉筋	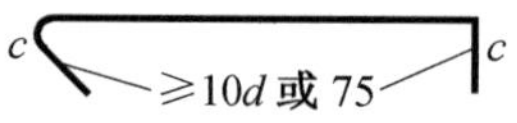	单长＝400−20×2+2×11.9×8＝550(mm) 总根数＝(2 000+1 500−450−300−2×50)/400+1＝8(根)
8	上排 弯起钢筋	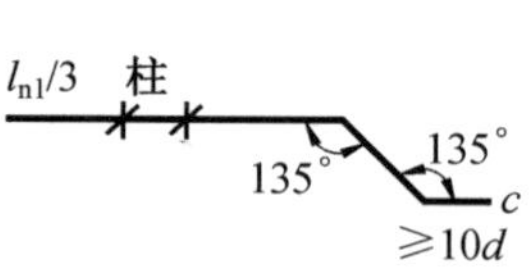	设弯起高度为 x mm，则悬挑斜长为$\sqrt{2}x$ mm，斜长投影为 x mm，x＝600−20×2−10×2＝540(mm) 单长＝(3 500−300−450)/3+600+1 500−300−20+540($\sqrt{2}$−1)＝2 921(mm)(取整) 总根数＝2 根
9	下排 弯起钢筋	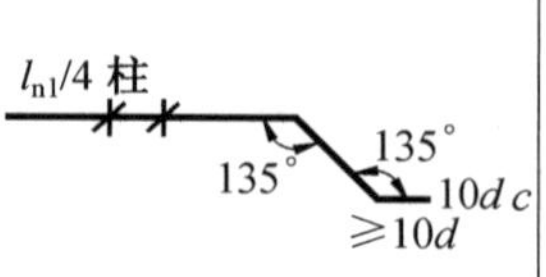	弯起高度为 540−50＝490(mm)，则悬挑斜长为 490$\sqrt{2}$ mm，斜长投影为 490 mm，单长＝(3 500−300−450)/4+600+1 500−300−20−10×18+490($\sqrt{2}$−1)＝2 491(mm)(取整) 总根数＝2 根

续表4.7

序号	钢筋名称	钢筋简图	计算式
10	悬挑梁下部钢筋		单长＝15×16+1 500−300−20＝1 420(mm) 总根数＝2 根

4.6　梁实训

根据图 4.39 梁平法施工图，选择 L1，比例建议为 1 ∶ 5。选择 KL1，比例建议为 1 ∶ 5。实训指导书见二维码 4.50。

1. 非框架梁钢筋笼绑扎实训报告

(1)识图。

对照实训指导书的结构施工图，L1 非框架梁有________跨，净跨长度为____________，截面尺寸为________mm，箍筋的配筋信息是____________________________，含义是____，梁的上部纵筋与下部相同，都是____________，含义是________________________________。

团队负责人签字确认之后方可进行下一步。团队负责人签字：________

(2)算量及下料(表 4.8)。

表 4.8　非框架梁钢筋笼算量表

序号	钢筋名称	钢筋长度/cm	钢筋数量/根	比例	铁线规格	备注
1	上部纵筋			1 ∶ 7.5	8 号	
2	下部纵筋			1 ∶ 7.5	8 号	
3	箍筋				12 号	有调整

说明：梁的截面较小，不便于绑扎，箍筋尺寸调整为框架梁的箍筋尺寸，便于材料的充分利用。

团队负责人签字确认之后方可进行下一步。团队负责人签字：________

(3)绘制绑扎示意图。

绘制 1 张立面图(含构件边缘线，表达保护层)，表达纵筋弯钩、箍筋的起步距离和间距值；绘制 2 张横截面图，表达相邻箍筋弯钩的位置关系，尺寸以标注为准，可不按比例绘制，文字简要介绍绑扎流程。

团队负责人签字确认之后方可进行下一步。团队负责人签字：________

(4)实训过程中遇到的问题及解决办法。

(5)思考题：现浇梁与叠合梁钢筋排布有何不同？

2. 框架梁钢筋笼绑扎实训报告

(1)识图。

对照实训指导书的结构施工图，KL1 楼层框架梁有________跨，____端有悬挑，净跨长度为________mm，截面尺寸为________mm，悬挑端 600/400 表示____，箍筋的配筋信息是____________________，含义是________

________________________,梁的通长纵筋配筋为____________,含义是____________________________________。侧面钢筋配筋为________,含义是________________,6C18 4/2 表示____________________________。

团队负责人签字确认之后方可进行下一步。团队负责人签字:________

(2)算量及下料(表4.9)。

表4.9 框架梁钢筋笼算量表

序号	钢筋名称	左弯长/mm	平直段/mm	折1	折2	右弯	总长/mm	根数/根	铁线	备注
1	下部上排纵筋			—	—	—			10号	
2	下部下排纵筋			—	—	—			8号	角筋
3	下部下排纵筋(中部)			—	—	—			10号	
4	上部通长筋			—	—				8号	角筋
5	上排小支座负筋			—	—	—			10号	
6	下排小支座负筋			—	—	—			10号	
7	侧面钢筋	—		—	—	—			10号	
8	上排弯起钢筋	—				—			10号	
9	下排弯起钢筋	—				—			10号	
10	悬挑梁下部钢筋	—		—	—				10号	角筋
11	大箍筋(宽、高、弯钩)	2 cm+7 cm+11 cm+7 cm+11 cm+2 cm							12号	
12	拉筋(宽、高、弯钩)	2 cm+7.5 cm+2 cm							12号	
13	小箍筋宽7 cm,弯钩2 cm,高度从7 cm开始每隔0.5 cm递增至10.5 cm								12号	

团队负责人签字确认之后方可进行下一步。团队负责人签字:________

(3)绑扎示意图。

绘制1张立面图(含构件边缘线,表达保护层),表达纵筋位置和弯钩、箍筋的起步距离和间距值(含加密区和非加密区);绘制2张横截面图,表达相邻箍筋弯钩的位置关系,尺寸以标注为准,可不按比例绘制,文字简要介绍绑扎流程。

团队负责人签字确认之后方可进行下一步。团队负责人签字:________

(4)实训过程中遇到的问题及解决办法。

(5)思考题:现浇框架梁与叠合梁的钢筋构造有什么区别与联系?

4.1　梁构件课程思政

4.2　梁类型及受力情况微课

4.3　梁钢筋组成微课

4.4　注写方式 1 集中标注编号至箍筋微课

4.5　注写方式 2 集中标注贯通筋至标高微课

4.6　注写方式 3 原位标注支座上部钢筋微课

4.7　注写方式 4 原位标注下部钢筋微课

4.8　注写方式 5 基础梁、承台梁微课

4.9　钢筋构造 1 等截面微课

4.10　钢筋构造 2 变截面微课

4.11　钢筋构造 3 基础梁、承台梁微课

4.12　梁钢筋算量微课

4.13　梁实训微课

4.14　型钢框支梁 VR 模型

4.15　冠梁 VR 模型

4.16　屋面框架梁 VR 模型

4.17　图集梁 VR 模型

4.18　图集叠合梁 VR 模型

4.19　水平折梁 VR 模型

4.20　竖向折梁 VR 模型

4.21　竖向折梁（有水平段）VR 模型

4.22　楼层框架梁 VR 模型

4.23　框支梁 VR 模型

4.24　框架扁梁边柱节点 VR 模型

4.25　非框架梁 VR 模型

4.26 悬挑梁节点 VR 模型 1

4.27 悬挑梁节点 VR 模型 2

4.28 悬挑梁节点 VR 模型 3

4.29 悬挑梁节点 VR 模型 4

4.30 悬挑梁节点 VR 模型 5

4.31 悬挑梁节点 VR 模型 6

4.32 悬挑梁节点 VR 模型 7

4.33 纯悬挑梁 VR 模型

4.34 基础梁 VR 模型

4.35 纯悬挑梁钢筋笼动画

4.36 基础梁钢筋笼动画

4.37 楼层框架梁钢筋笼动画

4.38 屋面框架梁钢筋笼动画

4.39 图集梁模型钢筋笼动画

4.40 型钢框支梁动画

4.41 图集叠合梁模型动画

4.42 基础梁钢筋模型照片

4.43 冠梁钢筋模型照片

4.44 非框架梁钢筋模型照片

4.45 纯悬挑梁钢筋模型照片

4.46 楼层框架梁钢筋模型照片

4.47 屋面框架梁钢筋模型照片

4.48 框架梁照片

4.49 叠合梁模型照片

4.50 非框架梁实训指导书

4.51　非框架梁实训视频

4.52　次梁实训报告

4.53　楼层框架梁实训指导书

4.54　楼层框架梁实训视频

4.55　框架梁实训报告

4.56　梁构件测评

4.57　梁构件课件

第 5 章　板构件

本章目标

知识目标

（1）了解 3 种常见有梁盖板的类型及代号、钢筋组成及钢筋构造。
（2）掌握板的 2 种注写方式。
（3）了解叠合板的钢筋组成和编号含义。

能力目标

（1）能识读板的结构施工图。
（2）能根据施工图进行钢筋算量和钢筋绑扎实训。
（3）能识读叠合板的模板图和配筋图。

素养目标

（1）必须严格按照图集要求，为工程质量终身负责。
（2）具有实现建筑工业化的责任担当，努力推广叠合板。

5.1　板类型

板按施工方法不同分为现浇板和预制板。现浇有梁盖板的类型有楼面板（LB）、屋面板（WB）、悬挑板（XB）。预制板分为平板、空心板、槽形板。预制板双向叠合板用底板编号如图 5.1 所示。

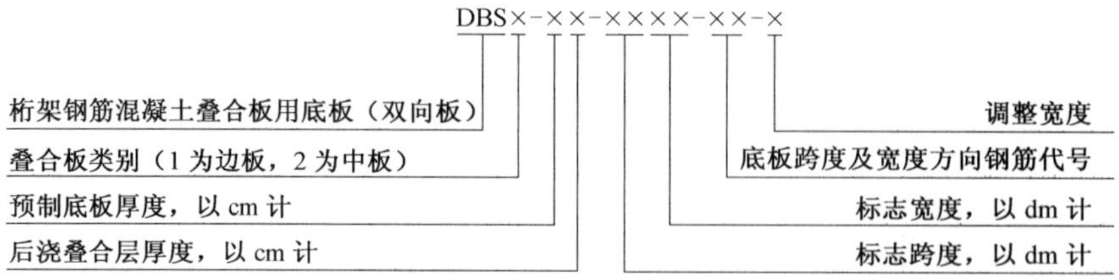

图 5.1　预制版双向叠合板用底板编号示意图

【例 5.1】　如图 5.2 所示，底板编号 DBS1-67-2721-31，DBS 表示双向受力叠合板用底板，拼装位置为边板，预制底板厚度为 60 mm，后浇叠合层厚度为 70 mm，预制底板的标志跨度为 2 700 mm，即为轴间尺寸，实际混凝土跨度＝2 700 mm－90 mm－90 mm（90 mm 为板端出筋长度)，预制底板的标志宽度为2 100 mm，实际混凝土宽度＝2 100 mm－90 mm－150 mm(90 mm 为板侧出筋长度，150 mm 为拼缝 300 mm 的一半)，底板跨度方向配筋为 C10@200，底板宽度方向配筋为 C8@200，以梁为支座处的出筋长度为 90 mm，板与板拼缝处的出筋长度为 290+δ(mm)(不含弯钩，δ 表示非标准拼缝的设计值)。双向叠合板用底板钢筋代号见表 5.1。

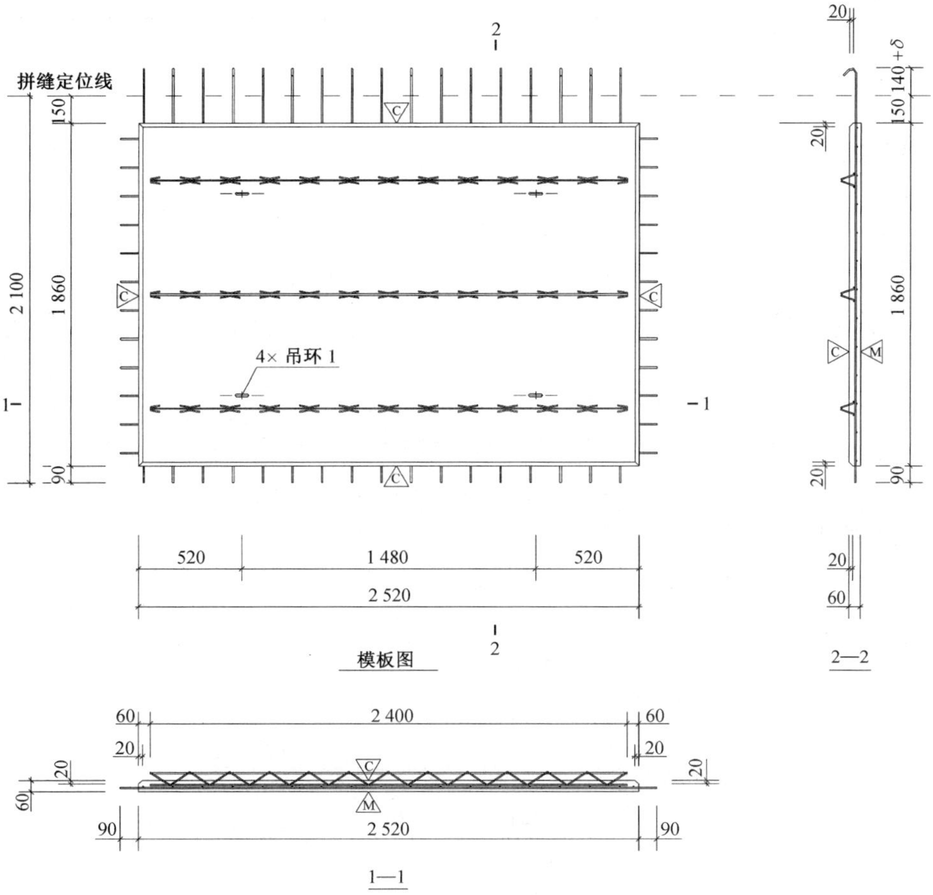

图 5.2　DBS1-67-2721-31 模板图

【例 5.2】　如图 5.3 所示，底板编号 DBS2-67-2721-31，表示双向受力叠合板用底板，拼装位置为中板，预制底板厚度为 60 mm，后浇叠合层厚度为 70 mm，预制底板的标志跨度为 2 700 mm，即为轴间尺寸，实际混凝土跨度＝2 700 mm－90 mm－90 mm(90 mm 为板端出筋长度)，预制底板的标志宽度为 2 100 mm，实际混凝土宽度＝2 100 mm－150 mm－150 mm(150 mm 为拼缝 300 mm 的一半)，底板跨度方向配筋为 C10@200，底板宽度方向配筋为 C8@200，板侧出筋长度为 290 mm(不含弯钩)。双向叠合板用底板钢筋代号见表 5.1。

表 5.1　底板跨度、宽度方向钢筋代号组合表

宽度方向钢筋编号	跨度方向钢筋			
	C8@200	C8@150	C10@200	C10@150
C8@200	11	21	31	41

续表5.1

宽度方向钢筋编号	跨度方向钢筋			
	C8@200	C8@150	C10@200	C10@150
C8@150	—	22	32	42
C8@100	—	—	—	43

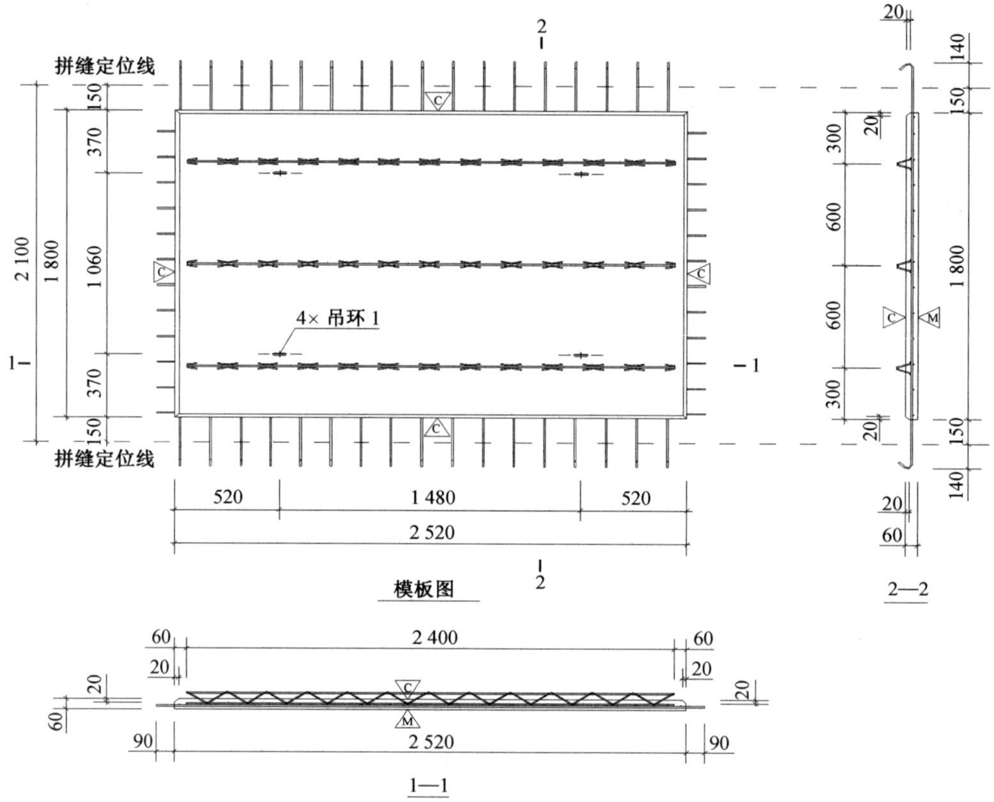

图 5.3　DBS2-67-2721-31 模板图

预制板单向叠合板用底板编号如图 5.4 所示。

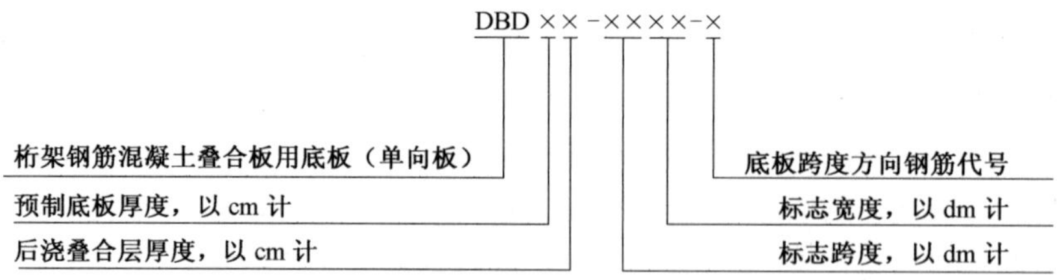

图 5.4　预制板单向叠合板用底板编号示意图

【例 5.3】　底板编号 DBD67-3624-2(图 5.5)，表示为单向受力叠合板用底板，预制底板厚度为 60 mm，后浇叠合层厚度为 70 mm，预制底板的标志跨度为 3 600 mm，预制底板的标志宽度为 2 400 mm，板侧无出筋，底板跨度方向配筋为 C8@150。单向叠合板用底板钢筋代号见表 5.2。

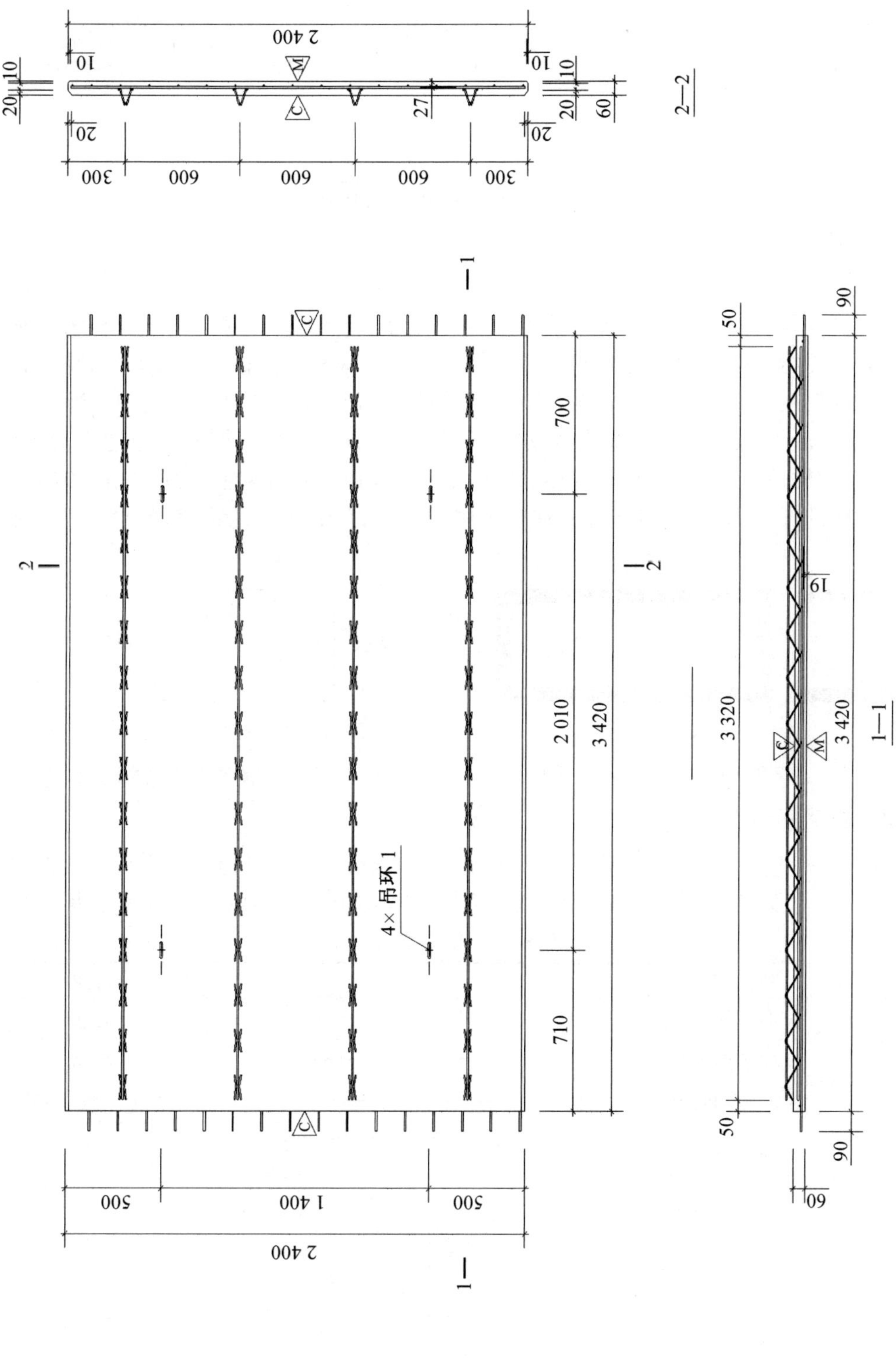

图 5.5　DBD67-3624-2 模板图

表 5.2 钢筋代号表

代号	1	2	3	4
受力钢筋规格及间距	C8@200	C8@150	C10@200	C10@150
分布钢筋规格及间距	C6@200	C6@200	C6@200	C6@200

5.2 板受力情况和钢筋组成

5.2.1 板受力情况

板是一种分隔承重构件，它将房屋垂直方向分隔为若干层，并把竖向荷载及楼板自重通过墙体、梁或柱传给基础。根据受力和支承条件分为单向板和双向板，它们的受力特点各不相同，单向板仅仅在一个方向或主要在一个方向受弯。而双向板在两个方向均受弯。单向板上的荷载主要沿短边方向传递，沿长边方向传递的荷载很少，受力钢筋沿短边方向布置，长边方向只布置构造钢筋。双向板在荷载的作用下，四角有翘曲的趋势，所以，板传给支承梁的压力，沿板的长边方向是不均匀的，在板的中部较大，两端较小，如图 5.6、图 5.7 所示。

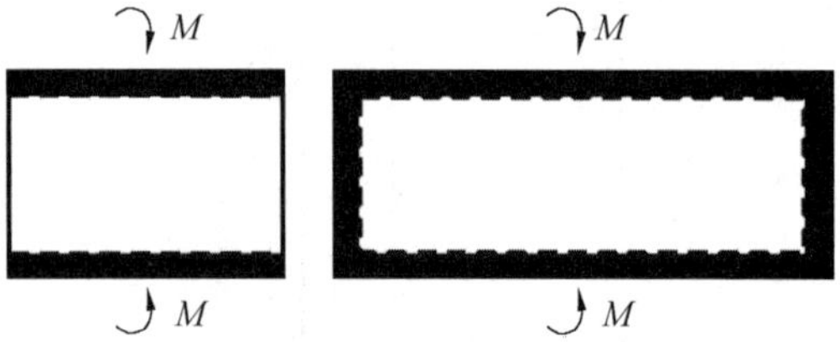

图 5.6 单向支承和四边支承单向板受力情况

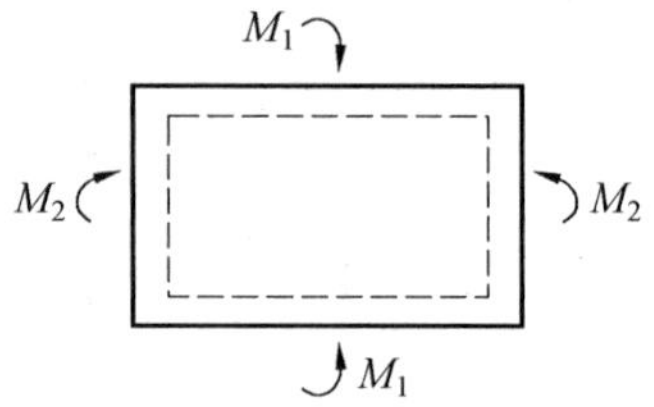

图 5.7 四边支承双向板受力情况

5.2.2 板钢筋组成

板的钢筋一般包括下部纵筋（底筋）、支座上部非贯通纵筋（支座负筋、面筋）、上部贯通纵筋、分布筋、马凳筋、放射筋、补强筋和拉筋（人防工程楼板）等，板的钢筋组成见表 5.3。

表 5.3 板钢筋组成

序号	钢筋名称	简图	备注
1	x 向下部纵筋		底筋
2	y 向下部纵筋		底筋
3	支座上部非贯通纵筋		支座负筋、面筋
4	上部贯通纵筋		
5	分布筋		
6	马凳筋	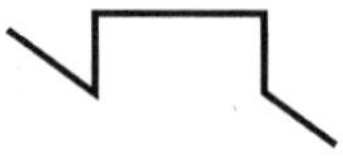	
7	放射筋		支座负筋

续表5.3

序号	钢筋名称	简图	备注
8	补强筋		

9	拉筋	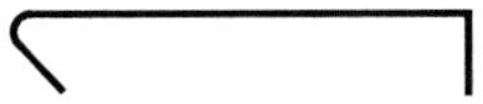	人防工程

5.3　板注写方式

5.3.1　板传统注写方式

板的传统注写方式是在钢筋简图上标注配筋信息进行表示。底部 x 向的纵筋 45°的箭头朝上，底部 y 向的纵筋 45°的箭头朝左。上部 x 向的钢筋在端支座处 90°的弯钩朝下，在跨内用线段表示，上部 y 向的钢筋在端支座处 90°的弯钩朝右，在跨内用线段表示，如图 5.8 所示。

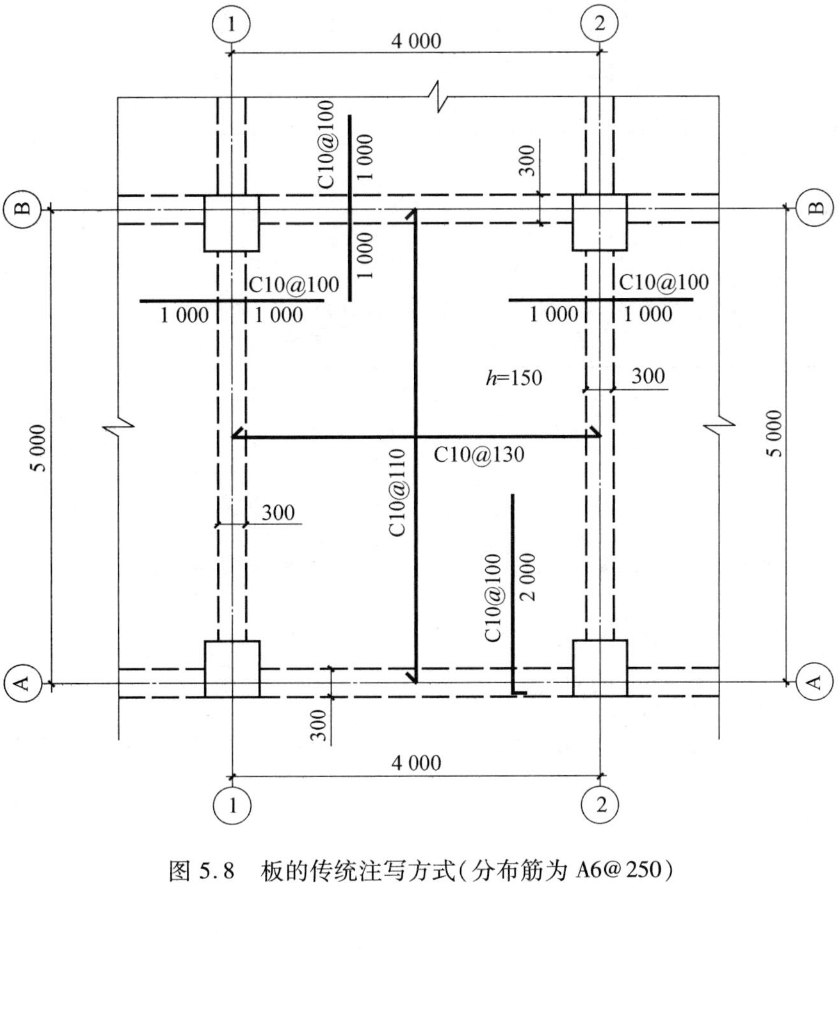

图 5.8　板的传统注写方式（分布筋为 A6@250）

5.3.2 板平面注写方式

在板的平面注写方式中，底部纵筋不绘制钢筋简图，上部非贯通钢筋简图只绘制投影段。集中标注如图5.9所示，常见注写方式及含义见表5.4。

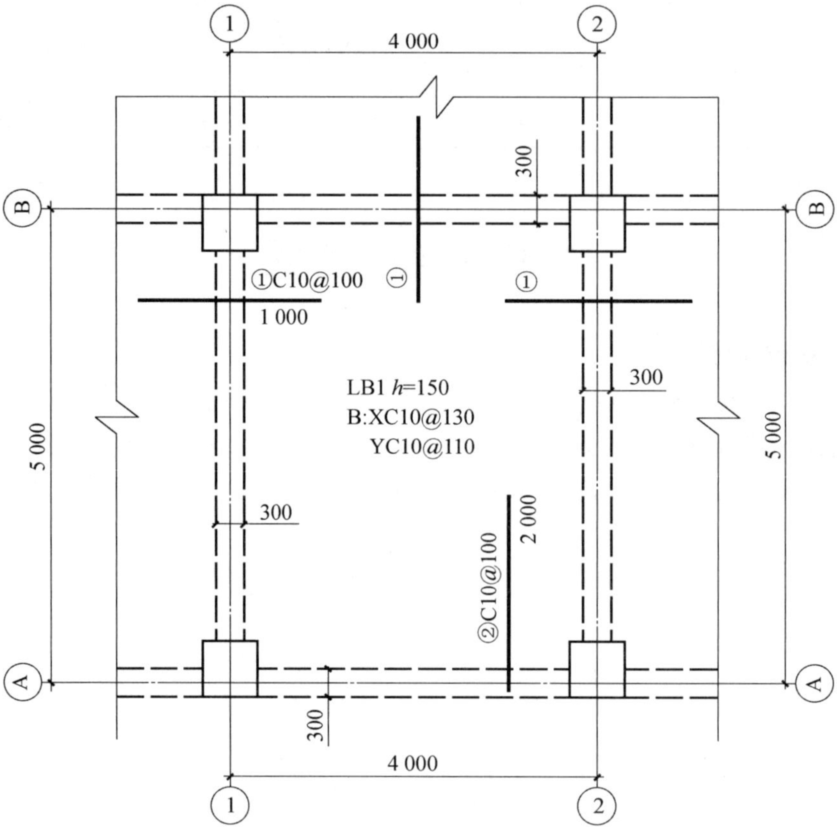

图5.9 板的集中标注示意图(分布筋为A6@250)

表5.4 板常见注写方式及含义

注写大项	序号	注写细项	注写内容(单位默认)	含义
板块集中标注	1	板块编号	LB1	1号楼面板
			WB2	2号屋面板
			XB3	3号悬挑板
	2	板厚	$h=150$	板厚为150 mm
			$h=150/100$	悬挑板根部厚为150 mm，端部厚为100 mm

续表5.4

注写大项	序号	注写细项	注写内容(单位默认)	含义
板块集中标注	3	下部纵筋和上部贯通纵筋	B: XC12@120; Y C10@110	板下部配置的纵筋 x 向是直径为 12 mm 的三级钢,每间隔 120 mm 放置一根,y 向是直径为 10 mm 的三级钢,每间隔 110 mm 放置一根
			B:XC10/12@100; YC10@110	板下部配置的纵筋 x 向是直径为 10 mm 和 12 mm 的三级钢,每间隔 100 mm 隔一布一,y 向是直径为 10 mm 的三级钢,每间隔 110 mm 放置一根
			B:X&YC8@150	板下部配置的纵筋 x 向与 y 向相同,是直径为 8 mm 的三级钢,每间隔 150 mm 放置一根
			B: XcC8 @ 150; YcC8 @200	悬挑板下部配置构造钢筋 x 向是直径为 8 mm的三级钢,每间隔 150 mm 放置一根,y 向是直径为 8 mm 的三级钢,每间隔 200 mm 放置一根
			B:Xc&YcC8@200	悬挑板下部配置构造钢筋 x 向是直径为 8 mm的三级钢,每间隔 200 mm 放置一根,y 向是直径为 8 mm 的三级钢,每间隔 200 mm 放置一根
			T:XC8@150	板上部配置的 x 向通长纵筋是直径为 8 mm 的三级钢,每间隔 150 mm 放置一根
			T:X&YC8@150	板上部 x 向钢筋与 y 向相同,均是直径为 8 mm的三级钢,每间隔 150 mm 放置一根
			B&T	板上部钢筋与下部相同
	4	标高高差	(-0.050)	板顶面标高相对于结构楼层楼面标高低0.05 m

续表5.4

注写大项	序号	注写细项	注写内容(单位默认)	含义
板支座原位标注	1	板支座上部非贯通钢筋	对称伸出	伸出长度只注写一侧(从支座边线起算),如图 5.10 所示
			非对称伸出	伸出长度注写两侧(从支座边线起算),如图 5.11 所示
			全跨或伸出至悬挑端	全跨或伸出至悬挑端一侧的长度值不注(从支座边线起算),如图 5.12 所示
			弧形支座处放射筋配置	加注“放射分布”
			在板平面布置图某部位,横跨支承梁绘制的对称线段上注有①C12@100(5A)和 1 500,表示支座上部①号非贯通纵筋为 C12@100,从该跨起沿支承梁连续布置 5 跨加梁一端的悬挑端,该筋自支座边线向两侧跨内伸出长度均为 1 500 mm。在同一板平面布置图的另一部位横跨梁支座绘制的对称线段上注有①(2)者,系表示该筋同①号纵筋,沿支承梁连续布置 2 跨,且无梁悬挑端布置	
	2	悬挑板上部受力钢筋	T:XC8@150	悬挑板上部受力钢筋是直径为 8 mm 的三级钢,每间隔 150 mm 放置一根
	3	上部贯通纵筋增配板支座上部非贯通筋	板上部已配置贯通纵筋 C12@250,该跨同向配置的上部支座非贯通纵筋为③C12@250,表示该支座上部设置的纵筋实际为 C12@125,其中 1/2为贯通纵筋,1/2 为③号非贯通纵筋(伸出长度值略) 板上部已配置贯通纵筋 C10@250,该跨配置的上部同向支座非贯通纵筋为③C12@250,表示该跨实际配置的上部纵筋为 C10 和 C12 间隔布置,二者之间间距为 125 mm	

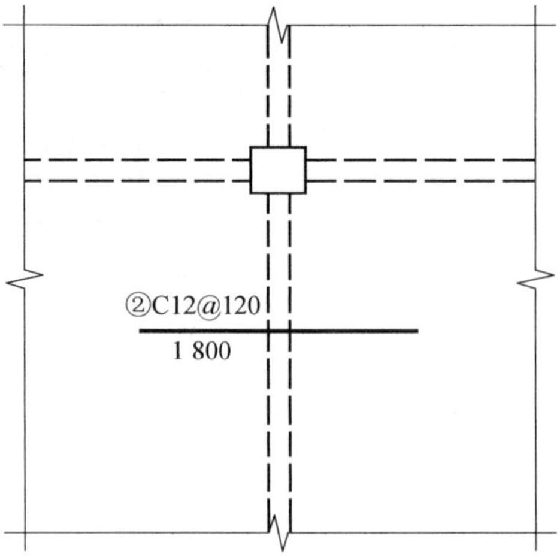

图 5.10　板支座上部非贯通纵筋对称伸出

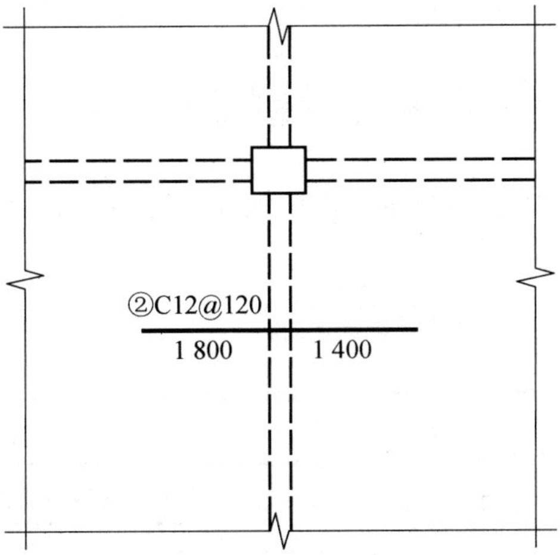

图 5.11　板支座上部非贯通纵筋非对称伸出

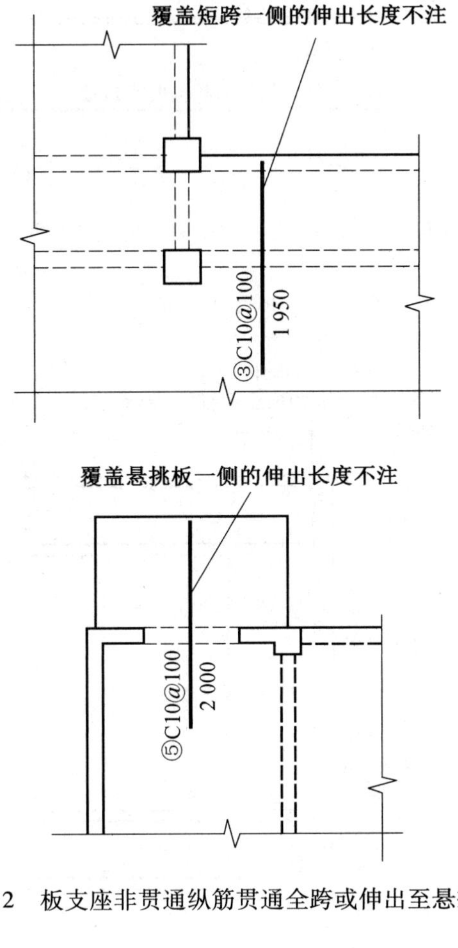

图 5.12　板支座非贯通纵筋贯通全跨或伸出至悬挑端

5.4 板钢筋构造

（1）有梁楼盖楼面板（LB）和屋面板（WB）钢筋构造图，如图 5.13 所示。

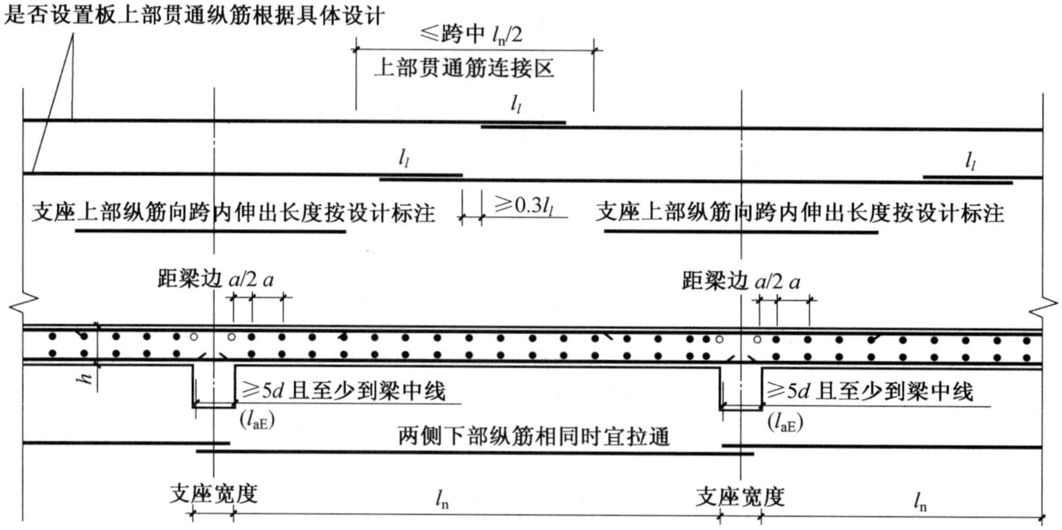

图 5.13 有梁楼盖楼面板（LB）和屋面板（WB）钢筋构造图（括号内的锚固长度 l_{aE} 用梁板式转换层的板）

（2）板在端部支座的锚固构造图，如图 5.14 所示。

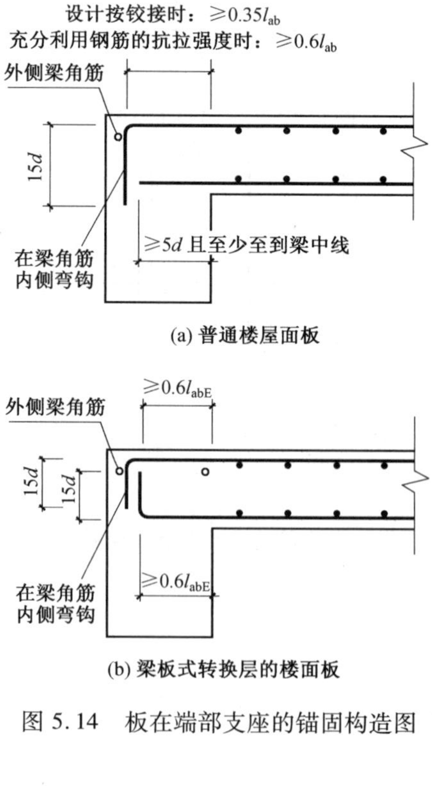

图 5.14 板在端部支座的锚固构造图

(3)悬挑板(XB)钢筋构造、无支撑板端部封边构造、折板配筋构造图,如图 5.15 所示。

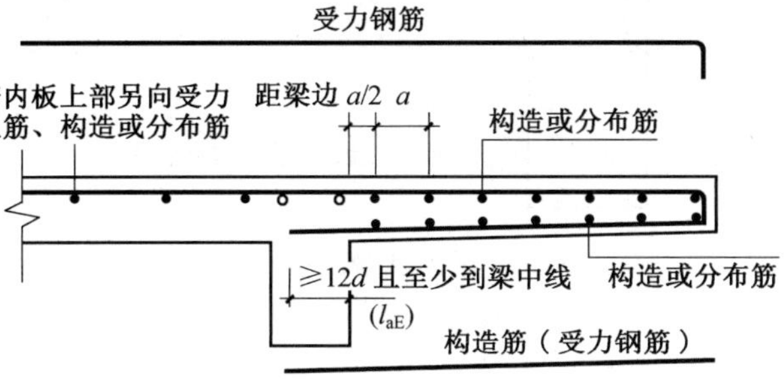

(a) 上、下部均配筋（一）

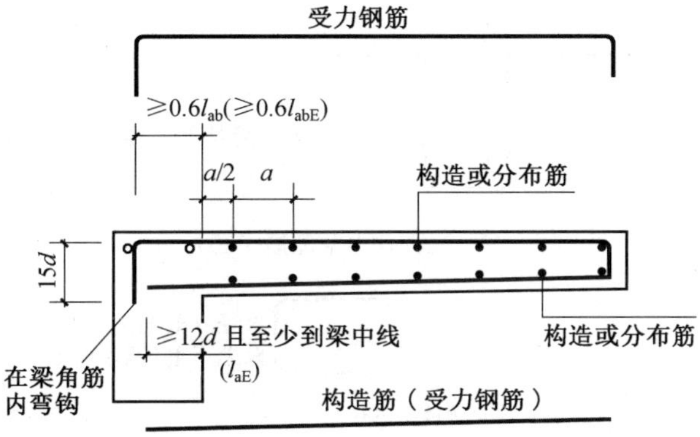

(b) 上、下部均配筋（二）

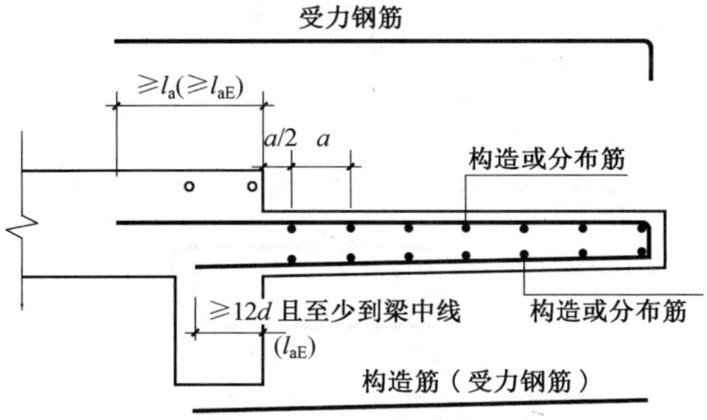

(c) 上、下部均配筋（三）

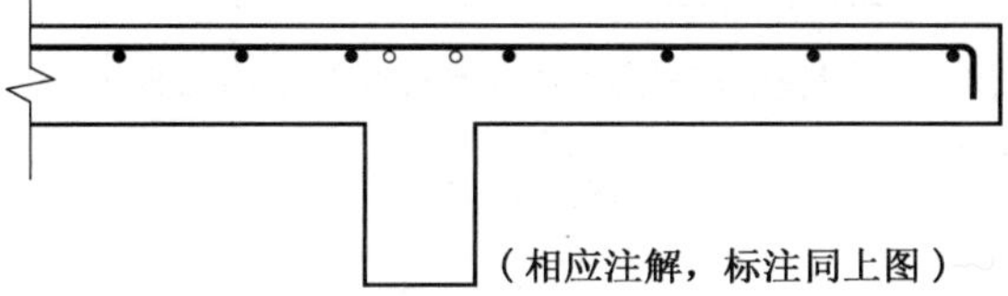

(d) 仅上部配筋（一）

图 5.15　悬挑板(XB)钢筋构造、无支撑板端部封边构造、折板配筋构造图(括号内数值用于考虑竖向地震作用时)

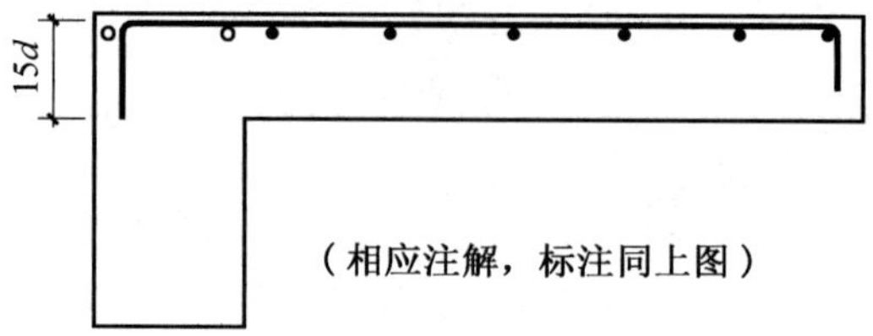

(e) 仅上部配筋（二）

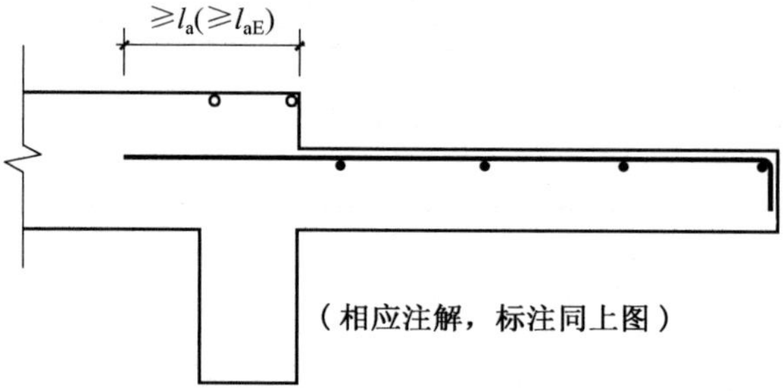

(f) 仅上部配筋（三）

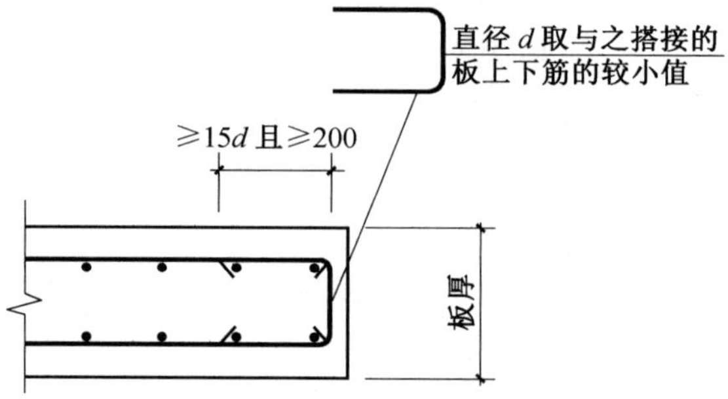

(g) 无支撑板端部封边构造（当板厚≥150 mm 时）(一)

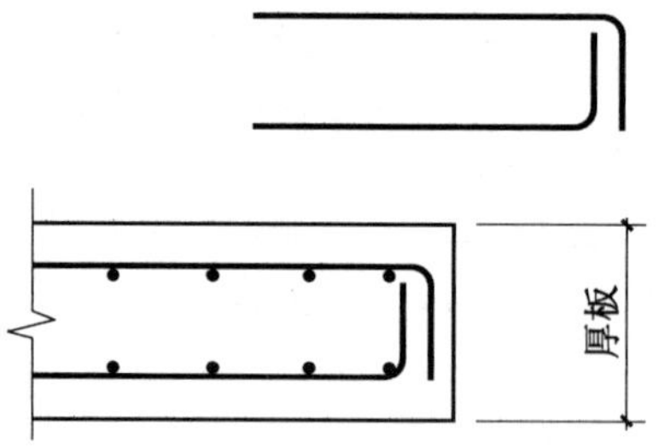

(h) 无支撑板端部封边构造（当板厚≥150 mm 时）(二)

续图 5.15

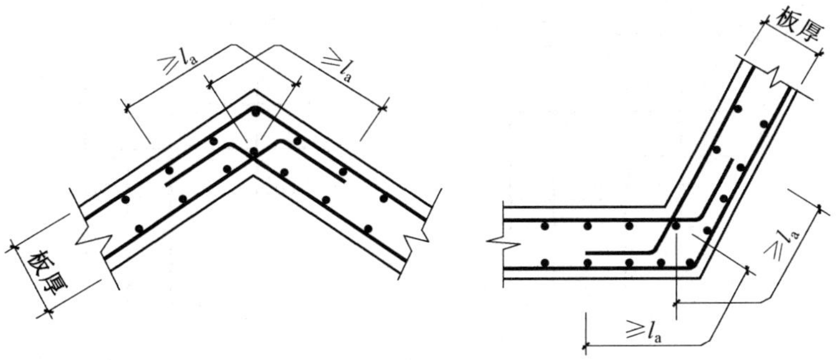

(i) 折板配筋构造

续图 5.15

(4)矩形洞边长和圆形洞直径不大于 300 mm 时钢筋构造图,如图 5.16 所示。

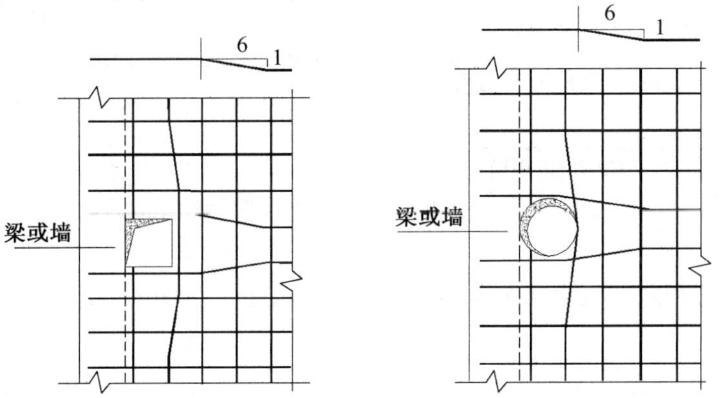

(a) 梁边或墙边开洞

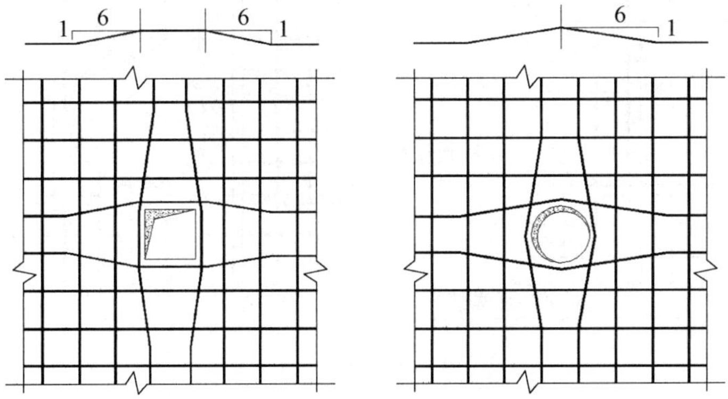

(b) 板中开洞

图 5.16　矩形洞边长和圆形洞直径不大于 300 mm 时钢筋构造图(受力钢筋绕过孔洞,不另设补强钢筋)

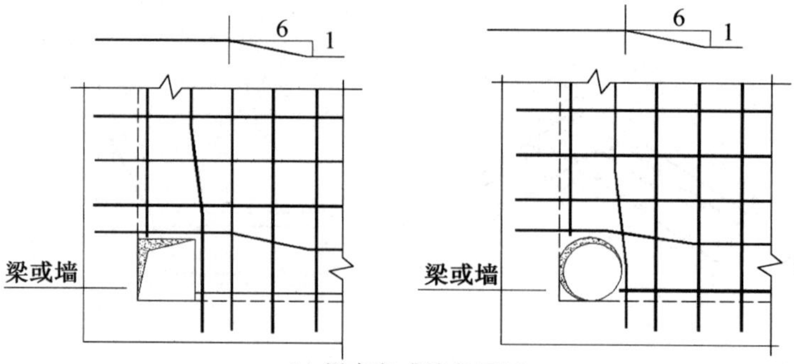

(c) 梁交角或墙角开洞

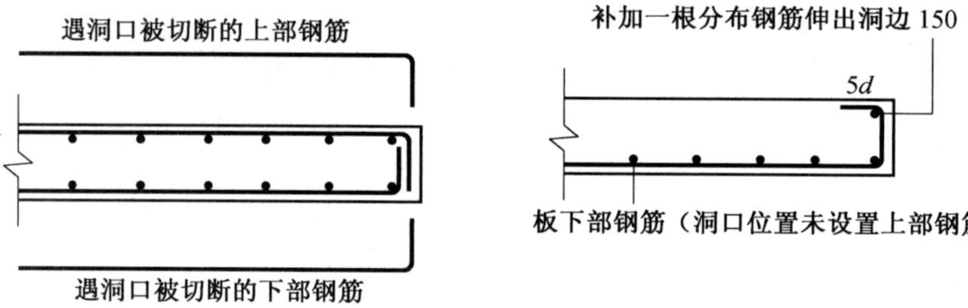

(d) 洞边被切断钢筋端部构造

续图 5.16

(5)矩形洞边长和圆形洞直径大于 300 mm 但不大于 1 000 mm 时补强钢筋构造图，如图 5.17 所示。

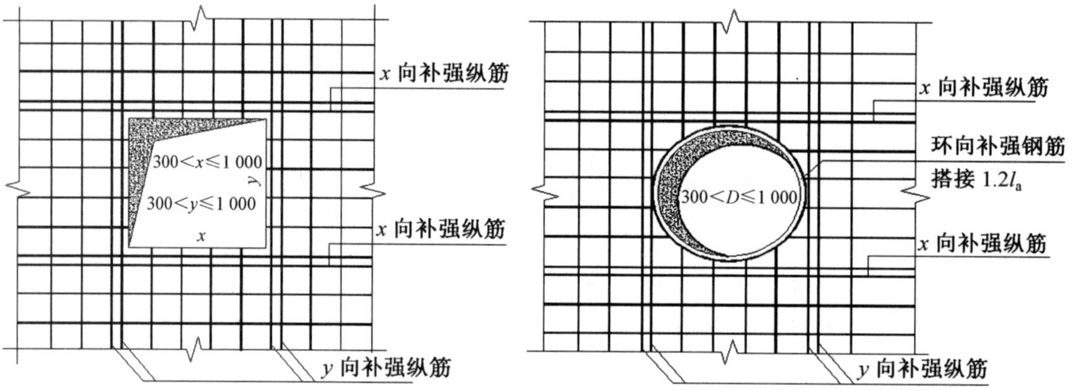

(a) 板中开洞

图 5.17　矩形洞边长和圆形洞直径大于 300 mm 但不大于 1 000 mm 时补强钢筋构造图

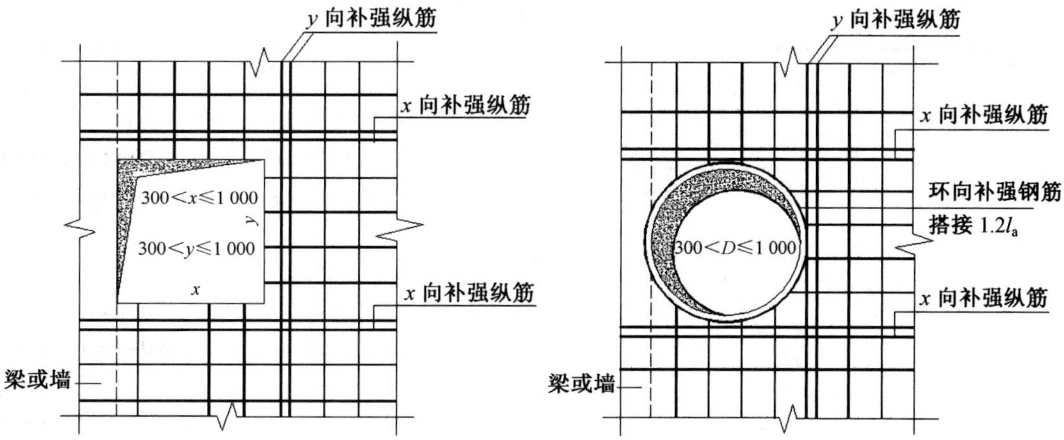

(b) 梁边或墙边开洞

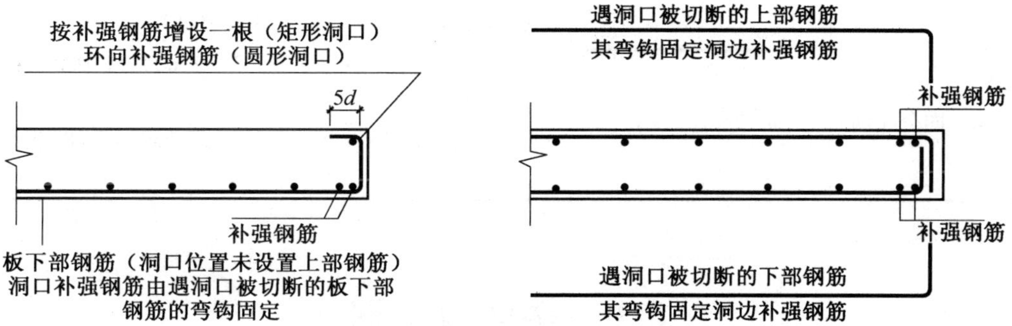

(c) 洞边被切断钢筋端部构造

续图 5.17

5.5　板钢筋算量

据图 5.8 进行钢筋算量，板保护层为 15 mm，梁保护层为 20 mm，混凝土强度为 C30，分布筋与支座负筋搭接 150 mm，起步距离为钢筋间距的一半，马凳筋略。计算结果见表 5.5。

表 5.5　板钢筋算量表

序号	钢筋名称	钢筋简图	计算式
1	B:X	≥5d　净跨　≥5d 中线　中线	单长 = 4 000 − 300/2 × 2 + 2 × max（150, 5d）= 4 000（mm） 总根数 =（5 000−150×2−65×2）/130+1 = 37（根）（向上取整）
2	B:Y	≥5d　净跨　≥5d 中线　中线	单长 = 5 000 − 150 × 2 + 2 × max（150, 5d）= 5 000（mm） 总根数 =（4 000−150×2−55×2）/110+1 = 34（根）（向上取整）

续表5.5

序号	钢筋名称	钢筋简图	计算式
3	1 号支座负筋	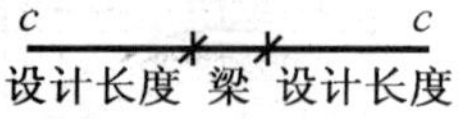	单长＝1 000+300+1 000＝2 300(mm) 总根数＝(4 000－150×2－50×2)/100+1+(5 000－150×2－50×2)/100+1+(5 000－150×2－50×2)/100+1＝131(根)
4	2 号支座负筋	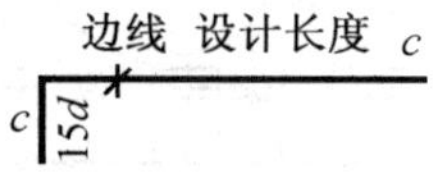	单长＝15×10+300－20+2 000＝2 430(mm) 总根数＝(4 000－150×2－50×2)/100+1＝37(根)
5	x 向分布筋		单长＝4 000－150×2－1 000－1 000+150×2＝2 000(mm) 总根数＝(1 000－2×125)/250+1+(2 000－2×125)/250+1＝12(根)(向上取整)
	y 向分布筋		单长＝5 000－150×2－2 000－1 000+150×2＝2 000(mm) 总根数＝2×[(1 000－2×125)/250+1]＝8(根)(向上取整)

5.6 楼面板实训

1. 实训说明书

根据图 5.8 板平法施工图，按 1∶10 制作楼面板上层非贯通钢筋的钢筋网片模型。实训指导书见本章末二维码 5.31。

2. 楼面板上层钢筋网片绑扎实训报告

(1)识图。

对照实训指导书的结构施工图，①～②的轴间尺寸为______mm，净跨为______mm，Ⓐ～Ⓑ的轴间尺寸为________mm，净跨为________mm，梁宽为________mm，LB 表示________，板的厚度为________mm，B 表示________________层钢筋网片。x 向的配筋是________________，含义是________________________；y 向的配筋是________________，含义是________________________。①号负筋的水平段总长度为________mm。

团队负责人签字确认之后方可进行下一步。团队负责人签字：________

(2)算量及下料(表 5.6)。

表 5.6 楼面板实训算量表

序号	钢筋名称	钢筋长度/cm	钢筋数量/根	比例	铁线规格	备注
1	支座(梁)			1∶10	8 号	固定板的钢筋网片，焊接
2	分布筋			1∶10	12 号	

续表5.6

序号	钢筋名称	钢筋长度/cm	钢筋数量/根	比例	铁线规格	备注
3	支座负筋一			1∶10	12 号	长度和间距有调整
4	支座负筋二			1∶10	12 号	长度和间距有调整

说明：支座负筋的弯钩较短，不便于下料和绑扎，端支座处弯钩统一为 2 cm，按《22G101-1 图集》要求，跨中无弯钩，为了方便绑扎，所有钢筋间距调整为 3 cm，起步距离调整为 2 cm。

团队负责人签字确认之后方可进行下一步。团队负责人签字：________

(3)绘制绑扎示意图。

绘制钢筋网片顶视图(含构件边缘线，表达保护层)，标注梁的位置、负筋的长度、起步距离、钢筋间距值。尺寸以标注为准，可不按比例绘制，文字简要介绍绑扎流程。

团队负责人签字确认之后方可进行下一步。团队负责人签字：________

(4)实训过程中遇到的问题及解决办法。

(5)思考题：现浇楼板与叠合板的钢筋构造有何不同？

5.1　板构件课程思政

5.2　板类型及钢筋组成微课

5.3　板注写方式微课

5.4　板钢筋构造微课

5.5　板钢筋算量微课

5.6　屋面板上层 VR 钢筋网片

5.7 楼面上层 VR 钢筋网片

5.8 图集板上层 VR 钢筋网片

5.9　YTB-L-1224VR 模型

5.10　YTB-D-1242-04VR 模型

5.11　YTB-B-1024VR 模型

5.12　KTB-63-110VR 模型

5.13　DBS1-67-2721-1VR 模型

5.14　DBD67-3624-1VR 模型

5.15　图集板模型动画

5.16 DBD67-3624-1 模型动画

5.17 DBS1-67-2721-1 模型动画

5.18 图集叠合板模型动画

5.19 YTB-D-1242-04 模型动画

5.20 YTB-L-1224 模型动画

5.21 YTB-B-1024 模型动画

5.22 KTB-63-110 模型动画

5.23 板底钢筋模型照片

5.24 楼面板钢筋模型照片

5.25 屋面板上层钢筋模型照片

5.26 全预制阳台钢筋模型照片

5.27 预制空调板钢筋模型照片

5.28 双向叠合板边板钢筋模型照片

5.29 装配式楼板模具照片

5.30 装配式楼板堆场照片

5.31 楼面板实训指导书

5.32 楼面板上层钢筋网片实训视频

5.33 楼面板实训报告

5.34 板构件测评

5.35 板构件课件

第6章　楼梯构件

本章目标

知识目标

(1)掌握楼梯常见类型、制图规则和钢筋组成。

(2)了解滑动支座楼梯的钢筋组成和钢筋构造。

(3)了解预制楼梯的钢筋组成和编号含义。

能力目标

(1)能识读现浇板式楼梯、梁式楼梯的施工图。

(2)能用斜率和投影长度计算楼梯纵筋长度,能完成下料和钢筋绑扎。

(3)能识读预制楼梯的安装图、模板图和配筋图。

素养目标

(1)保证楼梯的结构安全,确保紧急情况下楼梯的通道功能。

(2)具有实现建筑工业化的责任担当,努力推广预制楼梯。

6.1　楼梯类型

混凝土楼梯按生产工艺可分为现浇楼梯和预制楼梯,现浇混凝土楼梯可分为板式楼梯、梁式楼梯、悬挑楼梯和旋转楼梯等,现浇混凝土板式楼梯有14种类型,详见表6.1。

表 6.1　现浇混凝土板式楼梯类型

梯板代号	适用范围		是否参与结构整体抗震计算
	抗震构造措施	适用结构	
AT	无	剪力墙、砌体结构	不参与
BT			
CT	无	剪力墙、砌体结构	不参与
DT			
ET	无	剪力墙、砌体结构	不参与
FT			
GT	无	剪力墙、砌体结构	不参与
ATa	有	框架结构、框剪结构中框架部分	不参与
ATb			不参与
ATc			参与
BTb	有	框架结构、框剪结构中框架部分	不参与
CTa	有	框架结构、框剪结构中框架部分	不参与
CTb			不参与
DTb	有	框架结构、框剪结构中框架部分	不参与

预制钢筋混凝土板式楼梯主要有双跑楼梯和剪刀楼梯两种。双跑楼梯编号示例图如图 6.1 所示。

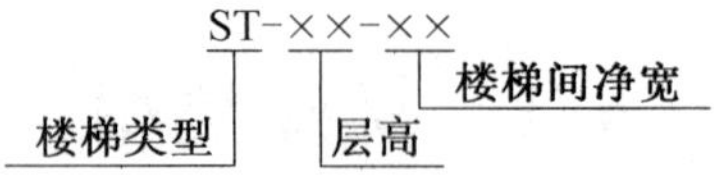

图 6.1　双跑楼梯编号示例图

例如 ST-30-25 表示双跑楼梯，建筑层高 3 m、楼梯间净宽 2.5 m，所对应的预制混凝土板式双跑楼梯梯段板平面布置图如图 6.2 所示，剖面图如图 6.3 所示。

剪刀楼梯编号示例如图 6.4 所示。例如，JT-30-25 表示剪刀楼梯，建筑层高 3 m、楼梯间净宽 2.5 m，所对应的预制混凝土板式剪刀楼梯梯段板平面布置图如图 6.5 所示，剖面图如图 6.6 所示。

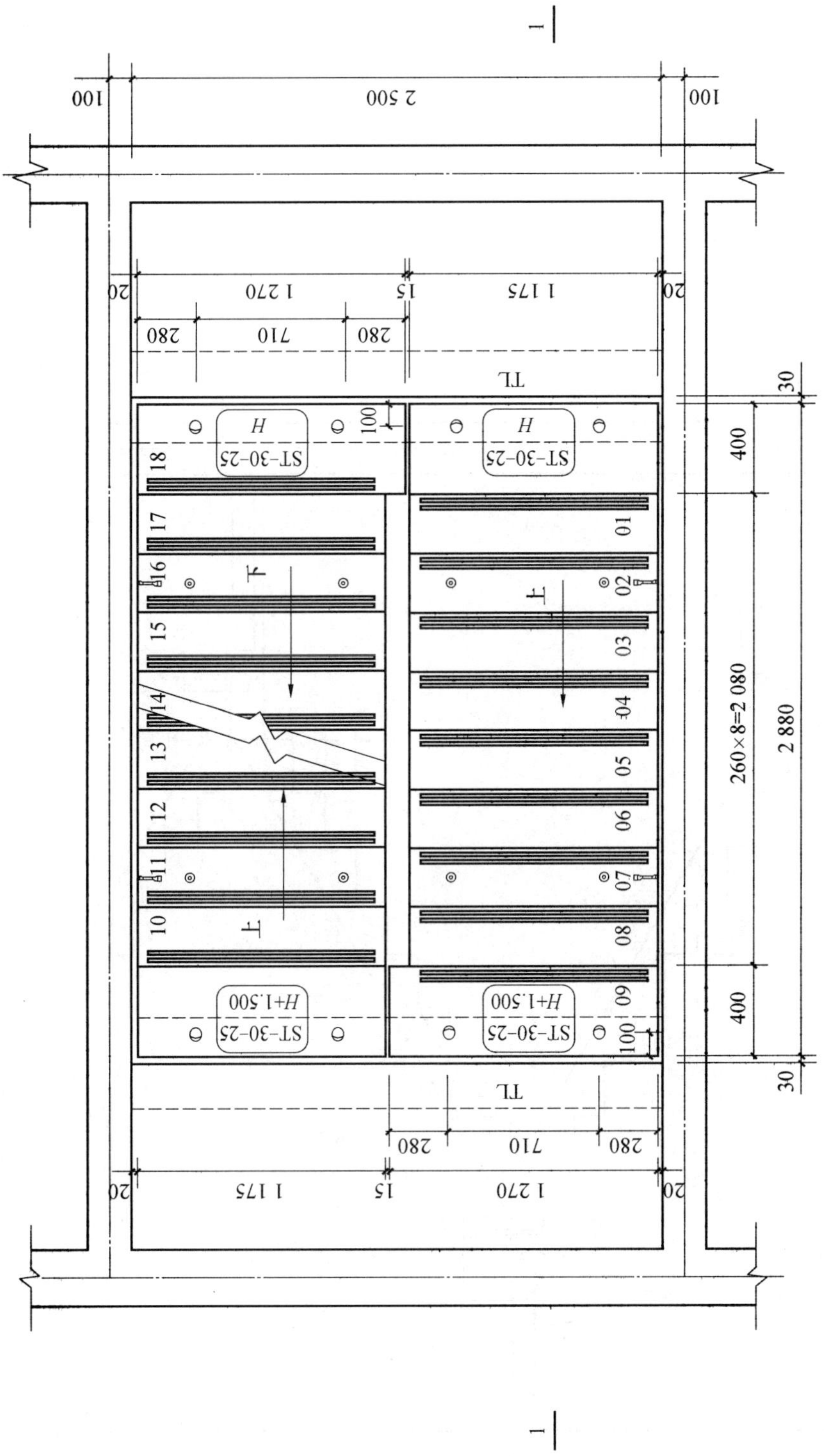

图 6.2　预制混凝土板式双跑楼梯梯段板平面布置图

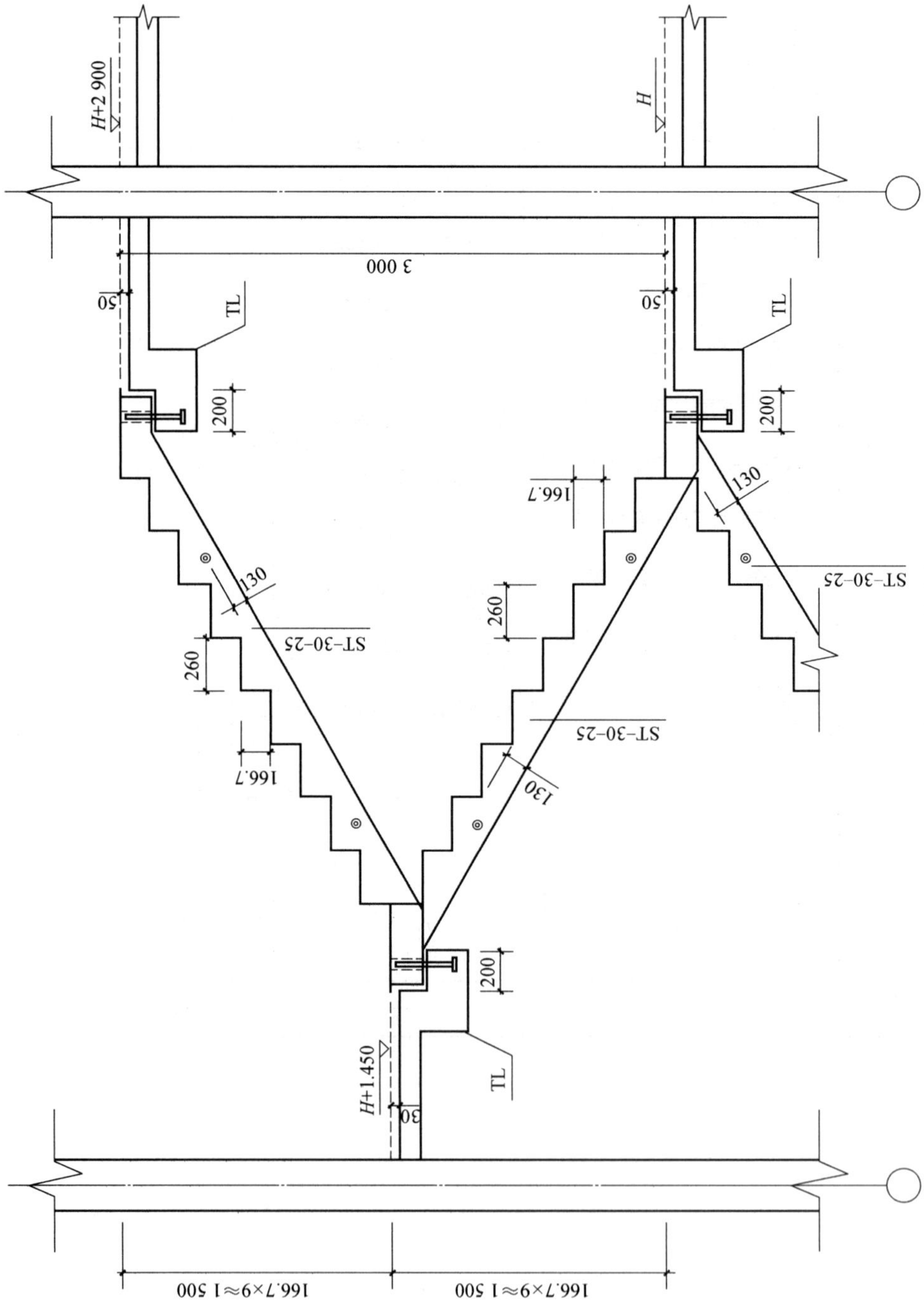

图 6.3 1—1剖面图

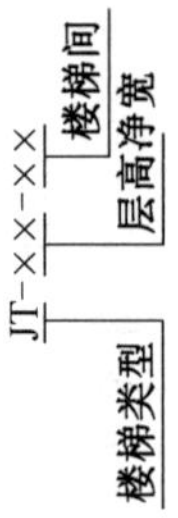

图 6.4 剪刀楼梯编号示例图

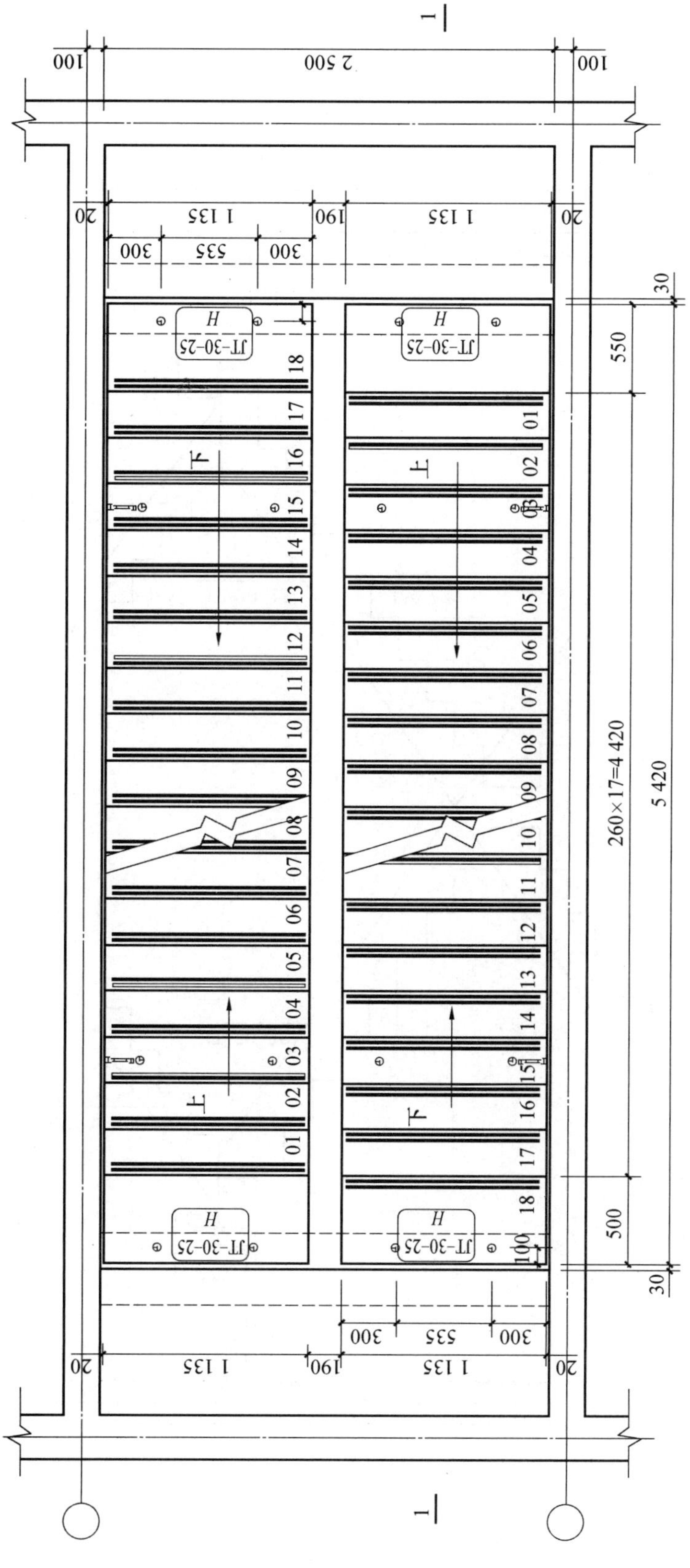

图 6.5　预制混凝土板式剪刀楼梯梯段板平面布置图

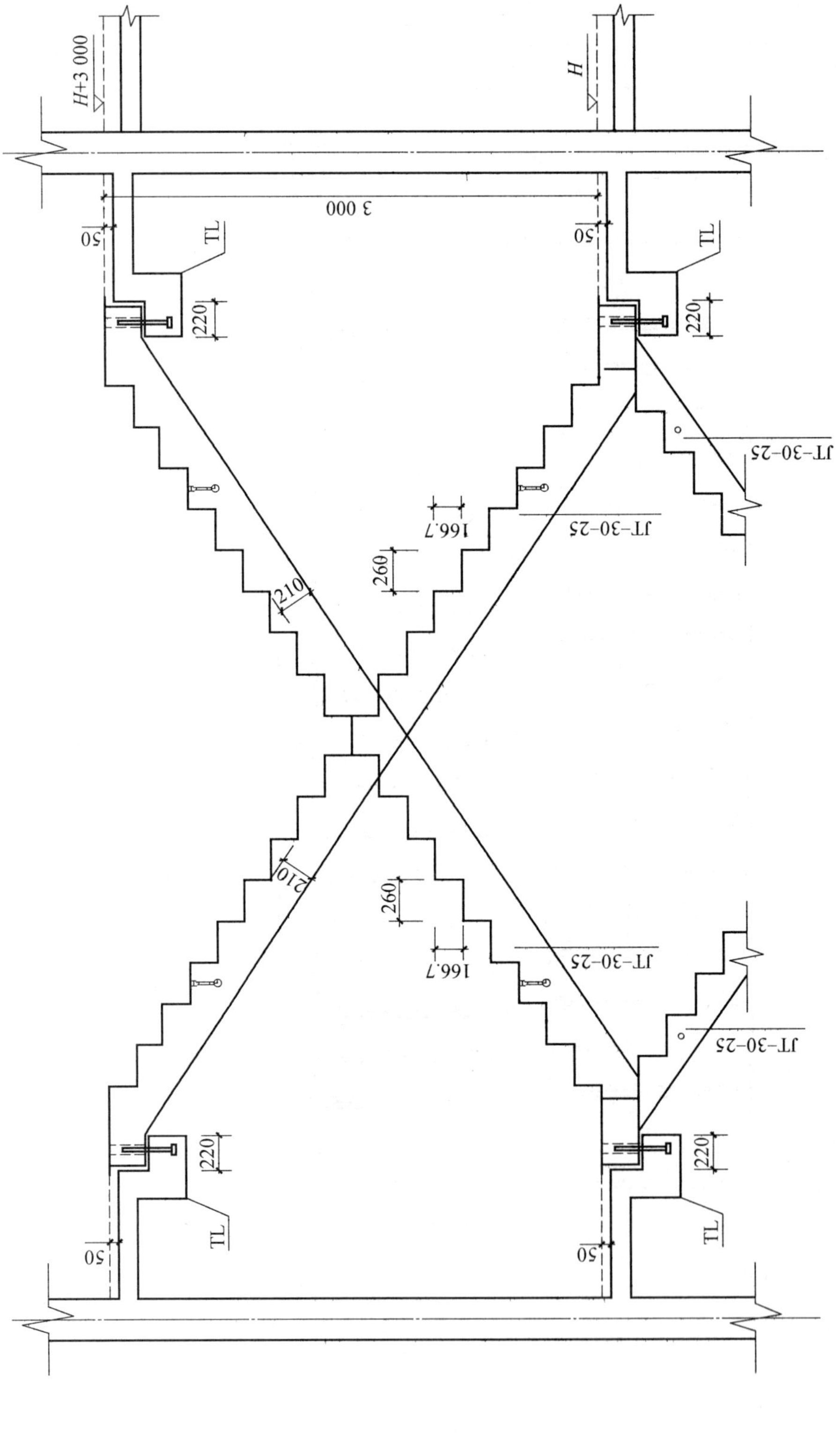

图 6.6 1—1 剖面图

6.2　AT 型楼梯受力情况及钢筋组成

6.2.1　AT 型楼梯受力情况

楼梯是建筑物楼层间用于垂直交通的构件。梁式楼梯的荷载传递途径是:踏步板→斜梁→平台梁(或楼层梁)→楼梯间剪力墙、砌体墙或梯柱(框架结构)。板式楼梯荷载的传递途径是:斜板→平台梁→楼梯间墙(或柱)。现浇梁式楼梯示意图如图 6.7 所示。

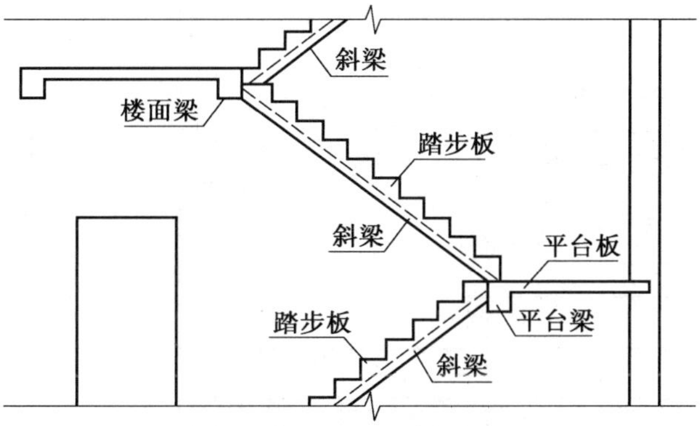

图 6.7　现浇梁式楼梯示意图

6.2.2　AT 型楼梯钢筋组成

AT 型楼梯由下部纵筋、上部纵筋和分布筋形成钢筋网片,详见表 6.2。

表 6.2　AT 型楼梯钢筋组成

序号	钢筋名称	简图	备注
1	下部纵筋		旋转成平面
2	上部纵筋		贯通,旋转成平面
			非贯通,旋转成平面

3	分布筋		

6.3　楼梯注写方式

现浇混凝土板式楼梯平法施工图有平面注写、剖面注写和列表注写 3 种表达方式。休息平台一般采用平面注写方式,梯板、梯梁、梯柱一般采用截面注写方式。

6.3.1　楼梯平面注写方式

楼梯的平面注写方式,系在楼梯平面布置图上注写截面尺寸和配筋具体数值的方式来表达楼梯施工图。包括集中标注和外围标注，如图 6.8、图 6.9 所示。

楼梯集中标注的内容有五项，具体规定如下：

（1）梯板类型代号与序号，如 AT××。

（2）梯板厚度，注写为 h=×××。当为带平板的梯板且踏步段板厚度和平板厚度不同时，可在梯板厚度后面括号内以字母 P 打头注写平板厚度。

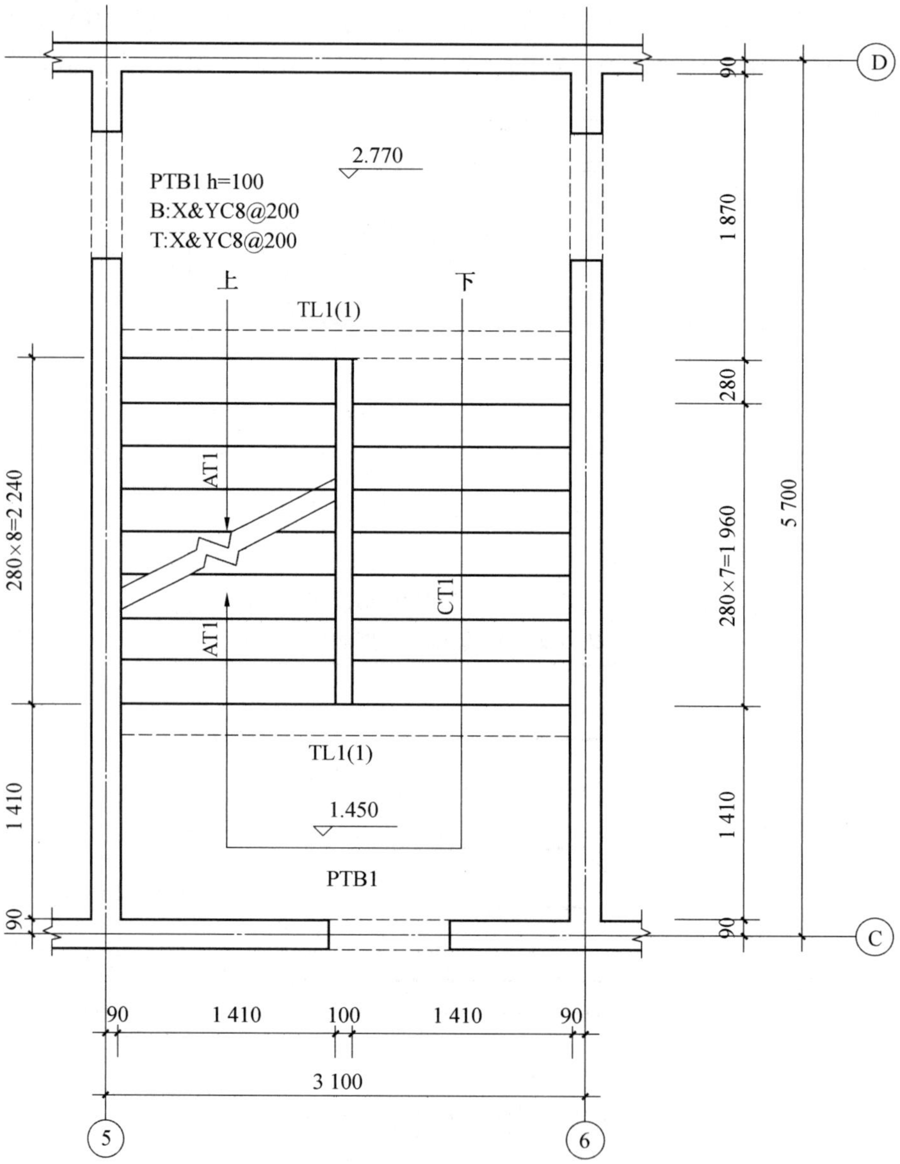

图 6.8　休息平台平面注写示例图

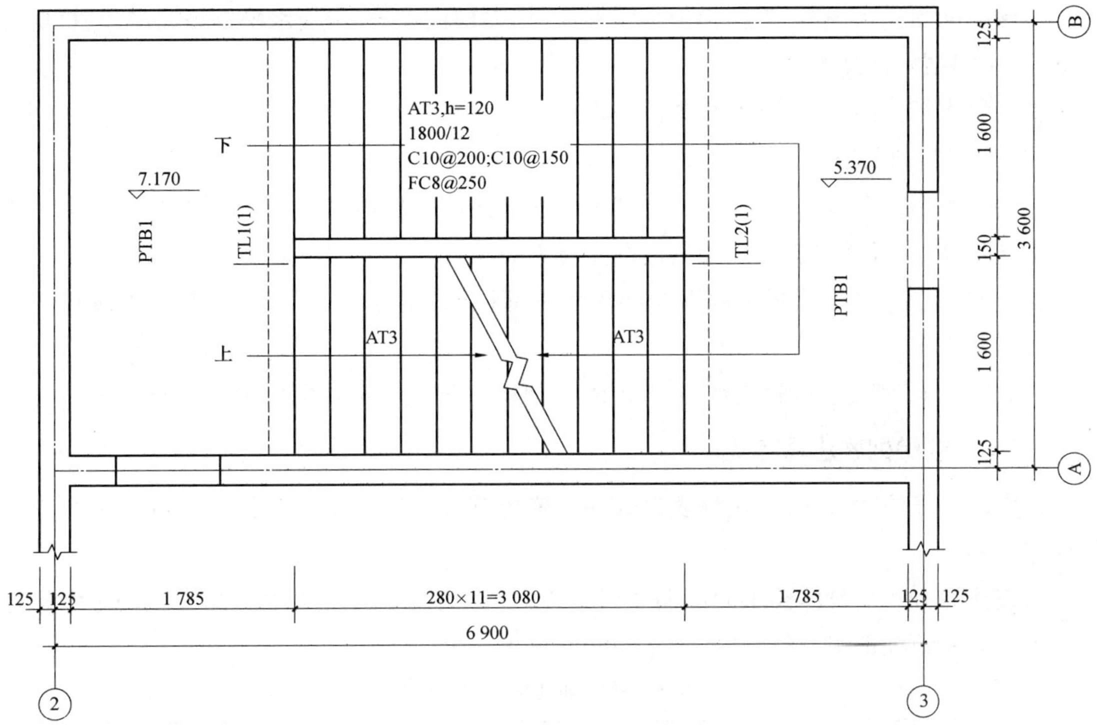

图 6.9　楼梯平面注写示例图

【例 6.1】　$h=130$(P150),130 表示梯板踏步段厚度,150 表示梯板平板的厚度。

(3)踏步段总高度和踏步级数,之间以"/"分隔。

(4)梯板上部纵向钢筋(纵筋)、下部纵向钢筋(纵筋),之间以";"分隔。

(5)梯板分布筋,以 F 打头注写分布钢筋具体值,该项也可在图中统一说明。

【例 6.2】　平面图中梯板类型及配筋的完整标注示例如下(AT 型):

AT1,$h=120$	梯板类型及编号,梯板板厚
1800/12	踏步段总高度/踏步级数
C10@200;C12@150	上部纵筋;下部纵筋
FA8@250	梯板分布筋(可统一说明)

楼梯外围标注的内容,包括楼梯间的平面尺寸、楼层结构标高、层间结构标高、楼梯的上下方向、梯板的平面几何尺寸、平台板配筋、梯梁及梯柱配筋等。

6.3.2　楼梯剖面注写方式

楼梯的剖面注写方式需在楼梯平法施工图中绘制楼梯平面布置图和楼梯剖面图,注写方式包含平面图注写和剖面图注写两部分。

楼梯平面布置图注写内容,包括楼梯间的平面尺寸、楼层结构标高、层间结构标高、楼梯的上下方向、梯板的平面几何尺寸、梯板类型及编号、平台板配筋、梯梁及梯柱配筋等。

楼梯剖面图注写内容,包括梯板集中标注、梯梁梯柱编号、梯板水平及竖向尺寸、楼层结构标高、层间结构标高等。

梯板集中标注的内容有四项,具体规定如下:

(1)梯板类型及编号,如 AT××。

(2)梯板厚度,注写为 h=×××。当梯板由踏步段和平板构成,且梯板踏步段厚度和平板厚度不同时,可在梯板厚度后面括号内以字母 P 打头注写平板厚度。

(3)梯板配筋,注明梯板上部纵筋和梯板下部纵筋,用分号“;”将上部与下部纵筋的配筋值分隔开来。

(4)梯板分布筋,以 F 打头注写分布钢筋具体值,该项也可在图中统一说明。

6.3.3　楼梯列表注写方式

楼梯的列表注写方式,系用列表方式注写梯板截面尺寸和配筋具体数值的方式来表达楼梯施工图。

列表注写方式的具体要求同剖面注写方式,仅将剖面注写方式中的梯板配筋集中标注项改为列表注写项即可,梯板几何尺寸和配筋见表 6.3。

表 6.3　楼梯列几何尺寸和配筋

梯板编号	踏步段总高度(mm)/踏步级数	板厚 h/mm	上部纵筋	下部纵筋	分布筋
AT1	1 800/12	120	C10@200	C12@150	FC8@250
CT1	1 320/8	100	C8@200	C8@100	FC 6@150
DT1	830/5	100	C8@200	C8@150	FC6@150

6.4　楼梯钢筋构造

梯板、休息平台的构造类似于楼板的构造,如图 6.10、图 6.11 所示。装配式楼梯的钢筋种类比现浇楼梯多,ST-30-25 配筋图如图 6.12 所示,轴测视图 6.13 所示。

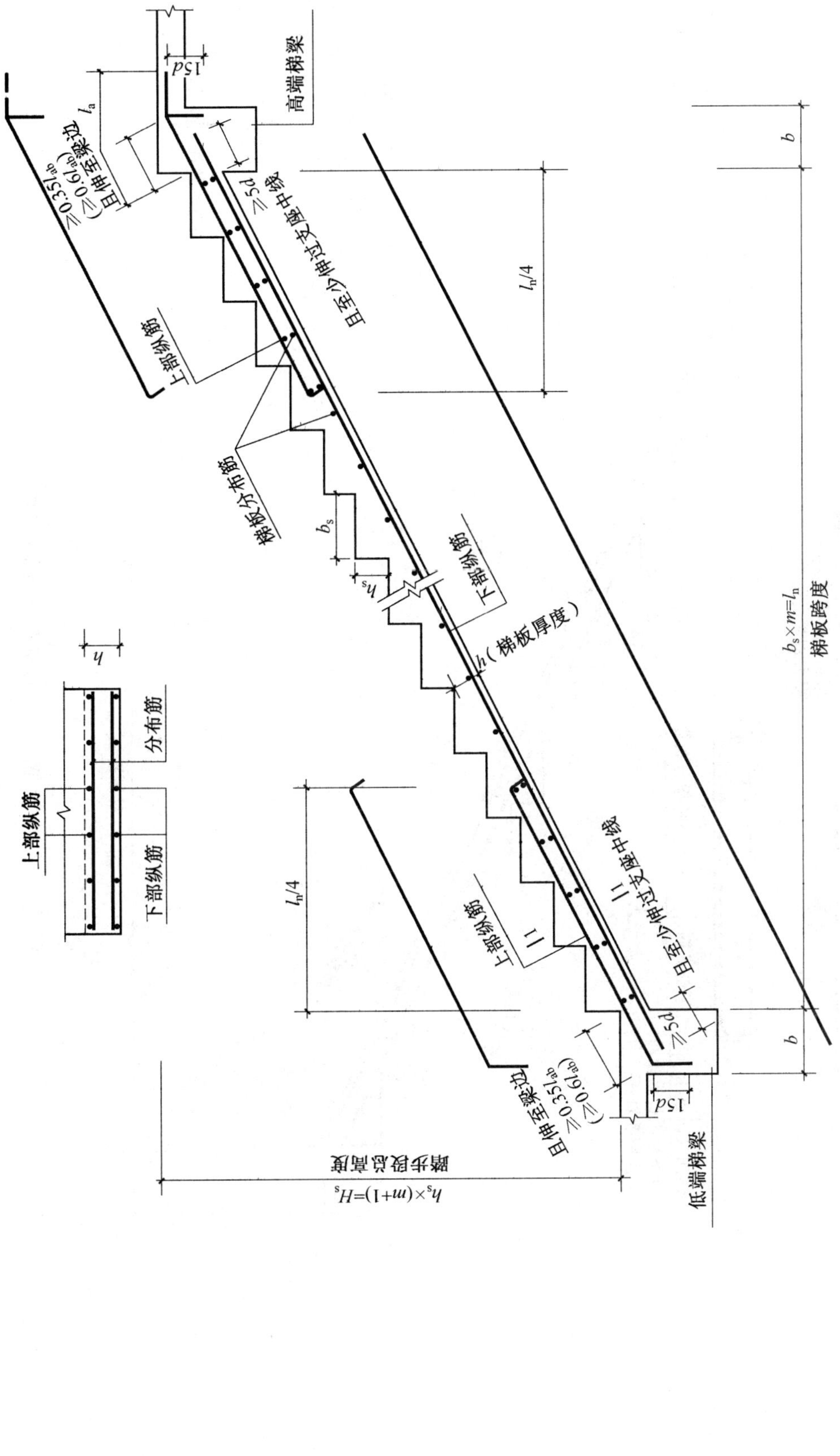

图 6.10　AT 型楼梯板配筋构造图

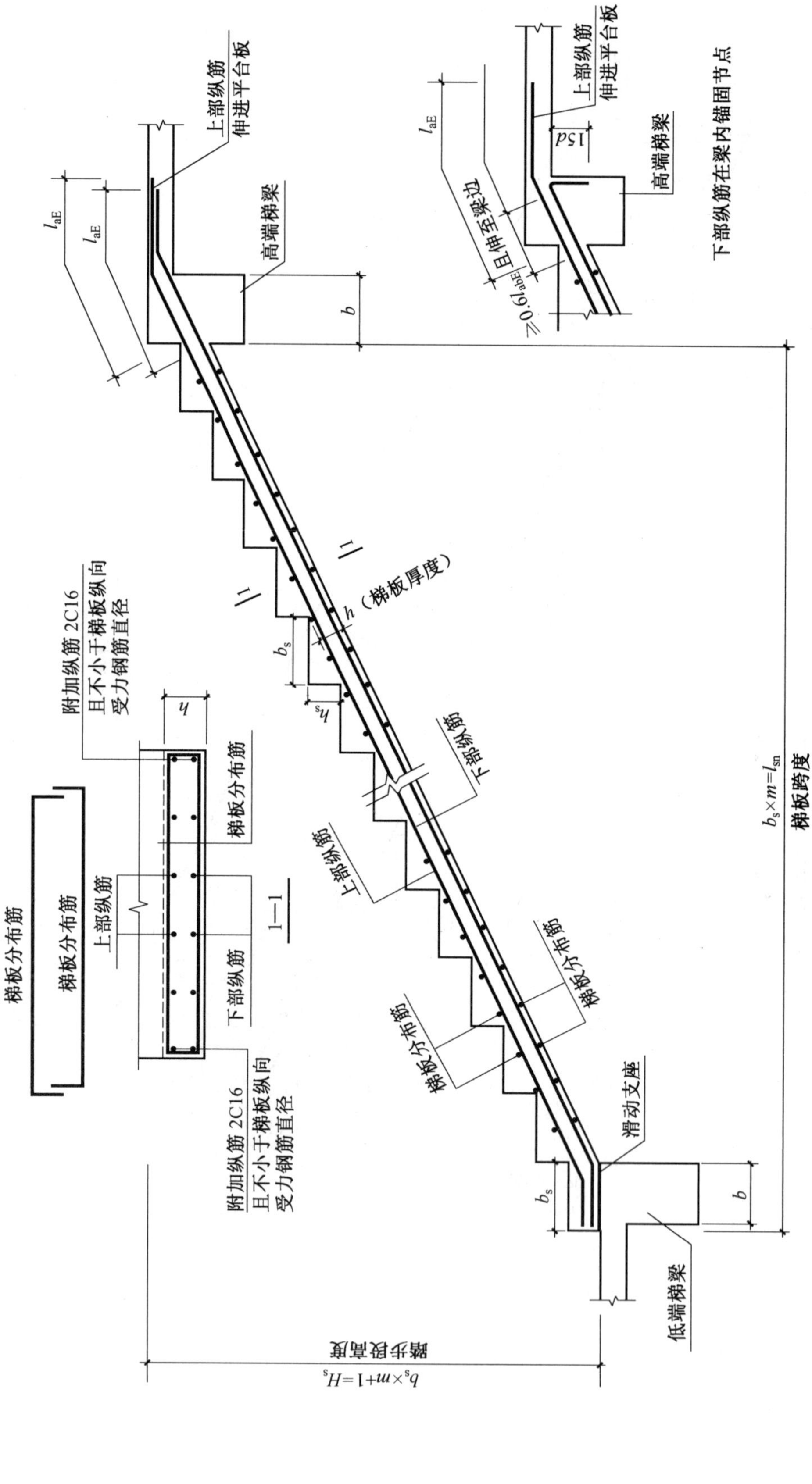

图 6.11 ATa 型楼梯板配筋构造图

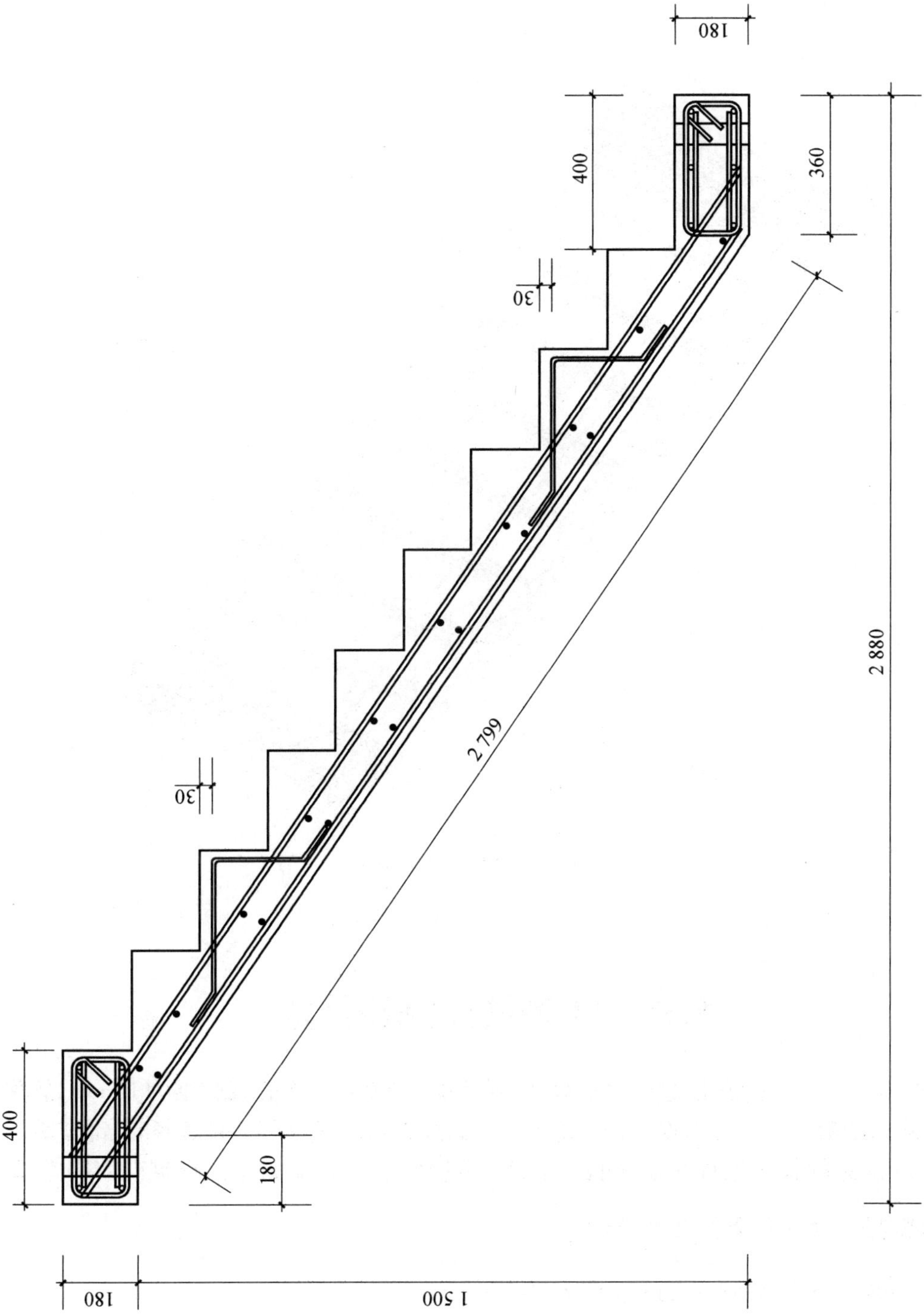

图 6.12　ST-30-25 配筋图

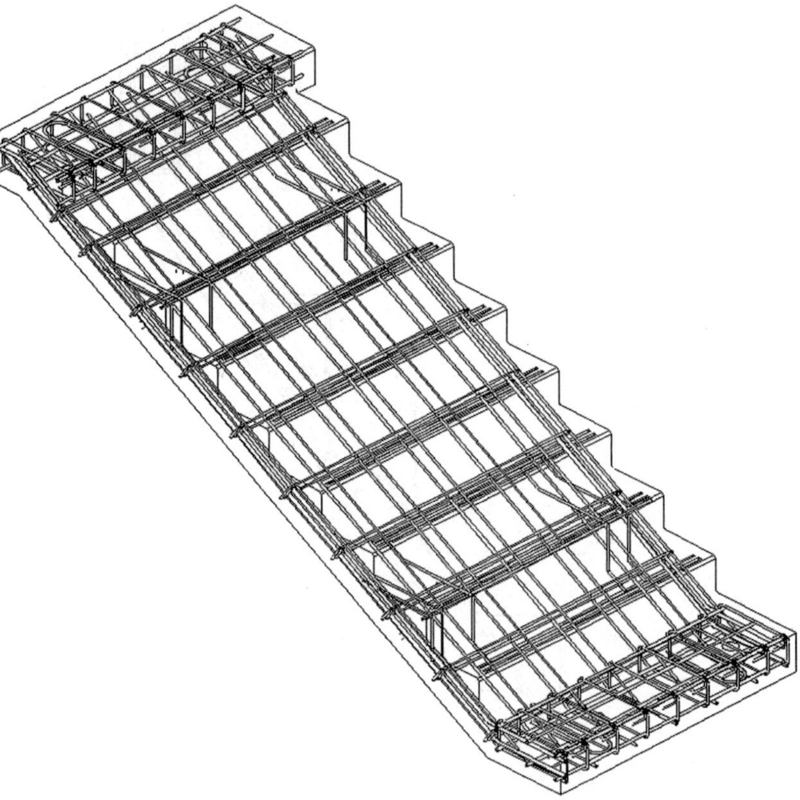

图 6.13　ST-30-25 轴测视图

6.5　AT 型楼梯钢筋算量

根据图 6.14 楼梯配筋图进行钢筋算量，梯板宽 1 900 mm，梯板保护层为 15 mm，梁保护层为 20 mm，混凝土强度为 C30。由于楼梯是倾斜放置的，在计算下部纵筋和上部非贯通钢筋时，倾斜部分的长度先计算水平投影长度，再用斜率折算成斜长。根据《22G101-2 图集》，钢筋斜长 = 水平投影长度 × k，$k=\dfrac{\sqrt{b_s^2+h_s^2}}{b_s}$。

$k=\sqrt{300^2+150^2}/300\approx 1.118$，计算结果见表 6.4。

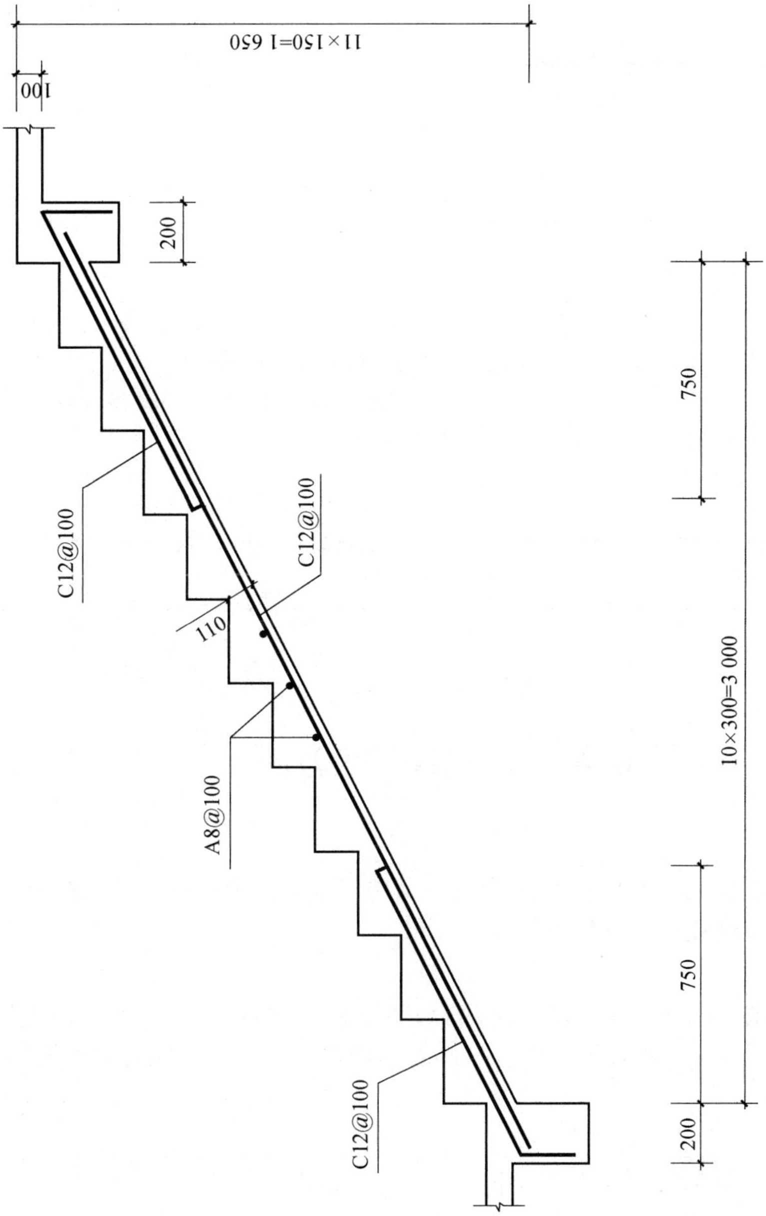

图 6.14　楼梯配筋图 1:25

表 6.4　楼梯钢筋算量表

序号	钢筋名称	钢筋简图	计算式
1	下部纵筋	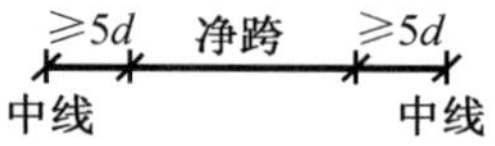	单长=3 000×1.118+max(5d,200/2)×1.118×2=3 778(mm) 总根数=[1 900−2min(75,100/2)]/100+1=19(根)
2	下部分布筋		单长=1 900−15×2=1 870(mm) 总根数=[3 000×1.118−2min(75,100/2)]/100+1=34(根)
3	上部纵筋	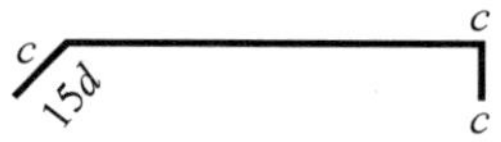	单长=750×1.118+(200−20)×1.118+15×12+110−15×2=1 300(mm) 低端根数=[1 900−2min(75,100/2)]/100+1=19(根)
4	上部分布筋		单长=1 900−15×2=1 870(mm) 低端根数=[750×1.118−min(75,100/2)]/100+1=9(根)

6.6　AT 型楼梯实训

1. 实训指导书

根据图 6.14，制作钢筋网片模型，比例为 1∶10。实训指导书见二维码 6.16。

2. 楼梯钢筋网片绑扎实训报告

(1)识图。

对照实训指导书中的结构施工图，梯板的水平投影长度为________mm，梯板的侧立面投影长度为________mm，梯板厚为________mm，梯梁宽为________mm，下层纵筋和上层负筋的配筋相同，是________________，含义是________________________________，分布筋的配筋是________________，含义是________________________________。

团队负责人签字确认之后方可进行下一步。团队负责人签字：________

(2)算量与下料(表 6.5)。

表 6.5　楼梯钢筋算量表

序号	钢筋名称	钢筋长度/cm	钢筋数量/根	比例	铁线规格	备注
1	支座负筋一			1∶10	10 号	角度为 45°
2	支座负筋二			1∶10	10 号	角度为 135°

续表6.5

序号	钢筋名称	钢筋长度/cm	钢筋数量/根	比例	铁线规格	备注
3	分布筋			1 : 10	12 号	间距有调整
4	受力筋			1 : 10	10 号	

说明：支座负筋的弯钩较短，不便于下料和绑扎，短弯钩统一调整为 2 cm，长弯钩统一调整为 4 cm，为了提高绑扎速度，减少了分布筋数量。

(3)绘制绑扎示意图。

绘制底层钢筋网片的水平投影图（含构件边缘线，表达保护层），上层钢筋网片的水平投影图，表达起步距离和钢筋间距值，尺寸以标注为准，可不按比例绘制，文字简要介绍绑扎流程。

团队负责人签字确认之后方可进行下一步。团队负责人签字：________

(4)实训过程中遇到的问题及解决办法。

(5)思考题：现浇 AT 型楼梯与滑动支座楼梯、装配式楼梯的钢筋构造有何不同？

6.1　楼梯课程思政

6.2　楼梯概论微课

6.3　楼梯钢筋算量微课

6.4　BT 型楼梯 VR 模型

6.5　AT 型楼梯 VR 模型

6.6　ATa 滑动支座楼梯 VR 模型

6.7　JT-30-25VR 模型

6.8　ST-30-25VR 模型

6.9　AT 楼梯模型动画

6.10　ATa 滑动支座楼梯动画

6.11　ST-30-25 动画

6.12　JT-30-25 动画

6.13　AT 型楼梯钢筋模型照片

6.14　滑动支座楼梯模型照片

6.15　双跑预制楼梯钢筋模型照片

6.16 楼梯实训指导书

6.17 AT型楼梯实训视频

6.18 楼梯实训报告

6.19 螺旋楼梯照片

6.20 装配式楼梯模板

6.21 装配式楼梯支模

6.22 装配式楼梯堆场

6.23 楼梯构件测评

6.24 楼梯构件课件

第7章　剪力墙

本章目标

知识目标

(1)了解剪力墙的适用条件和受力情况。
(2)掌握墙柱、墙梁、墙身的钢筋组成、钢筋构造和注写方式。
(3)了解预制墙的钢筋组成和编号含义。

能力目标

(1)能运用识图能力,实现剪力墙按图算量、按图施工。
(2)能看懂预制墙的模板图、配筋图。
(3)能组织预制墙的吊装、灌浆和后浇施工。

素养目标

(1)具备知识的迁移能力,能完成不同的项目。
(2)具有实现建筑工业化的责任担当,努力推广预制墙。

7.1　剪力墙受力分析

剪力墙又称抗震墙,在房屋或构筑物中既承受风荷载或地震作用引起的水平荷载,也承受竖向荷载(如重力),防止结构被剪切破坏。

7.2　剪力墙组成

为了表达清楚、简便,现浇剪力墙可视为由剪力墙柱、剪力墙身和剪力墙梁(简称墙柱、墙身、墙梁)三类构件构成。

7.2.1　墙身钢筋网片组成

墙身钢筋网片由水平分布筋、垂直分布筋和拉筋组成,带人防工程的墙身可能有门窗框钢筋墙身,墙身钢筋组成见表7.1。

表 7.1　墙身钢筋组成表(以两端弯锚为例)

序号	钢筋名称	简图	备注
1	水平分布筋	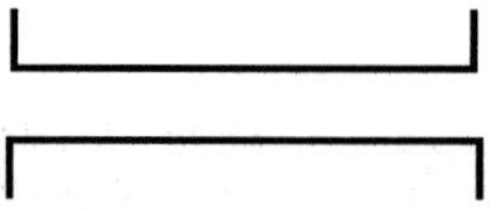	
2	垂直分布筋	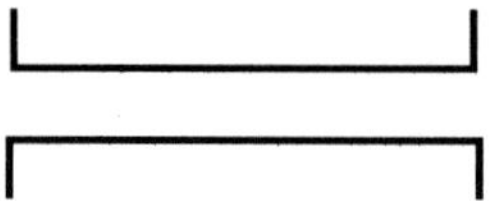	顺时针旋转 90°
3	拉筋(双向)	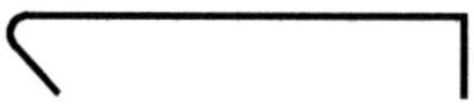	
4	补强筋		旋转为平面
5	门窗框钢筋	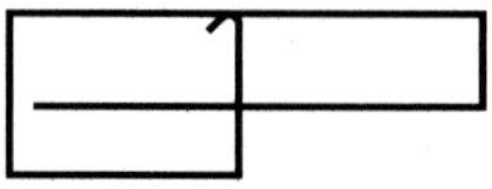	人防工程

7.2.2　墙柱钢筋笼组成

墙柱钢筋笼类似于框架柱钢筋笼,由纵筋、箍筋和拉筋组成,详见表 7.2。

表 7.2　墙柱钢筋组成表(以弯锚为例)

序号	钢筋名称	简图	备注
1	纵筋	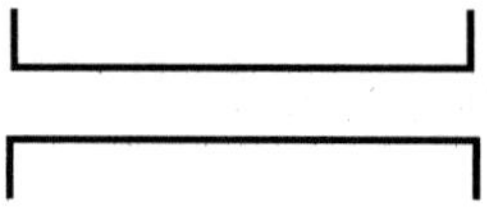	顺时针旋转 90°
2	箍筋	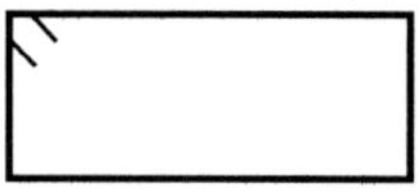	顺时针旋转 90°
3	拉筋	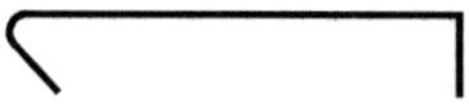	

7.2.3　墙梁钢筋笼组成

墙梁的钢筋笼类似于框架梁的钢筋笼,由上部纵筋、下部纵筋、侧面钢筋、箍筋、拉筋、对角斜筋和折线筋组成,详见表 7.3。

表 7.3　墙梁钢筋组成表(以弯锚为例)

序号	钢筋名称	简图	备注
1	上部纵筋		
2	下部纵筋		
3	侧面钢筋		
4	箍筋	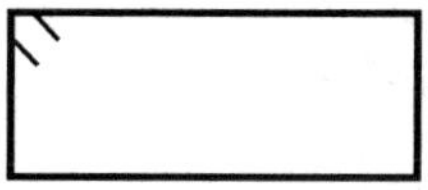	顺时针旋转 90°
5	拉筋		
6	对角斜筋		旋转为平面,直锚
7	折线筋	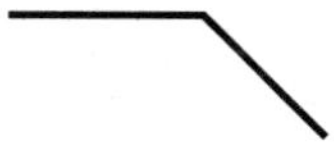	

7.3　剪力墙注写方式

剪力墙平法施工图系在剪力墙平面布置图上采用列表注写方式或截面注写方式表达。

7.3.1　剪力墙列表注写方式

剪力墙的列表注写方式,系分别在剪力墙柱表、剪力墙身表和剪力墙梁表中,对应于剪力墙平面布置图上的编号,用绘制截面配筋图并注写几何尺寸与配筋具体数值的方式,来表达剪力墙平法施工图。

剪力墙按剪力墙柱、剪力墙身、剪力墙梁(简称为墙柱、墙身、墙梁)三类构件分别编号。

1. 墙柱

(1)墙柱编号由墙柱类型代号和序号组成,表达形式应符合表 7.4、表 7.5 的规定。

表 7.4 墙柱编号(大类)

墙柱类型	代号
约束边缘构件	YBZ
构造边缘构件	GBZ
非边缘暗柱	AZ
扶壁柱	FBZ

表 7.5 墙柱编号(小类)

墙柱类型		代号
约束边缘构件	约束边缘暗柱	YAZ
	约束边缘端柱	YDZ
	约束边缘翼墙	YYZ
	约束边缘转角墙	YJZ
构造边缘构件	构造边缘暗柱	GAZ
	构造边缘端柱	GDZ
	构造边缘翼墙	GYZ
	构造边缘转角墙	GJZ

约束边缘构件如图 7.1 所示,构造边缘构件如图 7.2 所示。

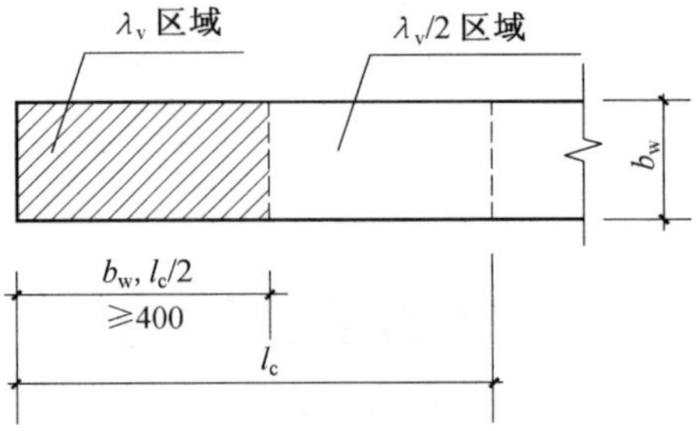

(a) 约束边缘暗柱

图 7.1 约束边缘构件(YBZ)

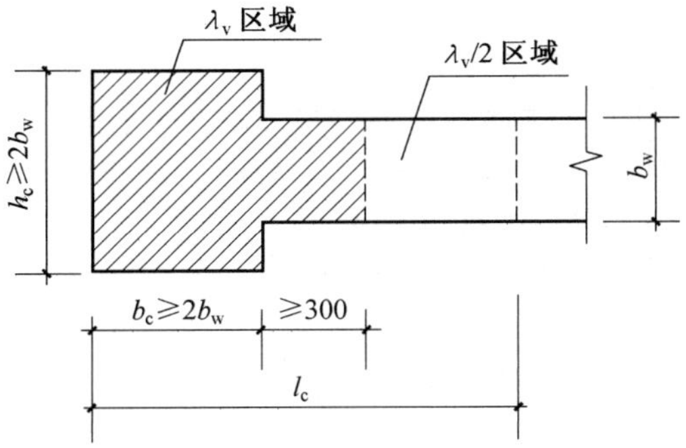

(b) 约束边缘柱端

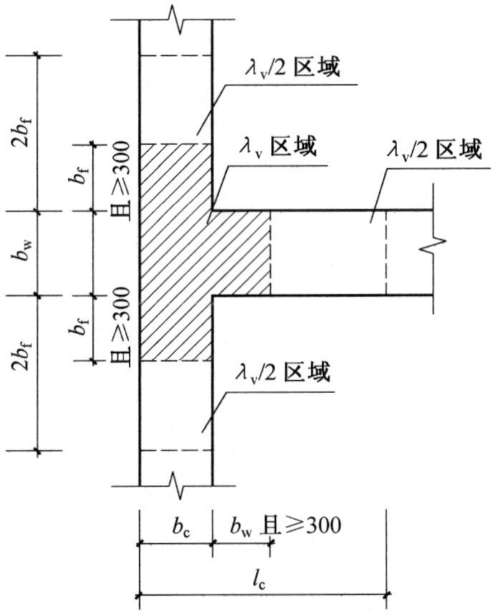

(c) 约束边缘翼墙

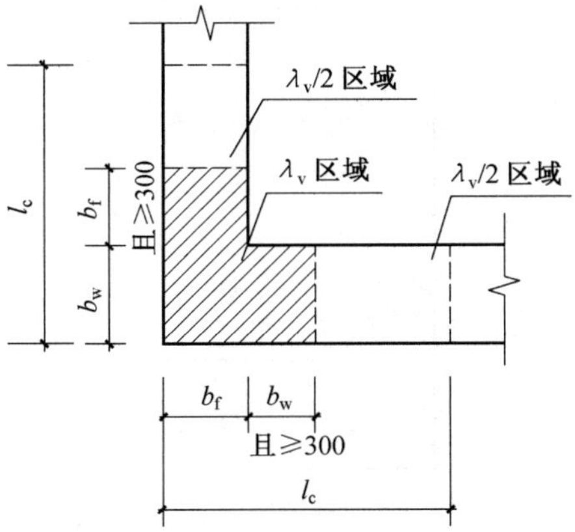

(d) 约束边缘转角墙

续图 7.1

注：λ_v 指约束边缘构件的配箍特征值；$\lambda_v/2$ 指约束边缘构件延伸部分的箍筋配箍特征值；l_c 指约束边缘构件沿墙肢的长度。

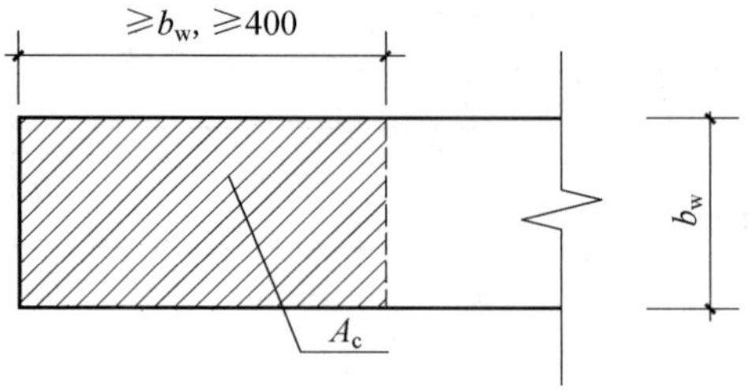

(a) 构造边缘暗柱

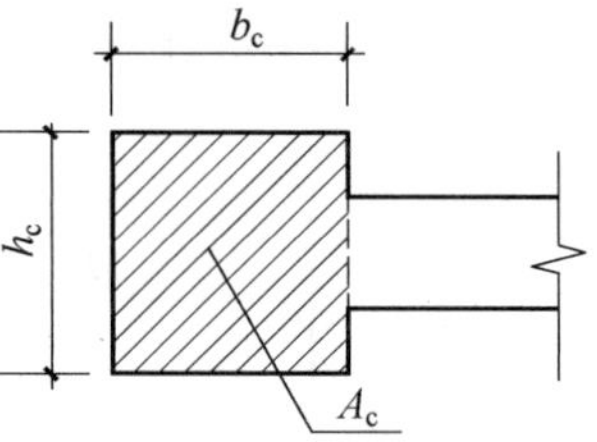

(b) 构造边缘端柱

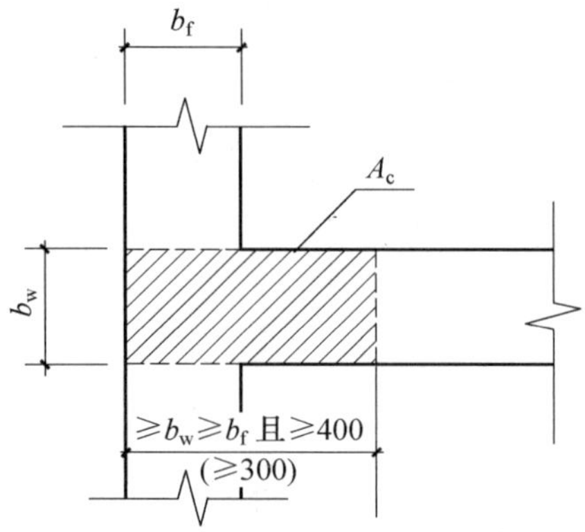

(c) 构造边缘翼墙

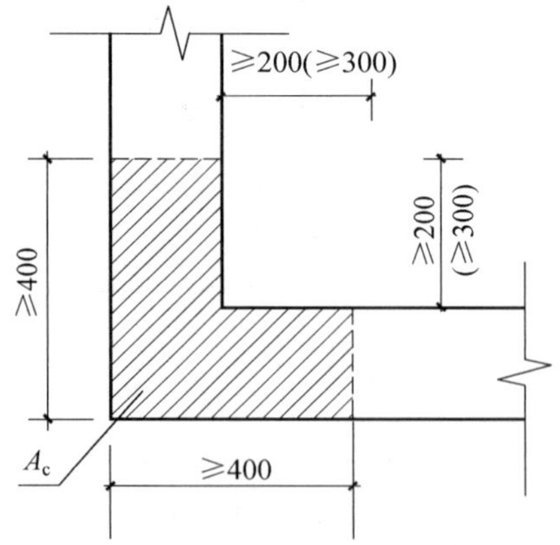

(d) 构造边缘转角墙

图 7.2 构造边缘构件(GBZ)

注:A_c 表示边缘构件阴影部分面积;b_w 表示水平方向剪力墙厚度;b_f 表示竖直方向剪力墙厚度。

(2)在剪力墙柱表中表达的内容,规定如下:

①注写墙柱编号(表7.4),绘制该墙柱的截面配筋图,标注墙柱几何尺寸。

a.约束边缘构件(图7.1)需注明阴影部分尺寸。

b.构造边缘构件(图7.2)需注明阴影部分尺寸。

注:剪力墙平面布置图中应注明约束边缘构件沿墙肢长度 l_c。

c.扶壁柱及非边缘暗柱需标注几何尺寸。

②注写各段墙柱的起止标高,自墙柱根部往上以变截面位置或截面未变但配筋改变处为界分段注写。墙柱根部标高一般指基础顶面标高(部分框支剪力墙结构则为框支梁顶面标高)。

③注写各段墙柱的纵向钢筋和箍筋,注写值应与在表中绘制的截面配筋图对应一致。纵向钢筋注总配筋值;墙柱箍筋的注写方式与柱箍筋相同。

设计施工时应注意:

Ⅰ.在剪力墙平面布置图中需注写约束边缘构件非阴影区内布置的拉筋或箍筋直径,与阴影区箍筋直径相同时,可不注。

Ⅱ.当约束边缘构件体积配箍率计算中计入墙身水平分布钢筋时,设计者应注明。施工时,墙身水平分布钢筋应注意采用相应的构造做法。

Ⅲ.约束边缘构件非阴影区拉筋是沿剪力墙竖向分布钢筋逐根设置。施工时应注意,非阴影区外圈设置箍筋时,箍筋应包住阴影区内第二列竖向纵筋。当设计采用与本构造详图不同的做法时,应另行注明。

Ⅳ.当非底部加强部位构造边缘构件采用墙身水平分布钢筋替代部分边缘构件箍筋时,设计者应注明。施工时,墙身水平分布钢筋应注意采用相应的构造做法。

2.墙身

在剪力墙身表中表达的内容,规定如下:

(1)注写墙身编号(含水平与竖向分布钢筋的排数)。

墙身编号,由墙身代号(Q)、序号以及墙身所配置的水平与竖向分布钢筋的排数组成,其中排数注写在括号内。表达形式为:Q××(××排)。

注:①在编号中:如若干墙身的厚度尺寸和配筋均相同,仅墙厚与轴线的关系不同或墙身长度不同时,也可将其编为同一墙身号。但应在图中注明与轴线的几何关系。

②当墙身所设置的水平与竖向分布钢筋的排数为2时可不注。

③对于分布钢筋网的排数规定:当剪力墙厚度不大于400 mm时,应配置双排;当剪力墙厚度大于400 mm,但不大于700 mm时,宜配置三排;当剪力墙厚度大于700 mm时,宜配置四排。

④当剪力墙配置的分布钢筋多于两排时,剪力墙拉结筋除两端应同时勾住外排水平纵筋和竖向纵筋外,尚应与剪力墙内排水平纵筋和竖向纵筋绑扎在一起。

(2)注写各段墙身起止标高,自墙身根部往上以变截面位置或截面未变但配筋改变处为界分段注写。墙身根部标高一般指基础顶面标高(部分框支剪力墙结构则为框支梁的顶面标高)。

(3)注写水平分布钢筋、竖向分布钢筋和拉结筋的具体数值。注写数值为一排水平分布钢筋和竖向分布钢筋的规格与间距,具体设置几排已经在墙身编号后面表达。当内外排竖向分布钢筋配筋不一致时，应单独注写内、外排钢筋的具体数值。

拉结筋应注明布置方式“矩形”或“梅花”，示意如图 7.3 所示。

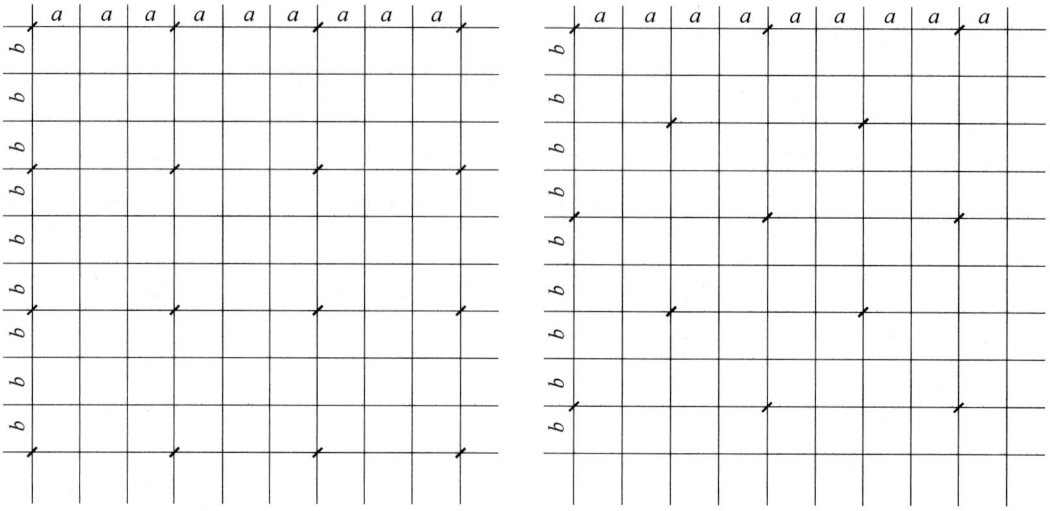

(a) 拉结筋 @3*a*@3*b* 矩形 ($a \leqslant 200$, $b \leqslant 200$)　　(b) 拉结筋 @4*a*@4*b* 梅花 ($a \leqslant 150$, $b \leqslant 150$)

图 7.3　拉结筋设置示意图（*a* 为竖向分布钢筋间距，*b* 为水平分布钢筋间距）

3. 墙梁

在剪力墙梁表中表达的内容，规定如下：

(1)注写墙梁编号，墙梁编号由墙梁类型代号和序号组成，表达形式应符合表 7.6 的规定。

表 7.6　墙梁编号

墙梁类型	代号	序号
连梁	LL	××
连梁(对角暗撑配筋)	LL(JC)	××
连梁(对角斜筋配筋)	LL(JX)	××
连梁(集中对角斜筋配筋)	LL(DX)	××
连梁(跨高比不小于 5)	LLK	××
暗梁	AL	××
边框梁	BKL	××

(2)注写墙梁所在楼层号。

(3)注写墙梁顶面标高高差，系指相对于墙梁所在结构层楼面标高的高差值，高于者为正值，低于者为负值，当无高差时不注。

(4)注写墙梁截面尺寸 $b \times h$，上部纵筋、下部纵筋和箍筋的具体数值。

(5)当连梁设有对角暗撑时(代号为 LL(JC)××)，注写暗撑的截面尺寸(箍筋外皮尺寸)；注写一根暗撑的全部纵筋，并标注“×2”表明有两根暗撑相互交叉；注写暗撑箍筋的具体数值。连梁设有对角暗撑时列表注写示例见表 7.7。

表 7.7 连梁设对角暗撑配筋表

编号	所在楼层号	梁顶相对标高高差	梁截面 $b\times h$	上部纵筋	下部纵筋	侧面纵筋	墙梁箍筋	对角暗撑		
								截面尺寸	纵筋	箍筋

(6)当连梁设有交叉斜筋时(代号 LL(JX)××),注写连梁一侧对角斜筋的配筋值,并标注“×2”表明对称设置;注写对角斜筋在连梁端部设置的拉筋根数、强度级别及直径,并标注“×4”表示四个角都设置;注写连梁一侧折线筋配筋值,并标注“×2”表明对称设置。连梁设有交叉斜筋时列表注写示例见表 7.8。

表 7.8 连梁设交叉斜筋配筋表

编号	所在楼层号	梁顶相对标高高差	梁截面 $b\times h$	上部纵筋	下部纵筋	侧面纵筋	墙梁箍筋	交叉斜筋		
								对角斜筋	拉筋	折线筋

(7)当连梁设有集中对角斜筋时(代号为 LL(DX)××),注写一条对角线上的对角斜筋,并标注“×2”表明对称设置。连梁设有集中对角斜筋时列表注写示例见表 7.9。

表 7.9 连梁设集中对角斜筋配筋表

编号	所在楼层号	梁顶相对标高高差	梁截面 $b\times h$	上部纵筋	下部纵筋	侧面纵筋	墙梁箍筋	集中对角斜筋

(8)跨高比不小于 5 的连梁,按框架梁设计时(代号为 LLk××),采用平面注写方式,注写规则同框架梁,可采用适当比例单独绘制,也可与剪力墙平法施工图合并绘制。

(9)当设置双连梁、多连梁时,应分别表达在剪力墙平法施工图上。

墙梁侧面纵筋的配置,当墙身水平分布钢筋满足连梁和暗梁侧面纵向构造钢筋的要求时,该筋配置同墙身水平分布钢筋,表中不注,施工按标准构造详图的要求即可。

当墙身水平分布钢筋不满足连梁侧面纵向构造钢筋的要求时,应在表中补充注明设置的梁侧面纵筋的具体数值,纵筋沿梁高方向均匀布置;当采用平面注写方式时,梁侧面纵筋以大写字母“N”打头。

梁侧面纵向钢筋在支座内锚固要求同连梁中受力钢筋。

【例 7.1】 N6C12,表示连梁两个侧面共配置 6 根直径为 12 mm 的纵向构造钢筋,采用 HRB400 钢筋,每侧各配置 3 根。

采用列表注写方式分别表达剪力墙墙梁、墙身和墙柱的平法施工图示例如图 7.4 所示。

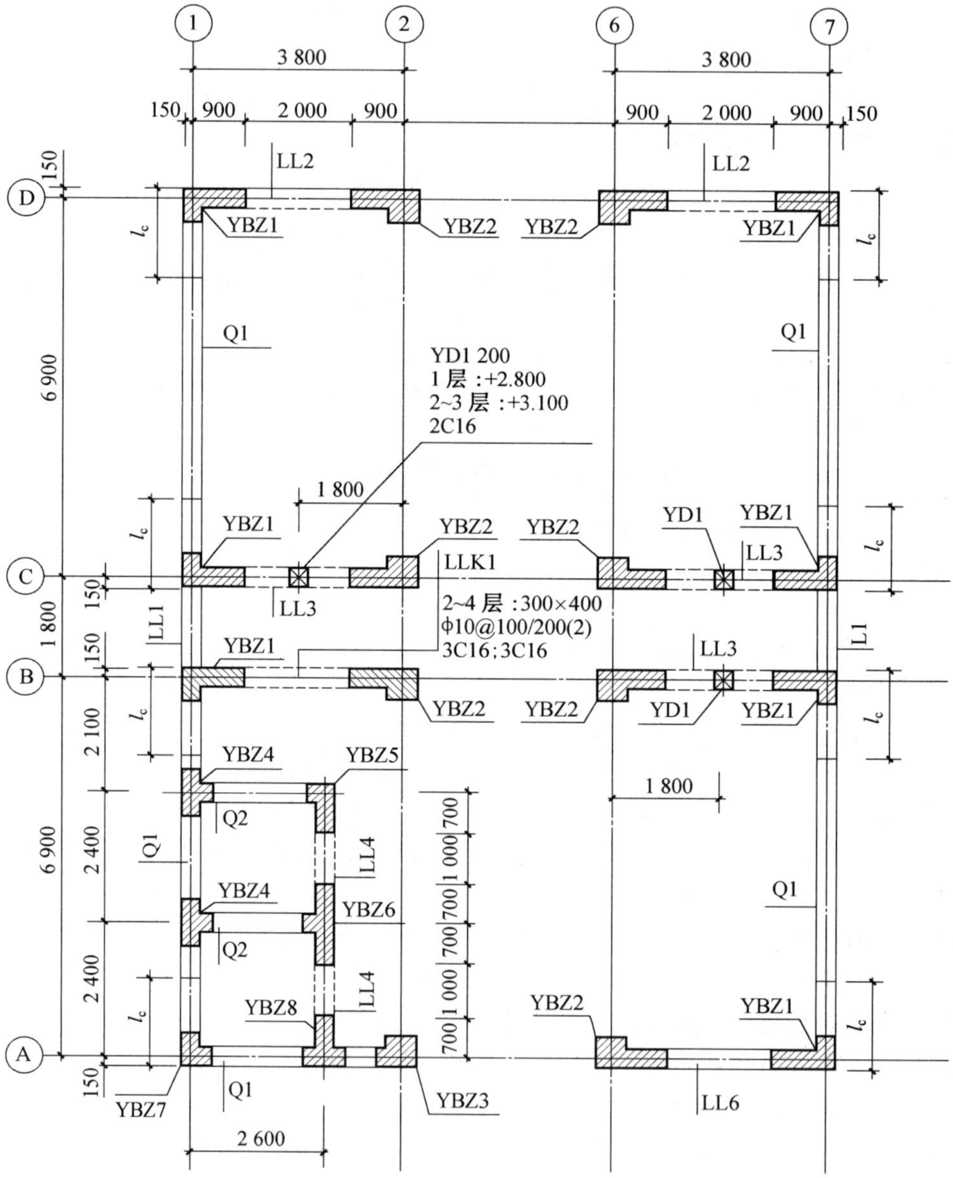

图 7.4 -0.300～12.270 剪力墙平法施工图

采用列表注写方式分别表达剪力墙墙梁、墙身和墙柱，详见表7.10～表7.12。

表7.10 剪力墙梁表

编号	所在楼层号	梁顶相对标高高差	梁截面 $b\times h$	上部纵筋	下部纵筋	侧面纵筋	墙梁箍筋
LL2	3	-1.200	300×2 520	4C25	4C25	22C12	A10@150(2)
	4	-0.900	300×2 070	4C25	4C25	18C12	A10@150(2)
	5～9	-0.900	300×1 770	4C25	4C25	16C12	A10@150(2)
	10～屋面1	-0.900	250×1 770	3C22	3C22	16C12	A10@150(2)

表7.11 剪力墙身表

编号	标高	墙厚	水平分布筋	垂直分布筋	拉筋(矩形)
Q1	-0.030～30.270	300	C12@200	C12@200	A6@600@600
	30.270～59.070	250	C10@200	C10@200	A6@600@600

表7.12 剪力墙柱表

截面	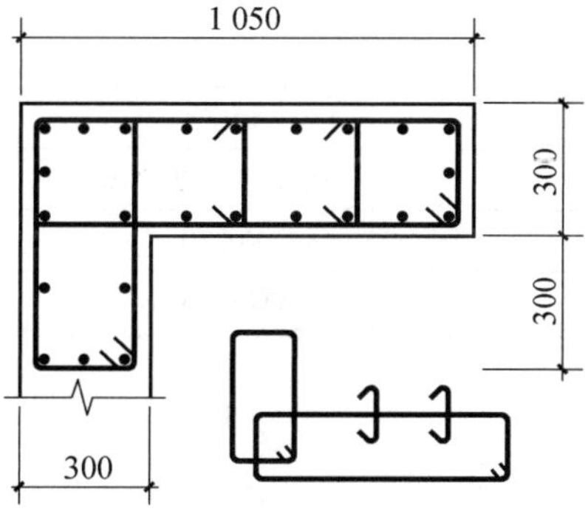	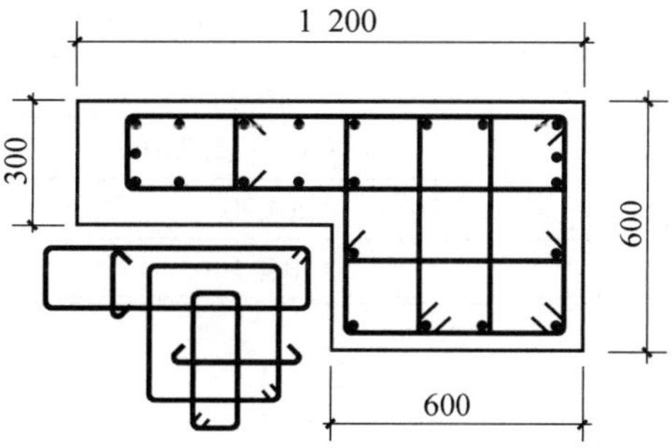
编号	YBZ1	YBZ2
标高	-0.030—12.270	-0.030—12.270
纵筋	24C20	22C20
箍筋	A10@100	A10@100
截面	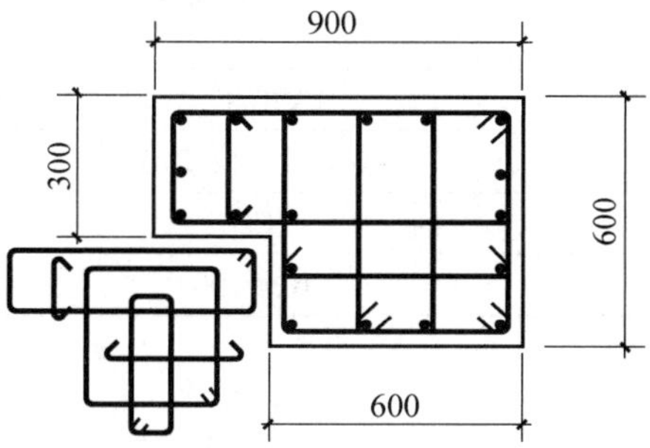	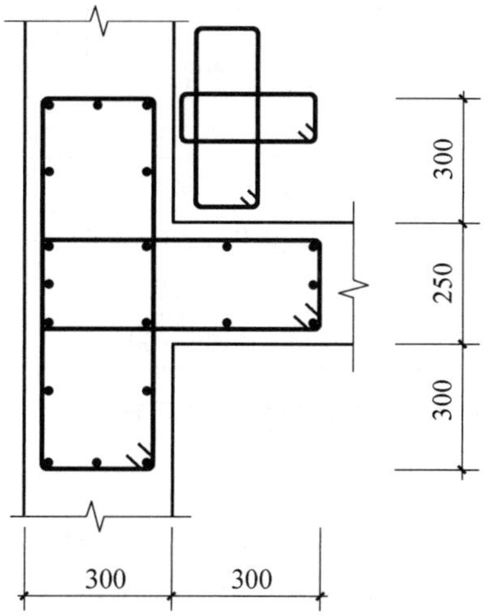

续表7.12

编号	YBZ3	YBZ4
标高	-0.030—12.270	-0.030—12.270
纵筋	18C20	20C20
箍筋	A10@100	A10@100
截面	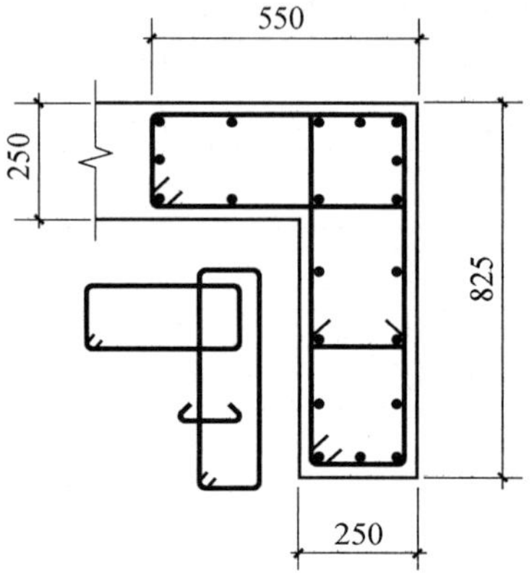	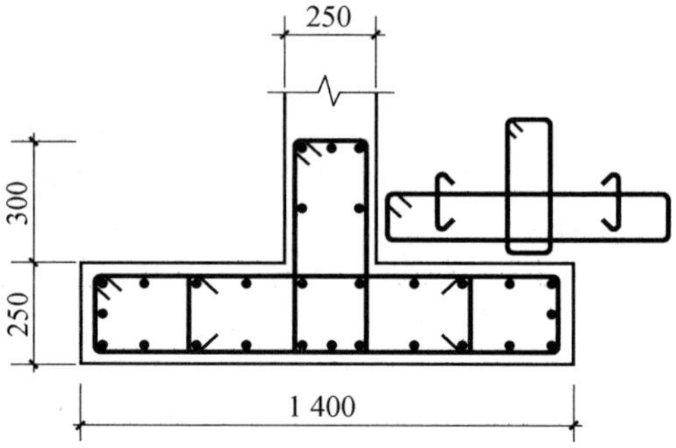
编号	YBZ5	YBZ6
标高	-0.030—12.270	-0.030—12.270
纵筋	20C20	28C20
箍筋	A10@100	A10@100
截面	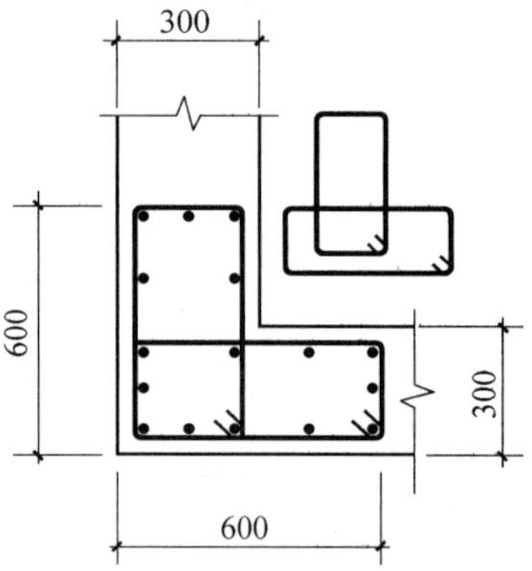	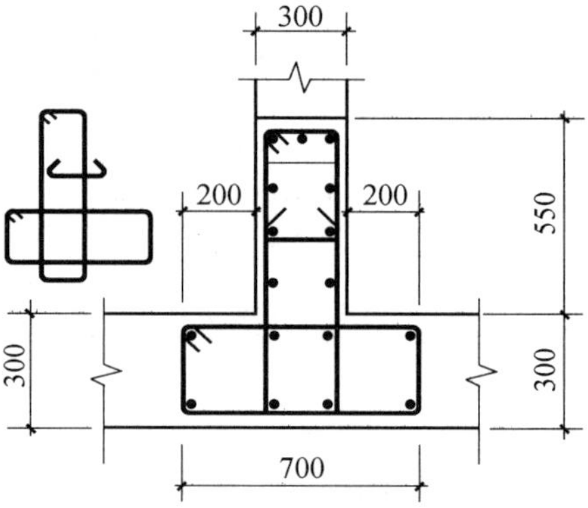
编号	YBZ7	YBZ8
标高	-0.030—12.270	-0.030—12.270
纵筋	16C20	17C20
箍筋	A10@100	A10@100

7.3.2 剪力墙截面注写方式

截面注写方式，系在按标准层绘制的剪力墙平面布置图上，以直接在墙柱、墙身、墙梁上注写截面尺寸和配筋具体数值的方式来表达剪力墙平法施工图。

选用适当比例原位放大绘制剪力墙平面布置图，其中对墙柱绘制配筋截面图；对所有墙柱、墙身、墙梁分别进行编号，并分别在相同编号的墙柱、墙身、墙梁中选择一根墙柱、一道墙身、一根墙梁进行注写，其注写方式按以下规定进行。

(1)从相同编号的墙柱中选择一个截面，原位绘制墙柱截面配筋图，注明几何尺寸，标注全部纵筋及箍筋的具体数值。

(2)从相同编号的墙身中选择一道墙身，按顺序引注的内容为：墙身编号(应包括注写在括号内墙身所配置的水平与竖向分布钢筋的排数)、墙厚尺寸，水平分布钢筋、竖向分布钢筋和拉筋的具体数值。

(3)从相同编号的墙梁中选择一根墙梁，采用平面注写方式，按顺序引注的内容为：

①注写墙梁编号、墙梁所在层及截面尺寸 $b\times h$，墙梁箍筋、上部纵筋、下部纵筋和墙梁顶面标高高差的具体数值。

②当连梁设有对角暗撑时(代号为 LL(JC)××)，注写示例如下。

【例 7.2】　LL(JC)1 5 层：500×1800 C10@100(4)4C25；4C25 N18C14 JC300×300 6C22(×2)　C10@200(3)，表示 1 号设对角暗撑连梁，所在楼层为 5 层；连梁宽 500 mm，高 1 800 mm；箍筋为 C10@100(4)；上部纵筋 4C25，下部纵筋 4C25；连梁两侧配置纵筋 18C14；梁顶标高相对于 5 层楼面标高无高差；连梁设有两根相互交叉的暗撑，暗撑截面(箍筋外皮尺寸)宽 300 mm，高 300 mm；每根暗撑纵筋为 6C22，上下排各 3 根；箍筋为 C10@200(3)。

③连梁设有交叉斜筋时(代号为 LL(JX)××)，注写示例如下。

【例 7.3】　LL(JX)2　6 层：300×800 C10@100(4)　4C18；4C18 N6C14(+0.100) JX2C22(×2)　3C10(×4)，表示 2 号设交叉斜筋连梁，所在楼层为 6 层；连梁宽 300 mm，高 800 mm；箍筋为 C10@100(4)；上部纵筋 4C18，下部纵筋 4C18；连梁两侧配置纵筋 6C14；梁顶高于 6 层楼面标高 0.100 m；连梁对称设置交叉斜筋，每侧配筋 2C22；交叉斜筋在连梁端部设置拉筋 3C10，四个角都设置。

④连梁设有集中对角斜筋时(代号为 LL(DX)××)，注写示例如下。

【例 7.4】　LL(DX)3 6 层：400×1000 C10@100(4)　4C20；4C20 N8C14 DX8C20(×2)，表示 3 号设对角斜筋连梁，所在楼层为 6 层；连梁宽 400 mm，高 1 000 mm；箍筋为 C10@100(4)；上部纵筋 4C20，下部纵筋 4C20；连梁两侧配置纵筋 8C14；连梁对称设置对角斜筋，每侧斜筋配筋 8C20，上下排各 4C20。

⑤当墙身水平分布钢筋不能满足连梁的侧面纵向构造钢筋的要求时，应补充注明梁侧面纵筋的具体数值；注写时，以大写字母“N”开头，接续注写梁侧面纵筋的总根数与直径。其在支座内的锚固要求同连梁中受力钢筋。

采用截面注写方式表达的剪力墙平法施工图示例如图 7.5 所示。

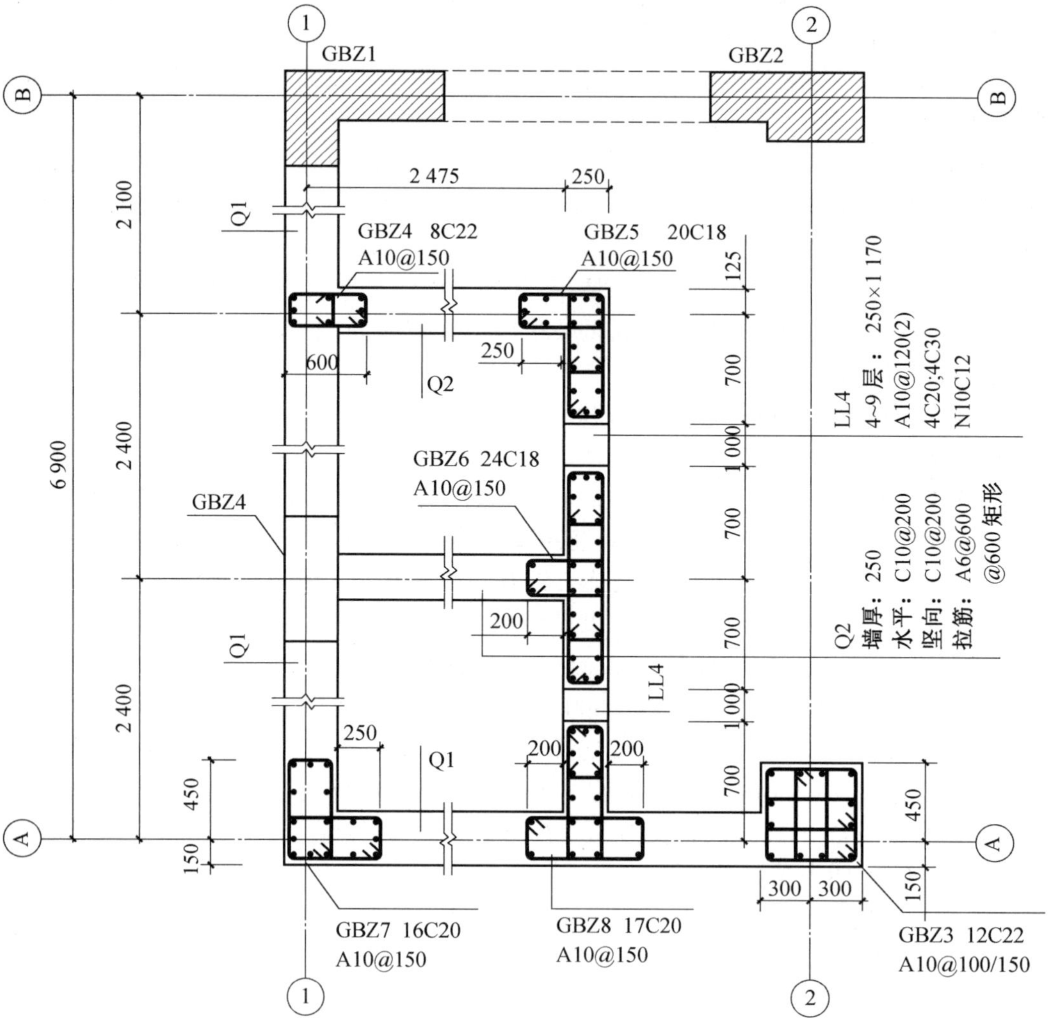

图 7.5　剪力墙平法施工图示例

7.3.3　剪力墙洞口表示方法

无论采用列表注写方式还是截面注写方式，剪力墙上的洞口均可在剪力墙平面布置图上原位表达，洞口的具体表示方法如下。

(1)在剪力墙平面布置图上绘制洞口示意，并标注洞口中心的平面定位尺寸。

(2)在洞口中心位置引注：洞口编号、洞口几何尺寸、洞口所在层及洞口中心相对标高、洞口每边补强钢筋，共四项内容。具体规定如下：

①洞口编号：矩形洞口为 JD××(××为序号)，圆形为 YD××(××为序号)。

②洞口几何尺寸：矩形洞口为洞宽×洞高(b×h)，圆形洞口为洞口直径 D。

③洞口所在层及洞口中心相对标高，相对标高指相对于本结构层楼(地)面标高的洞口中心高度，应为正值。

④洞口每边补强钢筋，分以下几种情况：

a. 当矩形洞口的洞宽、洞高均不大于 800 mm 时，此项注写为洞口每边补强钢筋的具体数值（如果按标准构造详图设置补强钢筋时可不注）。当洞宽、洞高方向补强钢筋不一致时，分别注写沿洞宽方向、沿洞高方向补强钢筋，以“/”分隔。

【例 7.5】 JD2 400×300 2～5 层：+1.000 3C14，表示 2～5 层设置 2 号矩形洞口，洞宽 400 mm、洞高 300 mm，洞口中心距结构层楼面 1 000 mm，洞口每边补强钢筋为 3C14。

【例 7.6】 JD4 800×300 6 层：+2.500 3C18/3C14，表示 6 层设置 4 号矩形洞口，洞宽 800 mm、洞高 300 mm，洞口中心距 6 层楼面 2 500 mm，沿洞宽方向每边补强钢筋为 3C18，沿洞高方向每边补强钢筋为 3C14。

b. 当矩形或圆形洞口的洞宽或直径大于 800 mm 时，在洞口的上、下需设置补强暗梁，此项注写为洞口上、下每边暗梁的纵筋与箍筋的具体数值（在标准结构详图中，补强暗梁梁高一律为 400 mm，施工时按标准构造详图取值，设计不注），圆形洞口时尚需注明环向加强钢筋的具体数值；当洞口上、下边为剪力墙连梁时，此项免注，洞口竖向两侧设置边缘构件时，亦不在此项表达（当洞口两侧不设置边缘构件时，设计者应给出具体做法）。

【例 7.7】 JD5 1 000×900 3 层：+1.400 6C20 A8@150(2)，表示 3 层设置 5 号矩形洞口，洞宽 1 000 mm，洞高 900 mm，洞口中心距 3 层楼面 1 400 mm，洞口上下设补强暗梁，暗梁纵筋为 6C20，上、下排对称布置；箍筋为 A8@150，双肢箍。

【例 7.8】 YD5 1000 2～6 层：+1.800 6C20 A8@150(2)　2C16，表示 2～6 层设置 5 号圆形洞口，直径为 1 000 mm，洞口中心距结构层楼面 1 800 mm；洞口上下设补强暗梁；暗梁纵筋为 6C20，上、下排对称布置；箍筋为 A8@150，双肢箍；环向加强钢筋 2C16。

c. 当圆形洞口设置在连梁中部 1/3 范围（且圆洞直径不应大于 1/3 梁高）时，需注写在圆洞上下水平设置的每边补强纵筋与箍筋。

d. 当圆形洞口设置在墙身位置，且洞口直径不大于 300 mm 时，此项注写为洞口上下左右每边布置的补强纵筋的具体数值。

e. 当圆形洞口直径大于 300 mm，但不大于 800 mm 时，此项注写为洞口上下左右每边布置的补强纵筋的具体数值，以及环向加强钢筋的具体数值。

7.3.4　地下室外墙表示方法

本节地下室外墙仅适用于起挡土作用的地下室外围护墙。地下室外墙中墙柱、连梁及洞口等的表示方法同地上剪力墙。

地下室外墙编号，由墙身代号、序号组成。表达式为 DWQ××。

地下室外墙平注写方式，包括集中标注墙体编号、厚度、贯通钢筋、拉结筋等和原位标注附加非贯通钢筋等两部分内容。当仅设置贯通钢筋，未设置附加非贯通钢筋时，则仅做集中标注。

1. 地下室外墙的集中标注

(1) 注写地下室外墙编号，包括代号、序号、墙身长度（注为××～××轴）。

(2) 注写地下室外墙厚度 b_w=×××。

(3) 注写地下室外墙的外侧、内侧贯通钢筋和拉结筋。

①以 OS 代表外墙外侧贯通钢筋。其中，外侧水平贯通钢筋以 H 打头注写，外侧竖向贯通筋以 V 打头注写。

②以 IS 代表外墙内侧贯通钢筋。其中，内侧水平贯通钢筋以 H 打头注写，内侧竖向贯

通钢筋以 V 打头注写。

③以 tb 打头注写拉结筋直径、钢筋种类及间距，并注明“矩形”或“梅花”。

【例 7.9】 DWQ2（①～⑥），$b_w=300$

OS：HC18@200，VC20@200

IS：HC16@200，VC18@200

tb A6@400@400 矩形

表示 2 号外墙，长度范围为①～⑥轴之间，墙厚为 300 mm；外侧水平贯通钢筋为 C18@200，竖向贯通钢筋为 C20@200；内侧水平贯通钢筋为 C16@200，竖向贯通钢筋为 C18@200；拉结筋为 A6，矩形布置，水平间距为 400 mm，竖向间距为 400 mm。

2. 地下室外墙的原位标注

主要表示在外墙外侧配置的水平非贯通钢筋或竖向非贯通钢筋。

当配置水平非贯通钢筋时，在地下室墙体平面图上原位标注。在地下室外墙外侧绘制粗实线段代表水平非贯通钢筋，在其上注写钢筋编号并以 H 打头注写钢筋种类、直径、分布间距，以及自支座中线向两边跨内的伸出长度值。当自支座中线向两侧对称伸出时，可仅在单侧标注跨内伸出长度，另一侧不注，此种情况下非贯通钢筋总长度为标注长度的 2 倍。边支座处非贯通钢筋的伸出长度值从支座外边缘算起。

地下室外墙外侧非贯通钢筋通常采用“隔一布一”方式与集中标注的贯通钢筋间隔布置，其标注间距应与贯通筋相同，两者组合后的实际分布间距为各自标注间距的 1/2。

当在地下室外墙外侧底部、顶部、中层楼板位置配置竖向非贯通钢筋时，应补充绘制地下室外墙竖向剖面图并在其上原位标注。表示方法为在地下室外墙竖向剖面图外侧绘制粗实线段代表竖向贯通钢筋，在其上注写钢筋编号并以 V 打头注写钢筋种类、直径、分布间距，以及向上（下）层的伸出长度值，并在外墙竖向剖面图名下注明分布范围（××～××轴）。

注：外墙外侧竖向非贯通钢筋向层内的伸出长度值注写方式如下。

（1）地下室外墙底部非贯通钢筋向层内的伸出长度值从基础底板顶面算起。

（2）地下室外墙顶部非贯通钢筋向层内的伸出长度值从顶板底面算起。

（3）中层楼板处非贯通钢筋向层内的伸出长度值从板中间算起，当上下两侧伸出长度值相同时可仅注写一侧。

地下室外墙外侧水平、竖向非贯通钢筋配置相同者，可仅选择一处注写，其他可仅注写编号。

当在地下室外墙顶部设置通长加强钢筋时应注明。

采用平面注写方式表达的地下室外墙平法施工图注写示例如图 7.6 所示。

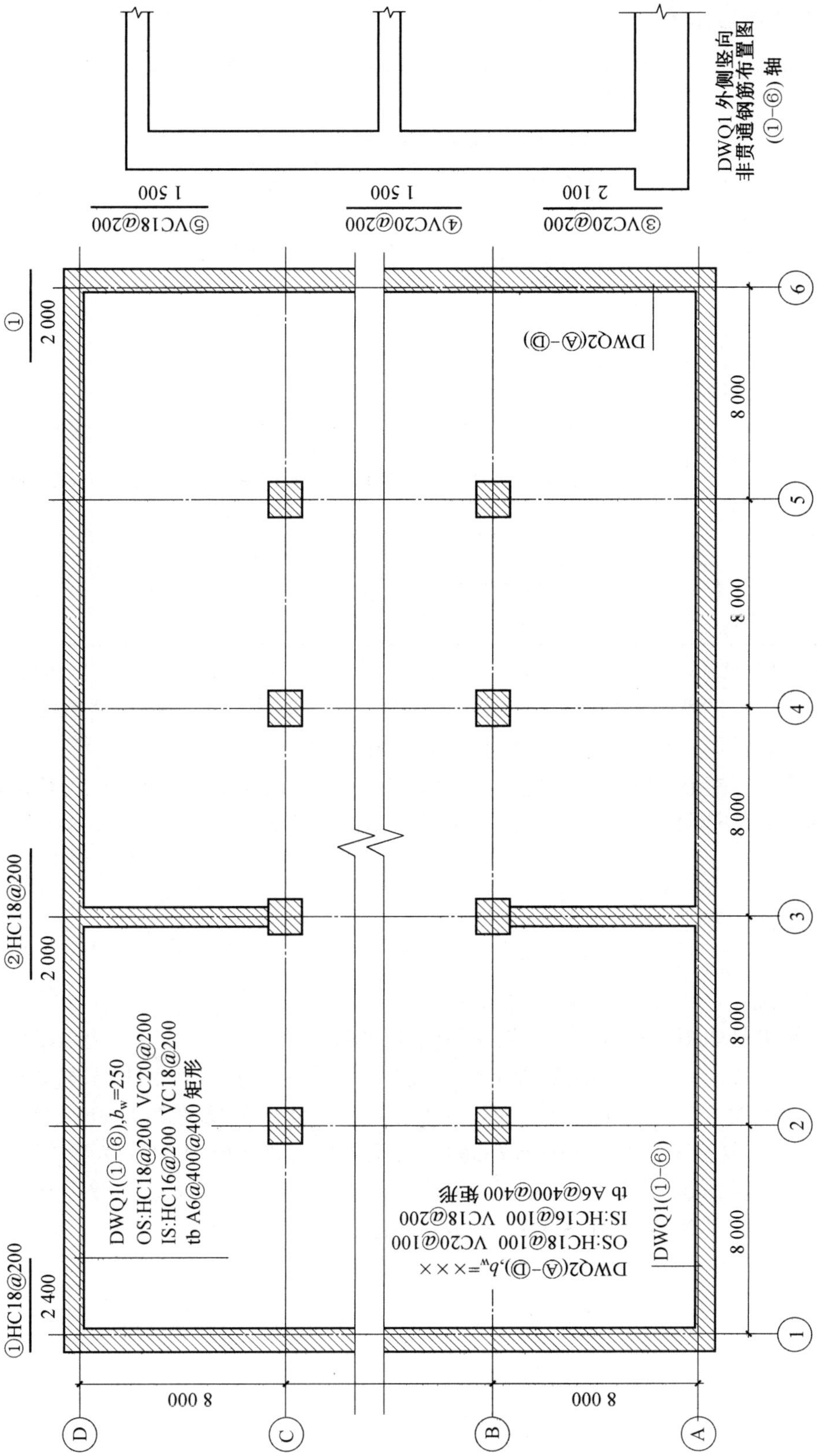

图 7.6　−9.030~−0.030 地下室外墙平法施工图

7.3.5　预制内墙板编号

预制内墙板包括无洞口内墙、固定门垛内墙、中间门垛内墙、刀把门垛内墙，编号示例见表 7.13。

表 7.13　预制内墙板编号示例表

墙板类型	示意图	墙板编号示例	标志宽度	层高	门宽	门高
无洞口内墙	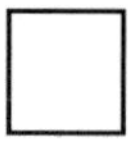	NQ-2128	2 100	2 800	—	—
固定门垛内墙	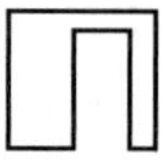	NQM1-2128-0921	2 100	2 800	900	2 100
中间门垛内墙	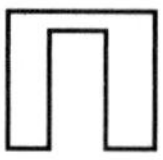	NQM2-3028-1021	3 000	2 800	1 000	2 100
刀把门垛内墙	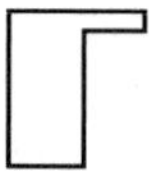	NQM3-3330-0922	3 300	3 000	900	2 200

无洞口预制内墙板编号如图 7.7 所示。首先注写代号 NQ，其次注写标志宽度，标志宽度即为预制混凝土墙板的宽度，单位为 dm，不含左右两侧出筋长度 200 mm。最后注写层高，单位为 dm，包括从下一个结构板顶标高起算，低端预留 20 mm 的灌浆厚度，距离上一个结构板顶标高起算，高端预留 130 mm 的后浇厚度。未注写高端出筋长度及未注写墙的厚度的，一般为 200 mm（下同）。以 NQ-2128 为例，模板图如图 7.8 所示。

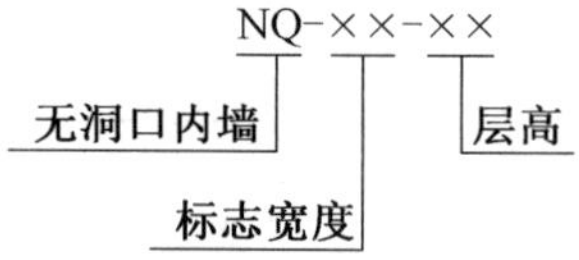

图 7.7　无洞口预制内墙板编号示例图

固定门垛内墙编号如图 7.9 所示。首先注写代号 NQM，序号 1 表示门（右）边缘距离墙（右）边缘 450 mm，门的低端平齐预制混凝土墙板低端。其次注写标志宽度，标志宽度即为预制混凝土墙板的宽度，单位为 dm，已包含门宽，不含左右两侧出筋长度 200 mm。接着注写层高，单位为 dm，包括从下一个结构板顶标高起算，低端预留 20 mm 的灌浆厚度，距离上一个结构板顶标高起算，高端预留 130 mm 的后浇厚度，未注写高端出筋长度。最后注写门宽和门高，单位为 dm。以 NQM1-2128-0921 为例，模板图如图 7.10 所示。

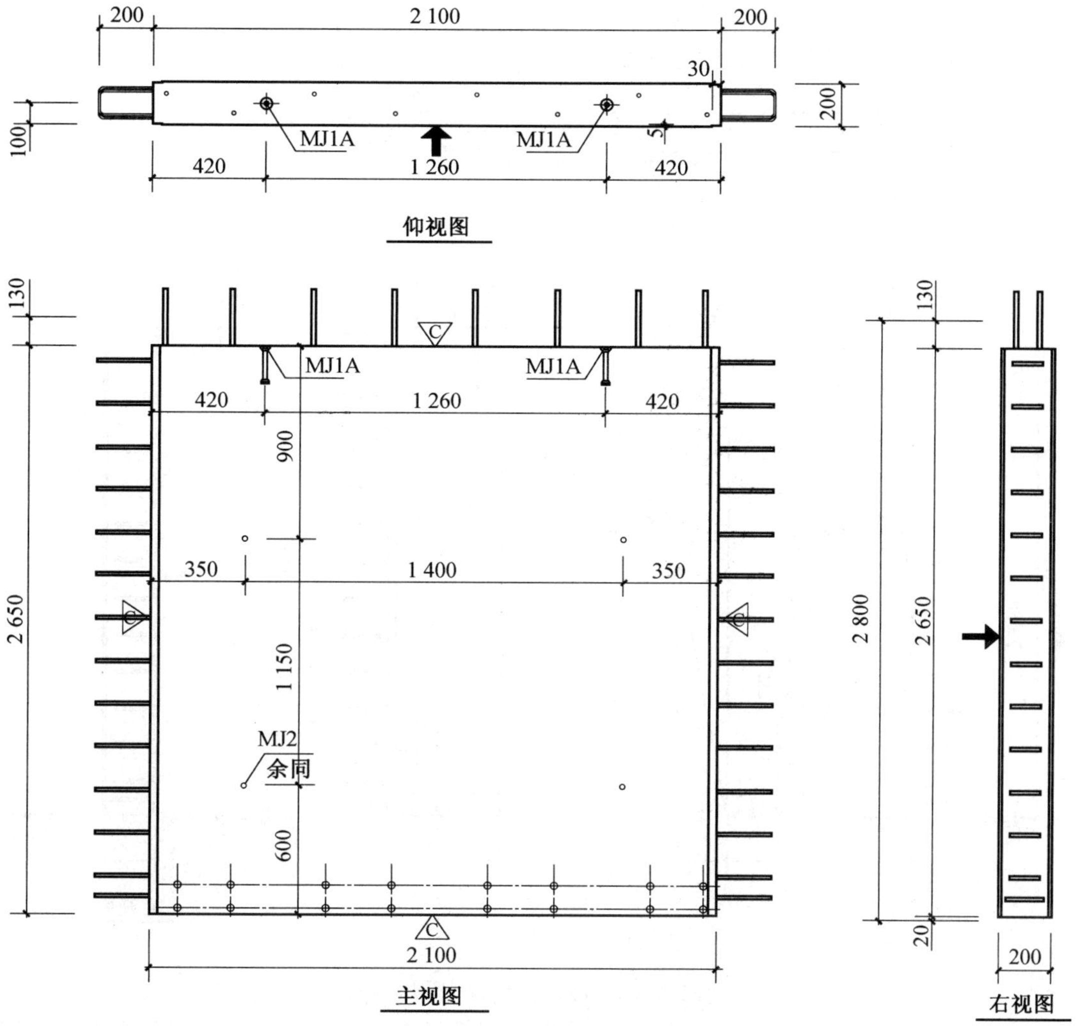

图 7.8 NQ-2128 模板图

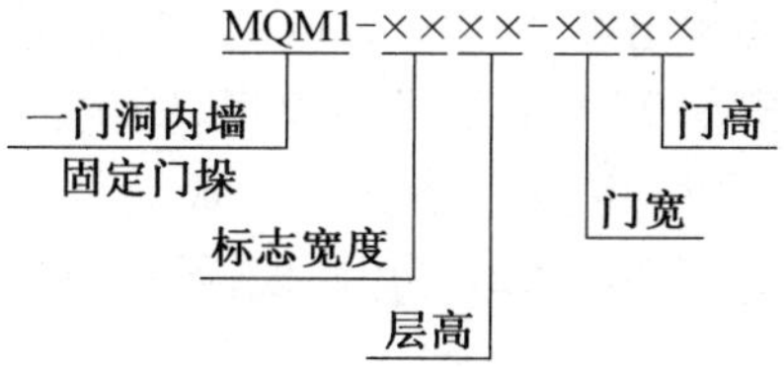

图 7.9 固定门垛内墙编号示例图

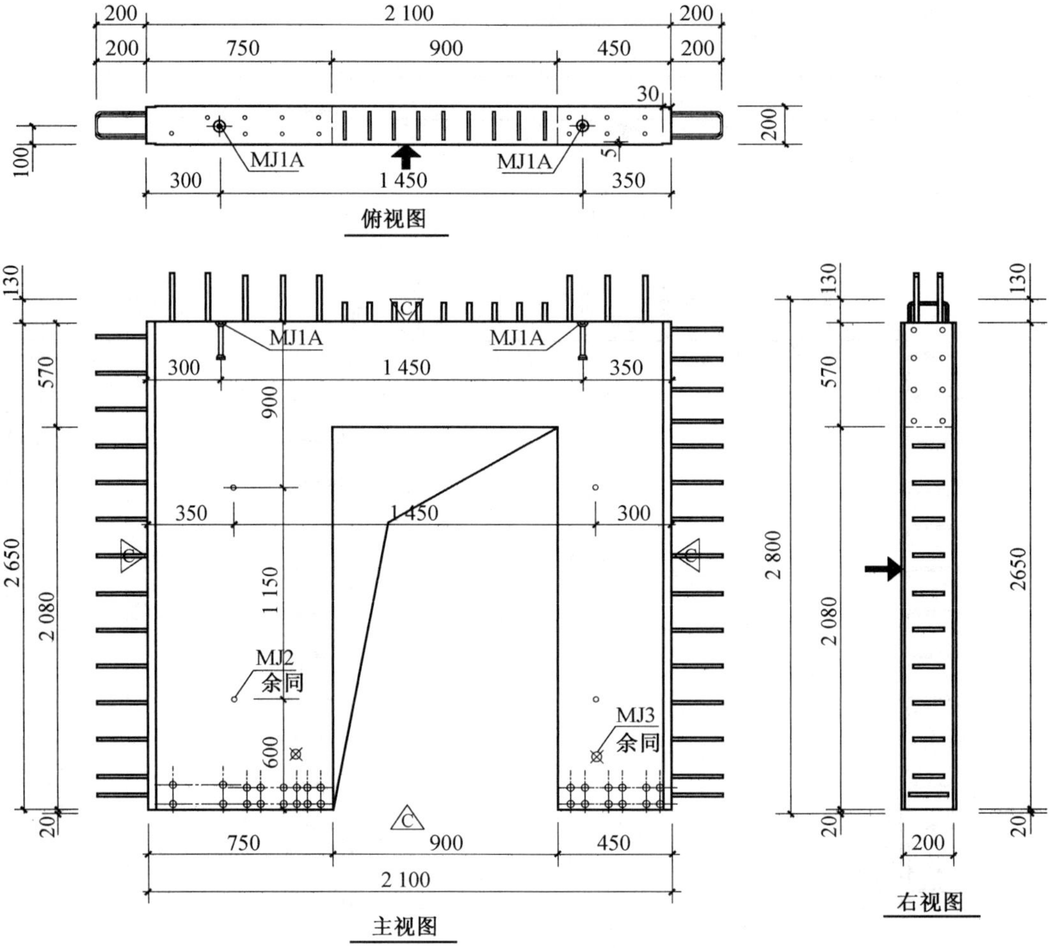

图 7.10　NQM1-2128-0921 模板图

中间门垛内墙编号如图 7.11 所示。首先注写代号 NQM，序号 2 表示门居中，门的低端平齐预制混凝土墙板低端。其次注写标志宽度，标志宽度即为预制混凝土墙板的宽度，单位为 dm，已包含门宽，不含左右两侧出筋长度 200 mm。再次注写层高，单位为 dm，包括从下一个结构板顶标高起算，低端预留 20 mm 的灌浆厚度，距离上一个结构板顶标高起算，高端预留 130 mm 的后浇厚度，未注写高端出筋长度。最后注写门宽和门高（比编号门高高 30 mm），单位为 dm。以 NQM2-3028-1021 为例，模板图如图 7.12 所示。

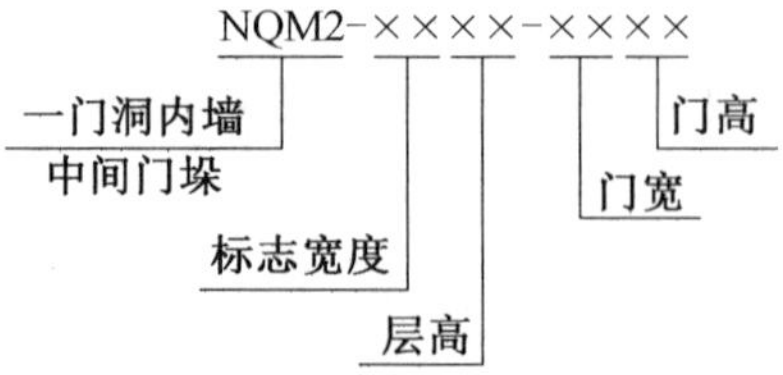

图 7.11　中间门垛内墙编号示例图

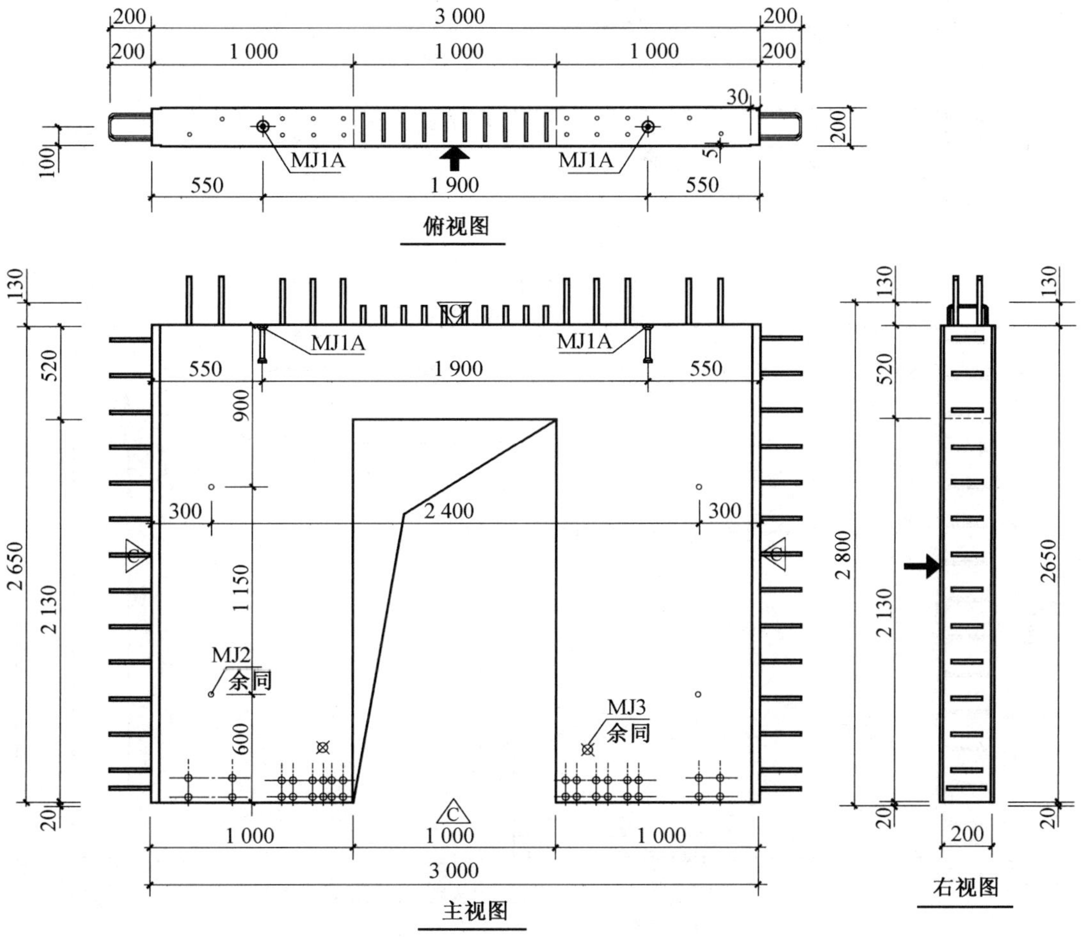

图 7.12　NQM2-3028-1021 模板图

刀把门垛内墙编号如图 7.13 所示。首先注写代号 NQM，序号 3 表示门（右）侧边缘与墙（右）侧边缘重合，门的低端平齐预制混凝土墙板低端。其次注写标志宽度，标志宽度即为预制混凝土墙板的最大宽度，单位为 dm，已包含门宽，不含左侧出筋长度 200 mm，不含右侧最大出筋长度 640 mm。再次注写层高，单位为 dm，包括从下一个结构板顶标高起算，低端预留20 mm的灌浆厚度，距离上一个结构板顶标高起算，高端预留 130 mm 的后浇厚度，未注写高端出筋长度。最后注写门宽和门高（比编号门高高30 mm），单位为 dm。以 NQM3-3330-0922 为例，模板图如图 7.14 所示。

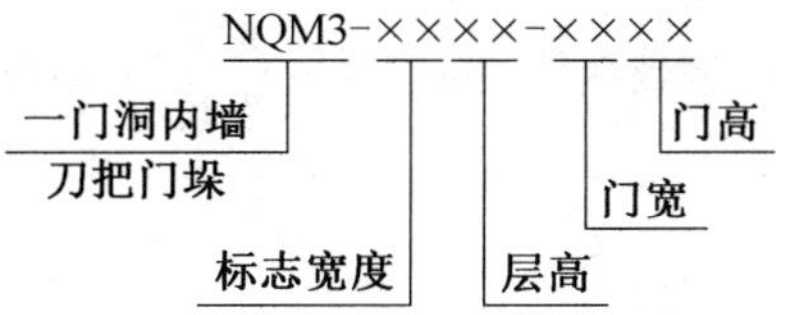

图 7.13　刀把门垛内墙编号示例图

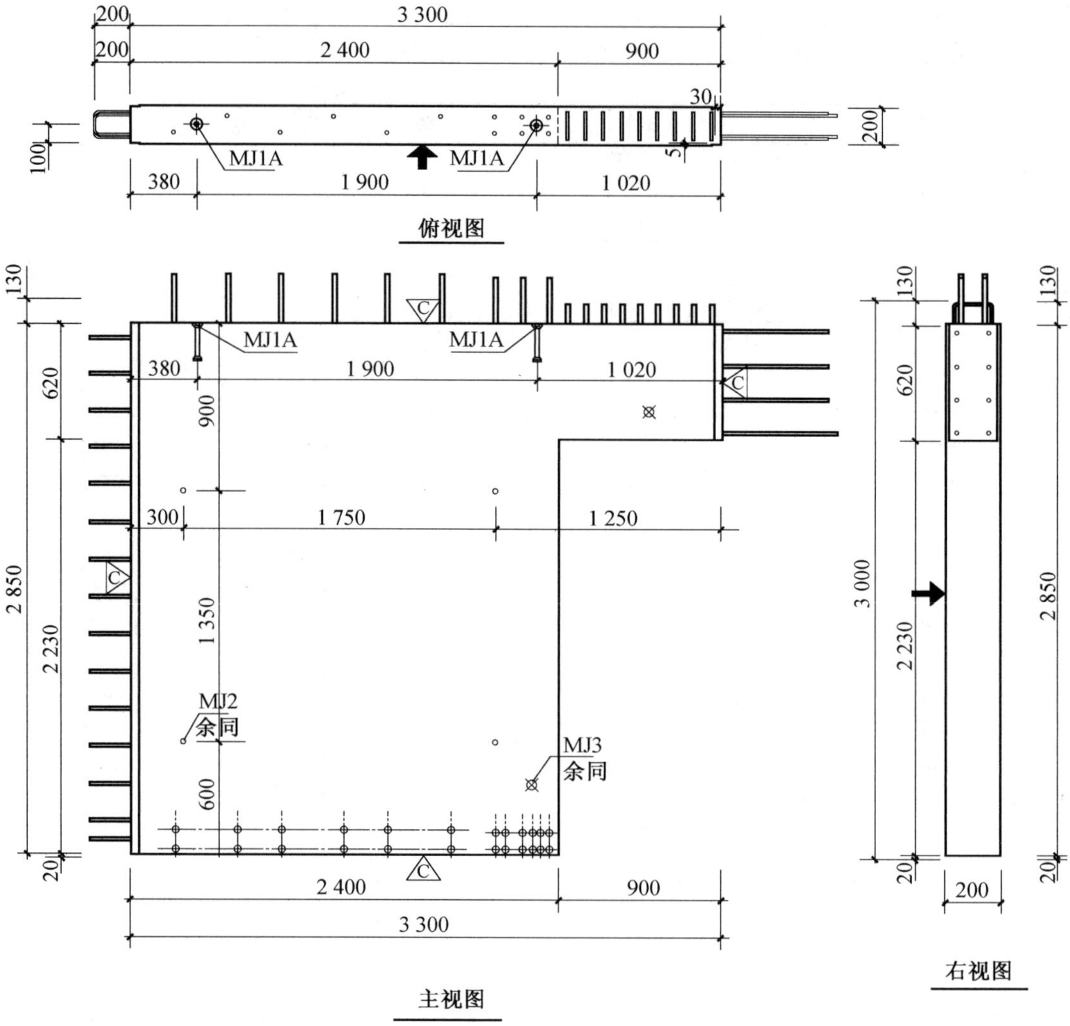

图 7.14 NQM3-3330-0922 模板图

7.3.6 预制外墙的内叶墙板编号

预制外墙的内叶墙板包括无洞口外墙、一个窗洞外墙(高窗台)、一个窗洞外墙(矮窗台)、两个窗洞外墙、一个门洞外墙,编号示例见表 7.14。

表 7.14 外墙内叶墙板编号示例表

mm

墙板类型	示意图	墙板编号示例	标志宽度	层高	门/窗宽	门/窗高	门/窗宽	门/窗高
无洞口外墙	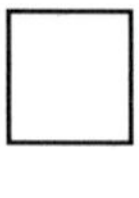	WQ-2728	2 700	2 800	—	—	—	—

续表7.14

墙板类型	示意图	墙板编号示例	标志宽度	层高	门/窗宽	门/窗高	门/窗宽	门/窗高
一个窗洞外墙(高窗台)	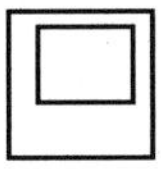	WQC1-3328-1514	3 300	2 800	1 500	1 400	—	—
一个窗洞外墙(矮窗台)		WQCA-3029-1517	3 000	2 900	1 500	1 700	—	—
两个窗洞外墙	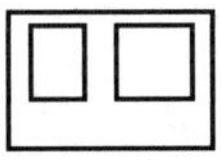	WQC2 - 4830 - 0615 -1515	4 800	3 000	600	1 500	1 500	1 500
一个门洞外墙	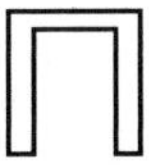	WQM-3628-1823	3 600	2 800	1 800	2 300	—	—

无洞口外墙编号如图 7.15 所示。首先注写代号 WQ。其次注写标志宽度,标志宽度=外叶墙板宽度+20 mm 拼接缝,单位为 dm,预制混凝土墙板的宽度=标志宽度-600 mm,左右两侧出筋长度均为 200 mm。最后注写层高,单位为 dm,预制混凝土墙板从下一个结构板顶标高起算,低端预留 20 mm 的灌浆厚度,距离上一个结构板顶标高起算,高端预留 130 mm 的后浇厚度,未注写高端出筋长度。以 WQ-2728 为例,模板图如图 7.16 所示。

图 7.15　无洞口外墙编号示例图

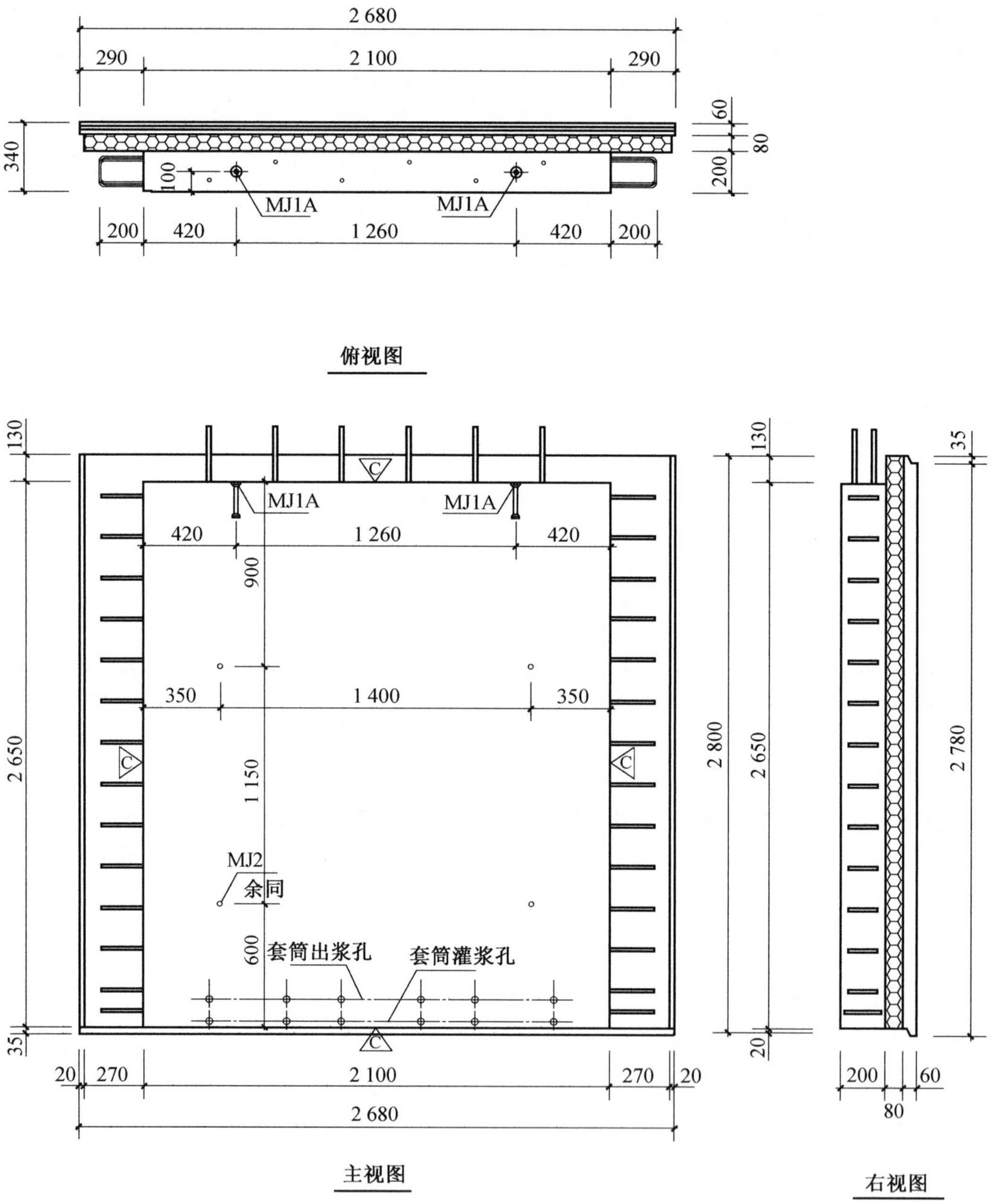

图 7.16 WQ-2728 模板图

一个窗洞外墙(高窗台)编号如图 7.17 所示。首先注写代号 WQC,序号 1 表示只有一个窗子,窗子居中。其次注写标志宽度,标志宽度=外叶墙板宽度+20 mm 拼接缝,单位为 dm,预制混凝土墙板的宽度=标志宽度-600 mm,左右两侧出筋长度均为 200 mm。再次注写层高,单位为 dm,预制混凝土墙板从下一个结构板顶标高起算,低端预留 20 mm 的灌浆厚度,距离上一个结构板顶标高起算,高端预留 130 mm 的后浇厚度,未注写高端出筋长度。最后注写窗宽和窗高,单位为 dm,未注写窗台高度,从预制混凝土墙板低端起算,一般为 930 mm 或者 980 mm。以 WQC1-3328-1514 为例,模板图如图 7.18 所示。

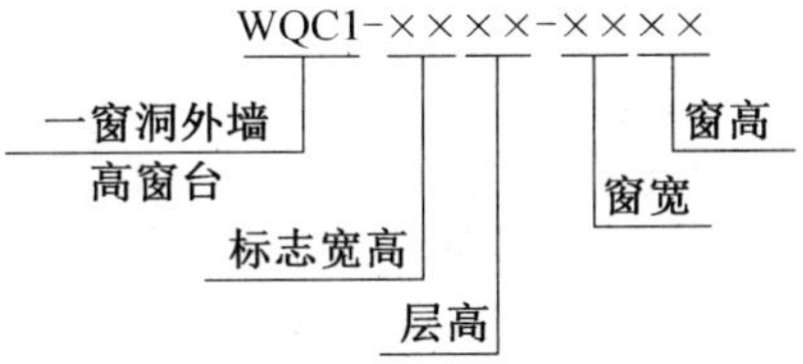

图 7.17　一个窗洞外墙(高窗台)编号示例图

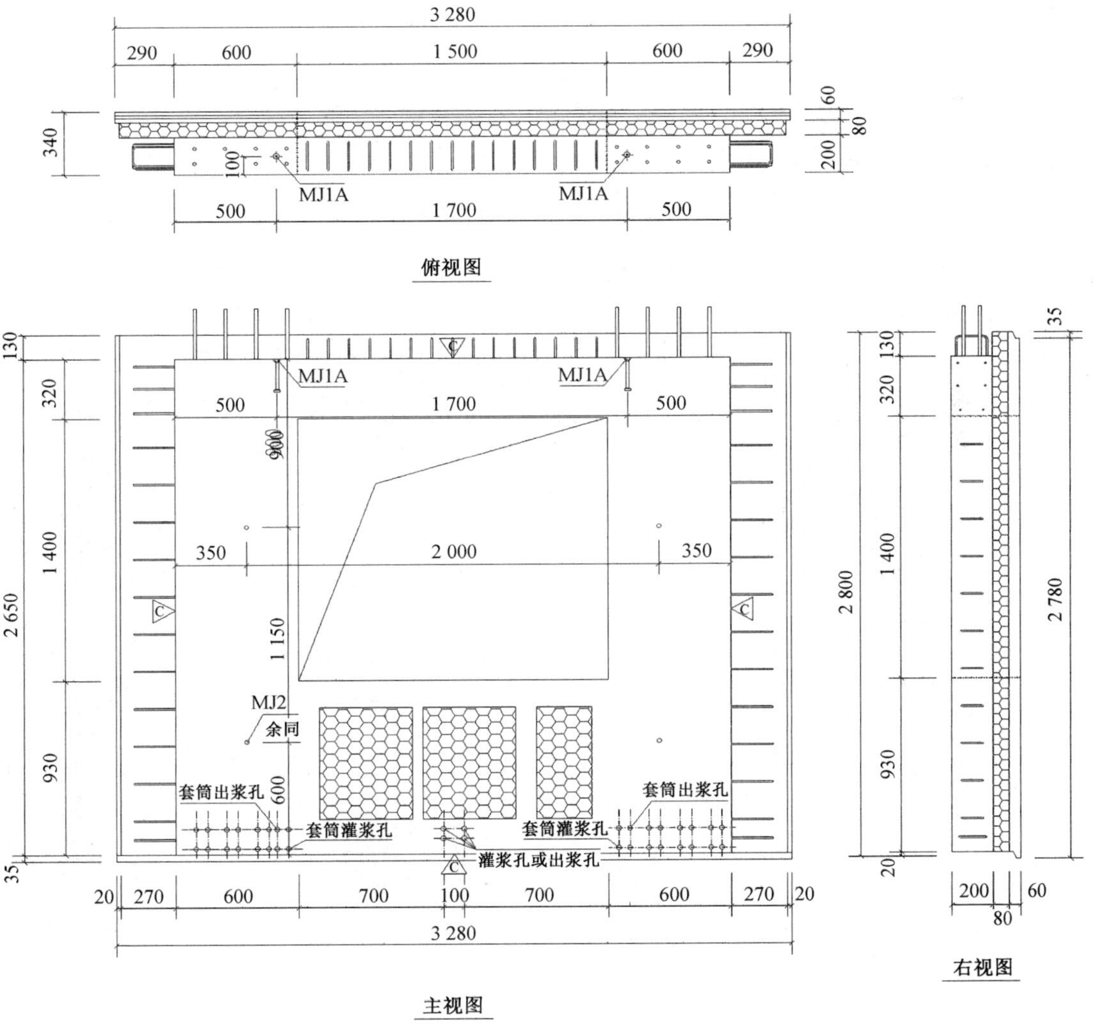

图 7.18　WQC1-3328-1514 模板图

一个窗洞外墙(矮窗台)编号如图 7.19 所示。首先注写代号 WQCA。其次注写标志宽度,标志宽度=外叶墙板+20 mm 拼接缝,单位为 dm,预制混凝土墙板的宽度=标志宽度-600 mm,左右两侧出筋长度均为 200 mm。再次注写层高,单位为 dm,预制混凝土墙板从下一个结构板顶标高起算,低端预留 20 mm 的灌浆厚度,距离上一个结构板顶标高起算,高端预留 130 mm 的后浇厚度,未注写高端出筋长度。最后注写窗宽和窗高,单位为 dm,窗子居中,未注写窗台高度,从预制混凝土墙板低端起算,一般为 530(580)mm、630(680)mm、730(780)mm。以 WQCA-3029-1517 为例,模板图如图 7.20 所示。

图 7.19　一个窗洞外墙(矮窗台)编号示例图

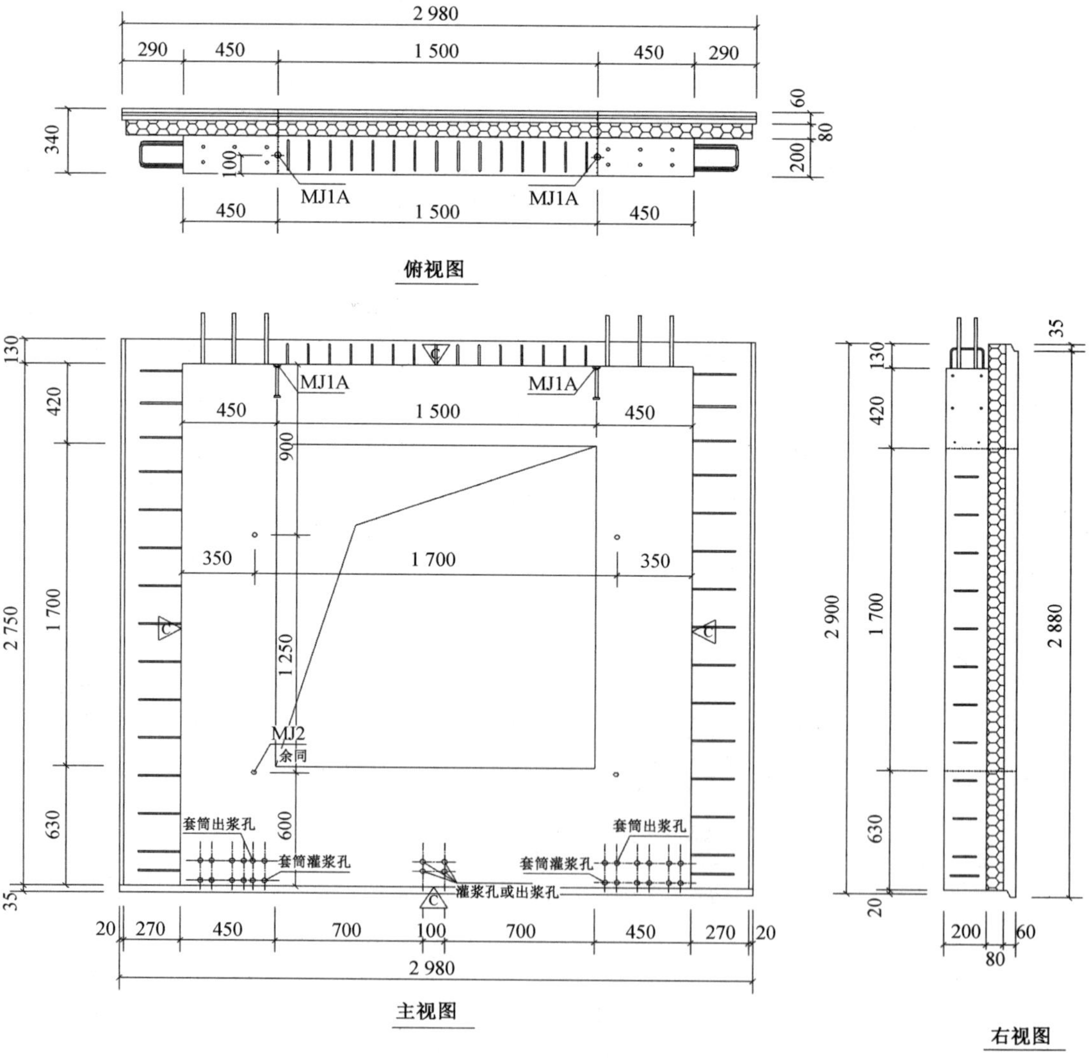

图 7.20　WQCA-3029-1517 模板图

两个窗洞外墙编号如图 7.21 所示。首先注写代号 WQC,序号 2 表示有两个窗子,左窗的左侧边缘距离预制混凝土墙板左侧边缘 450 mm 或者 750 mm,右窗的右侧边缘距离预制混凝土墙板右侧边缘 450 mm 或者 750 mm。其次注写标志宽度,标志宽度=外叶墙板宽度+20 mm 拼接缝,单位为 dm,预制混凝土墙板的宽度=标志宽度-600 mm,左右两侧出筋长度均为 200 mm。再次注写层高,单位为 dm,预制混凝土墙板从下一个结构板顶标高起算,低端预留 20 mm 的灌浆厚度,距离上一个结构板顶标高起算,高端预留 130 mm 的后浇厚度,未注写高端出筋长度。最后分别注写两个窗子的窗宽和窗高,单位为 dm,未注写窗台高度,从预制混凝土墙板低端起算,一般为 930 mm 或者 980 mm。以 WQC2-4830-0615-1515 为例,模板图如图 7.22 所示。

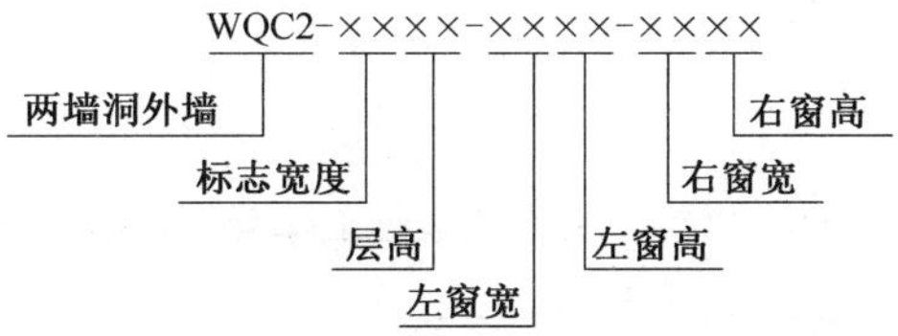

图 7.21　两个窗洞外墙编号示例图

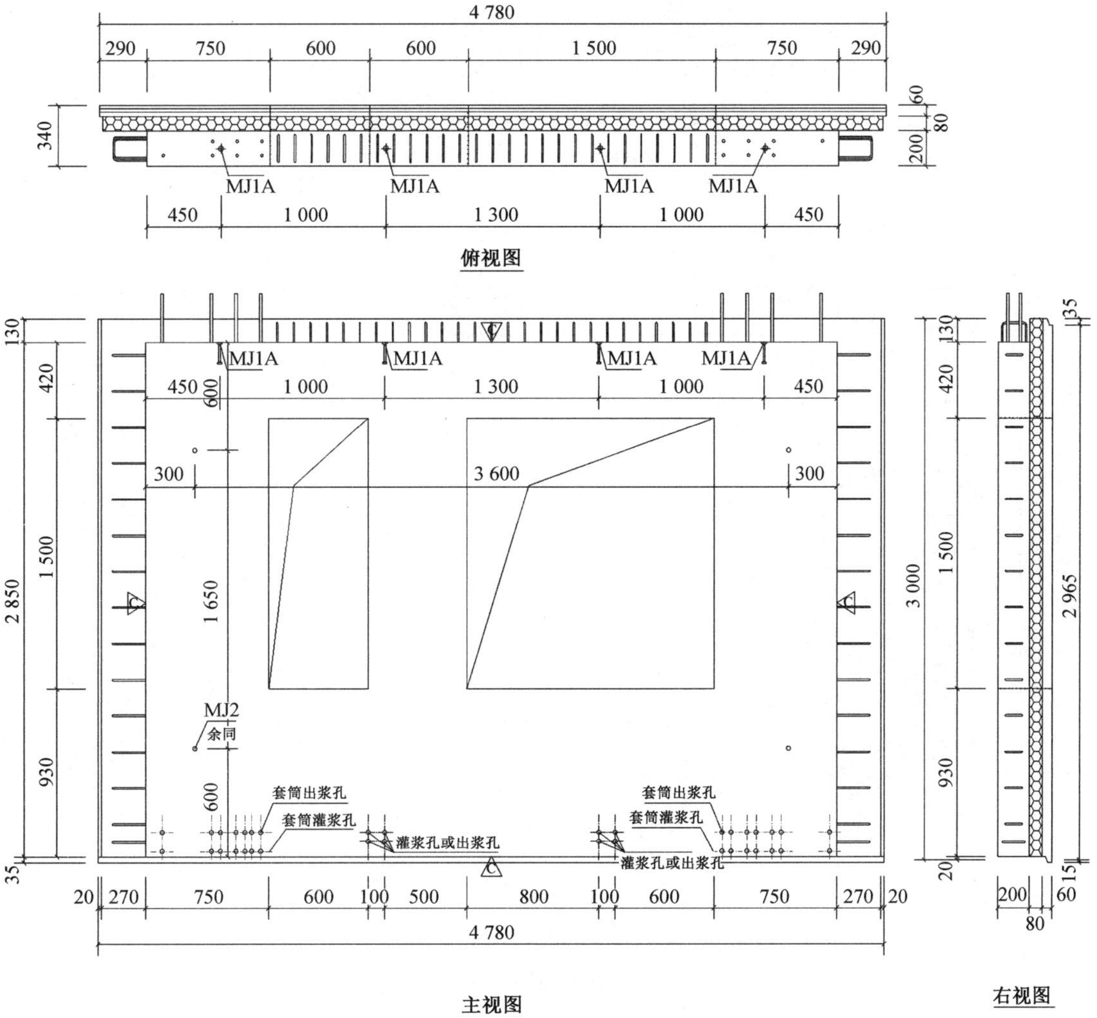

图 7.22　WQC2-4830-0615-1515 模板图

一个门洞外墙编号如图 7.23 所示。首先注写代号 WQM。其次注写标志宽度，标志宽度 = 外叶墙板宽度+20 mm 拼接缝，单位为 dm，预制混凝土墙板的宽度 = 标志宽度-600 mm，左右两侧出筋长度均为 200 mm。再次注写层高，单位为 dm，预制混凝土墙板从下一个结构板顶标高起算，低端预留 20 mm 的灌浆厚度，距离上一个结构板顶标高起算，高端预留 130 mm的后浇厚度，未注写高端出筋长度。最后分别注写门洞的门宽和门高，单位为 dm，门洞居中，低端平齐预制混凝土墙板低端。以 WQM-3628-1823 为例，如图 7.24 所示。

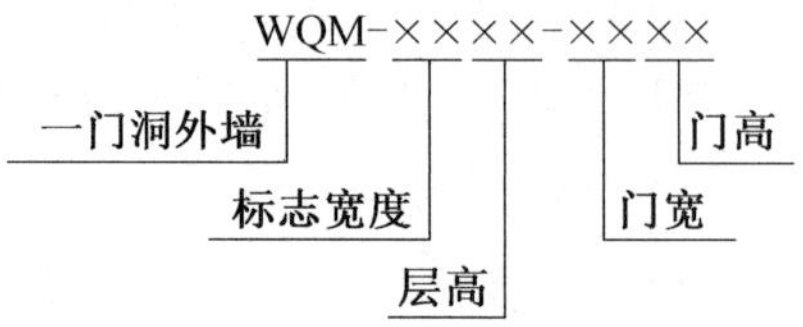

图 7.23　一个门洞外墙编号示例图

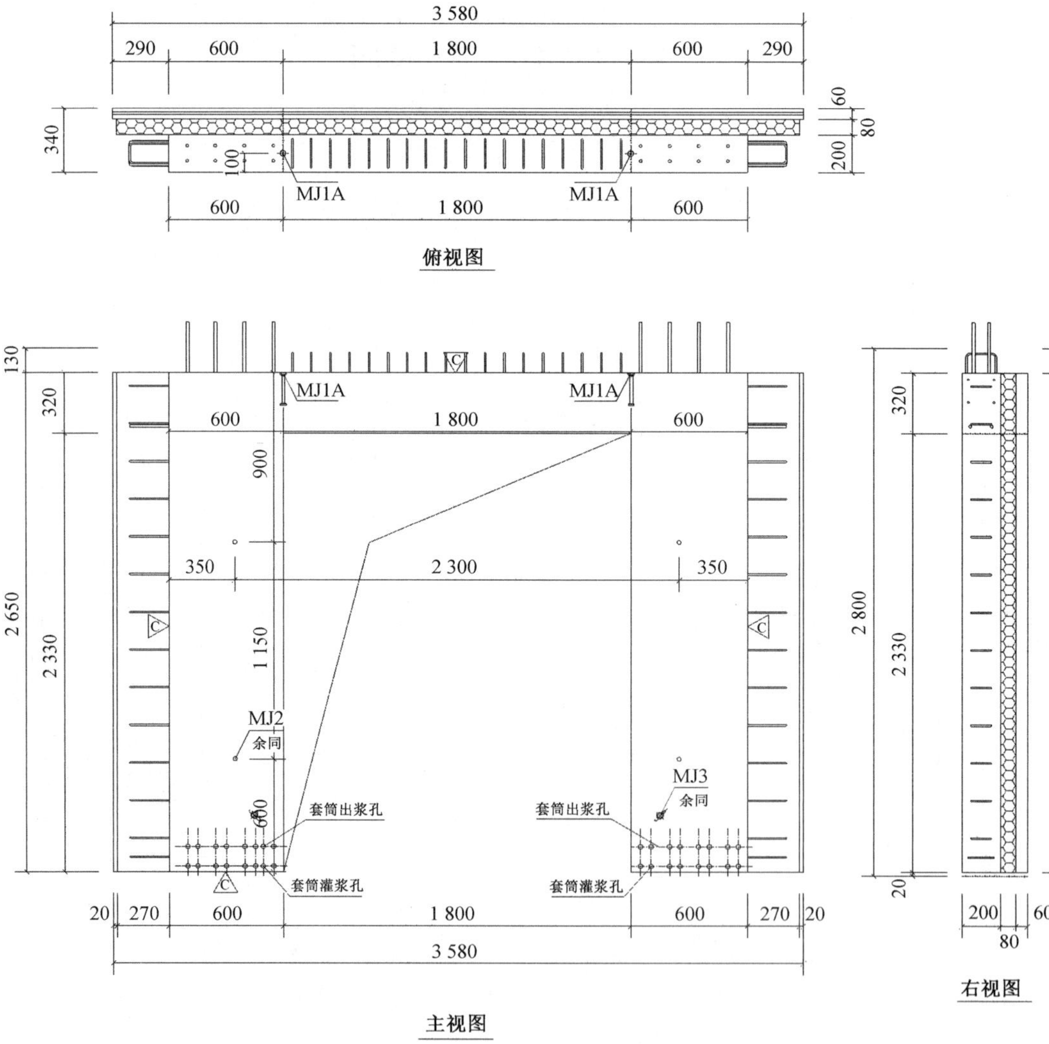

图 7.24　WQM-3628-1823 模板图

7.4　剪力墙钢筋构造

7.4.1　墙身节点构造

1. 墙身水平钢筋构造

墙身水平钢筋构造如图 7.25 所示。

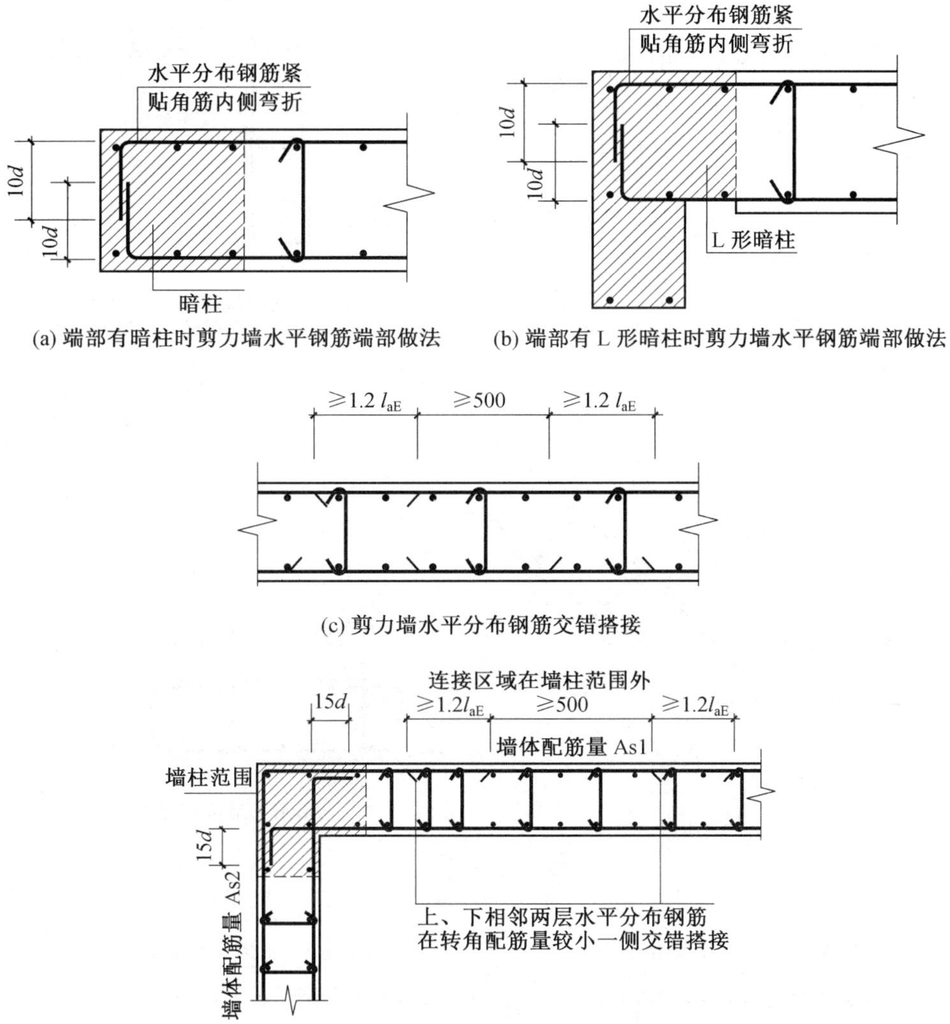

(a) 端部有暗柱时剪力墙水平钢筋端部做法　(b) 端部有 L 形暗柱时剪力墙水平钢筋端部做法

(c) 剪力墙水平分布钢筋交错搭接

(d) 转角墙构造（一）（外侧水平钢筋连续通过转弯，其中 As1≤As2）

图 7.25　墙身水平钢筋构造图

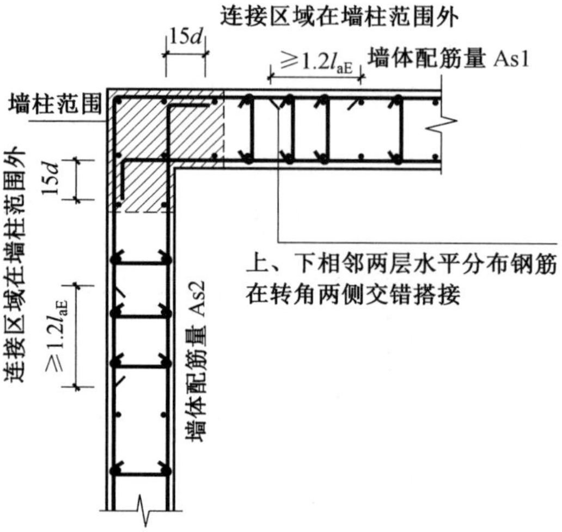

(e) 转角墙构造（二）（其中 As1≤As2）

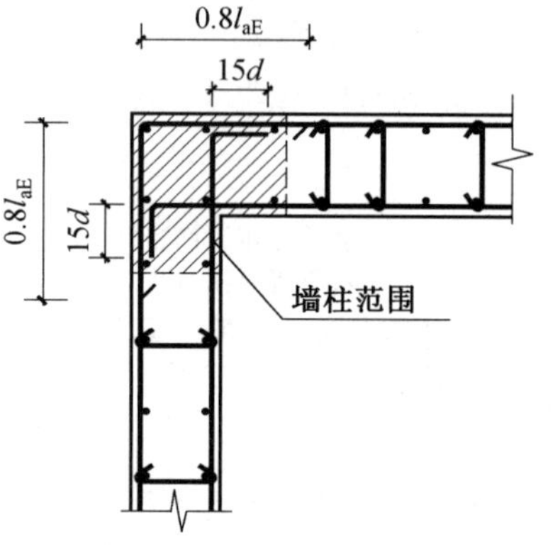

(f) 转角墙构造（三）（外侧水平分布钢筋在转角外搭接）

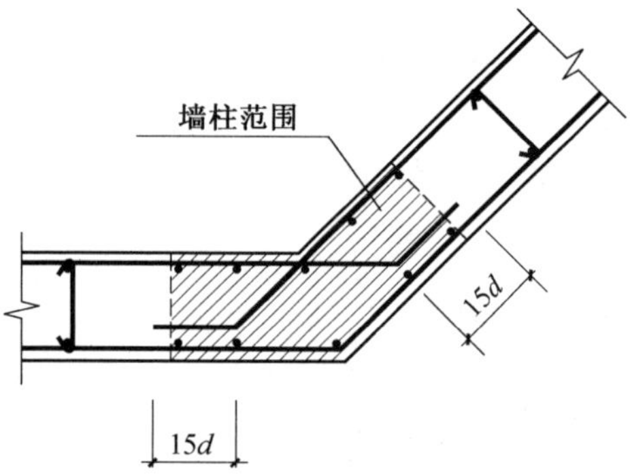

(g) 斜交转角墙

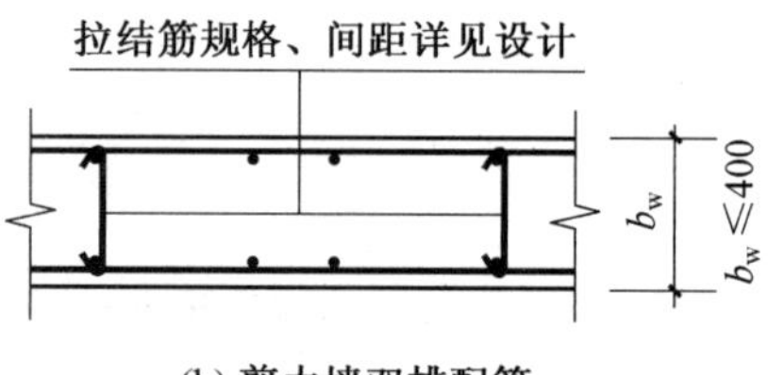

(h) 剪力墙双排配筋

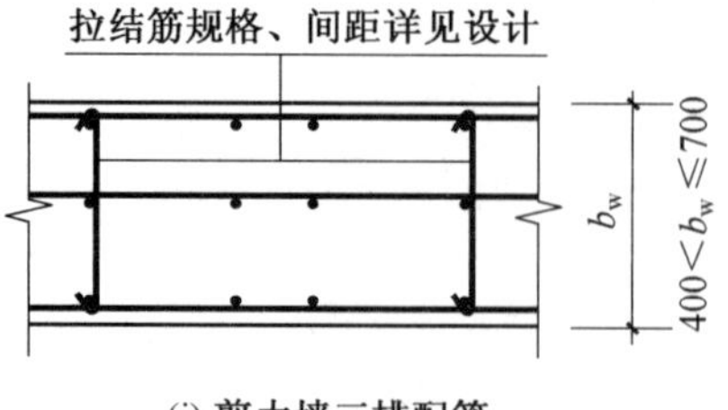

(i) 剪力墙三排配筋

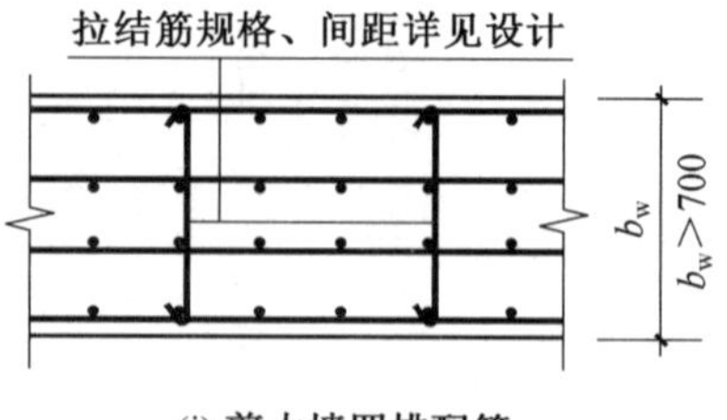

(j) 剪力墙四排配筋

续图 7.25

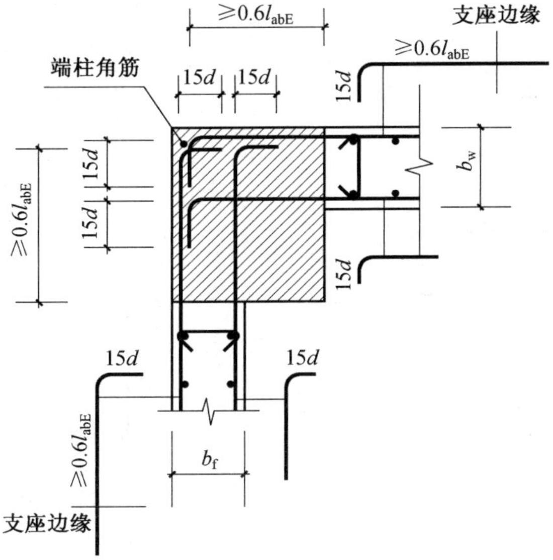

(k) 端柱转角墙（一）

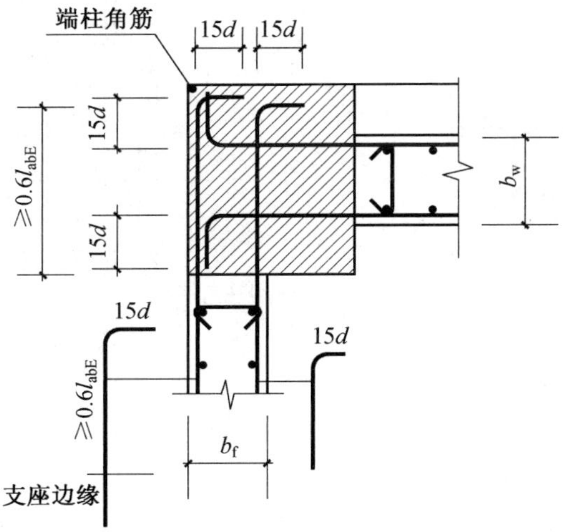

(l) 端柱转角墙（二）

续图 7.25

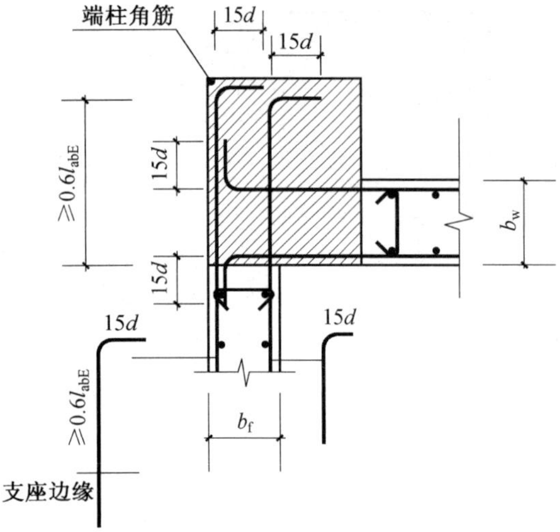

(m) 端柱转角墙（三）

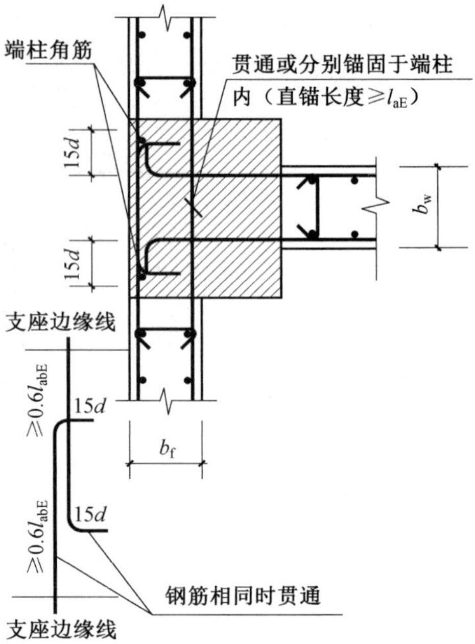

(n) 端柱翼墙（一）

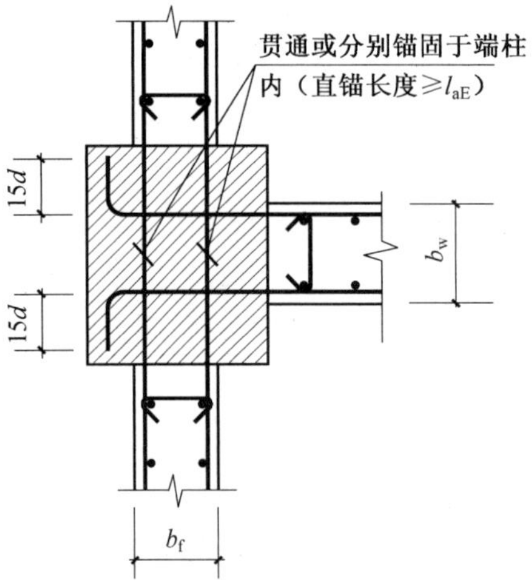

(o) 端柱翼墙（二）

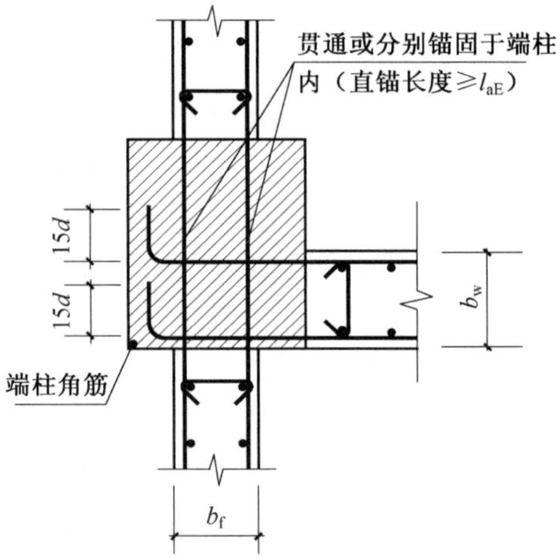

(p) 端柱翼墙（三）

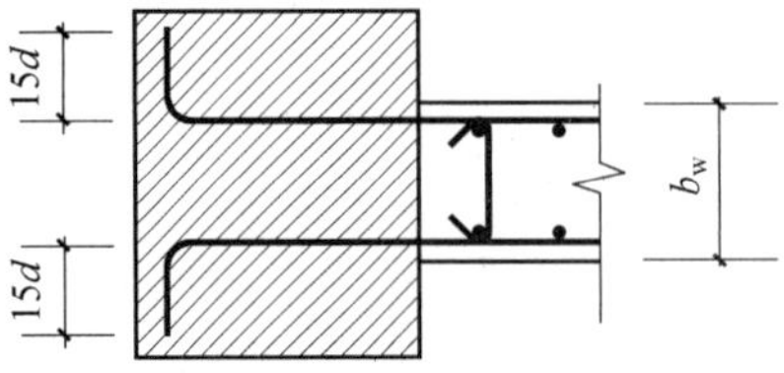

(q) 端柱端部墙（一）

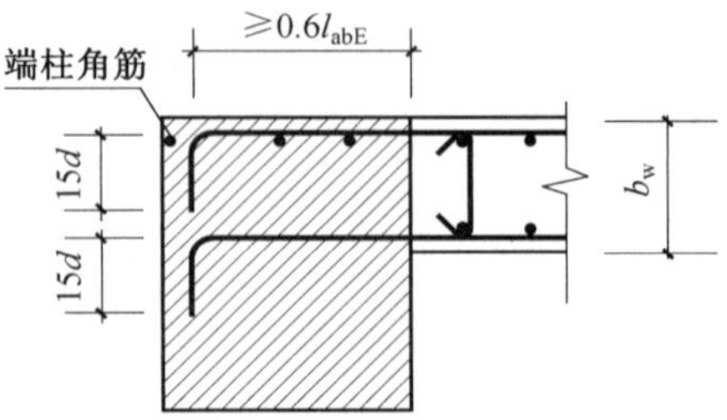

(r) 端柱端部墙（二）

续图 7.25

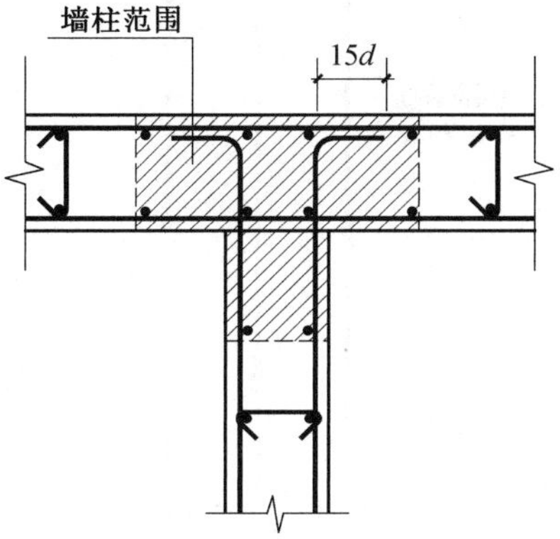

(s) 翼墙（一）

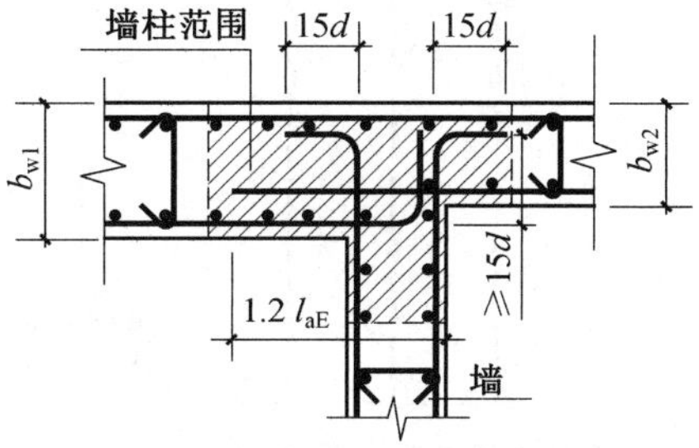

(t) 翼墙（二）（$b_{w1}>b_{w2}$）

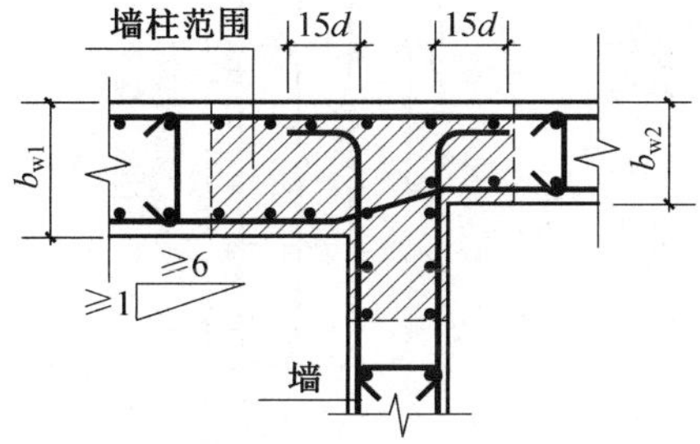

(u) 翼墙　（二）　（$b_{w1}>b_{w2}$）

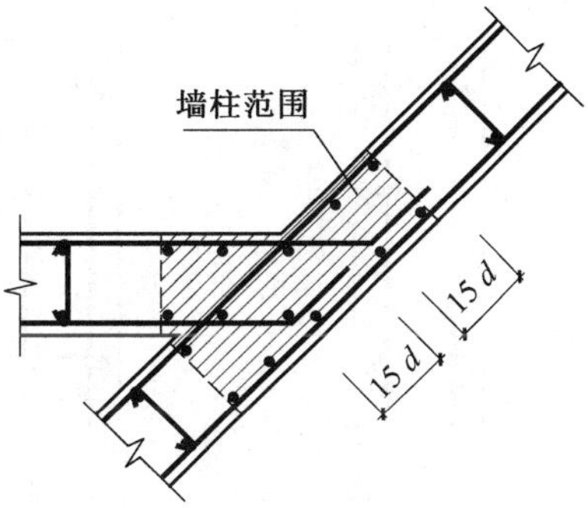

(v) 斜交翼墙

续图 7.25

2. 墙身竖向钢筋构造

墙身竖向钢筋构造如图 7.26 所示。

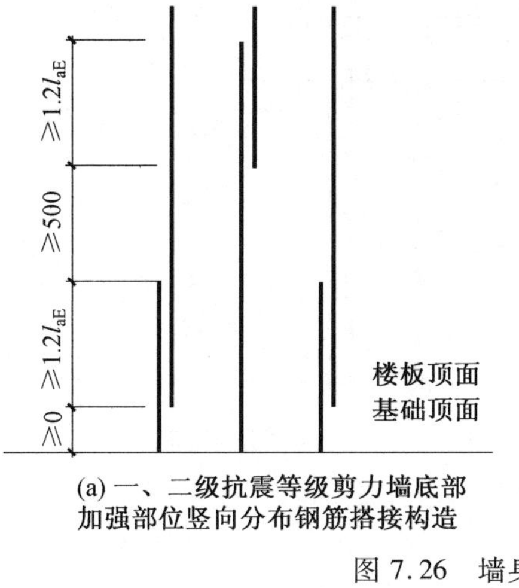

(a) 一、二级抗震等级剪力墙底部加强部位竖向分布钢筋搭接构造

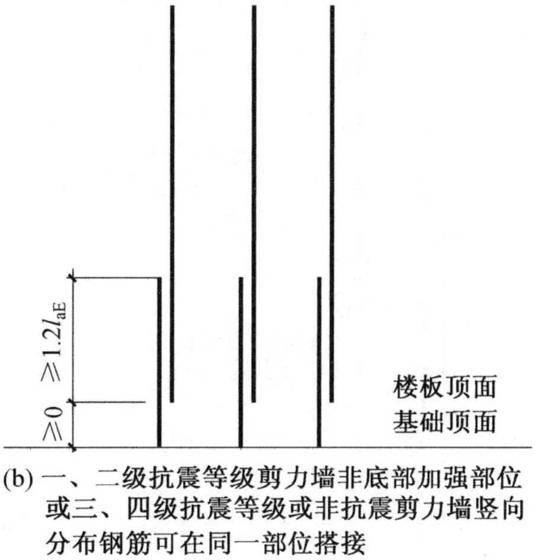

(b) 一、二级抗震等级剪力墙非底部加强部位或三、四级抗震等级或非抗震剪力墙竖向分布钢筋可在同一部位搭接

图 7.26　墙身竖向钢筋构造图

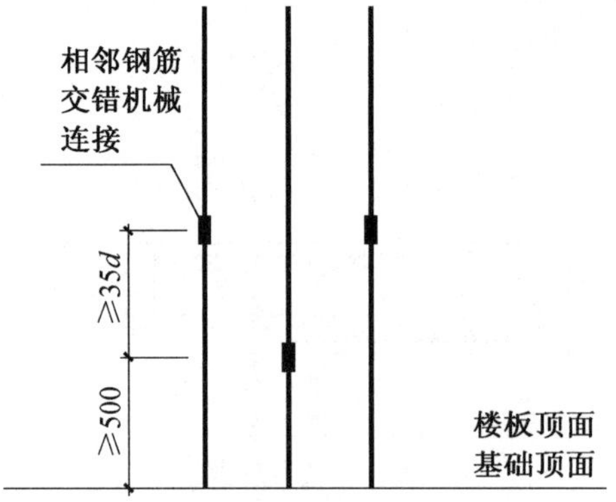

(c) 各级抗震等级或非抗震剪力墙竖向分布钢筋机械连接构造

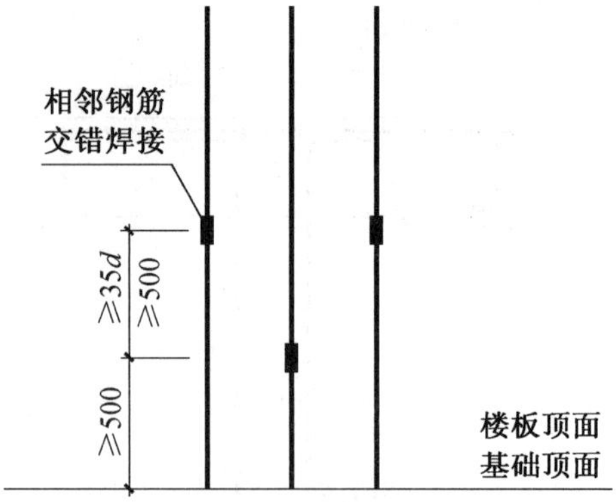

(d) 各级抗震等级或非抗震剪力墙竖向分布钢焊接构造

(e) 剪力墙双排配筋

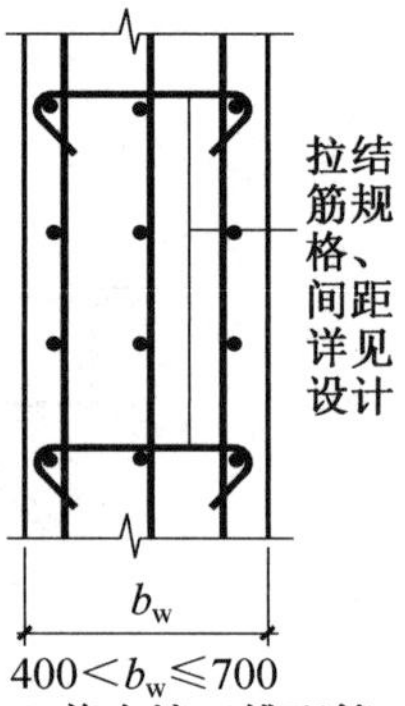

(f) 剪力墙三排配筋

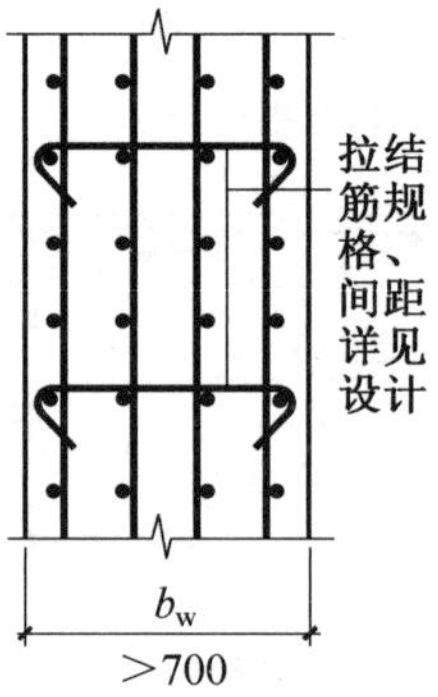

(g) 剪力墙四排配筋

续图 7.26

3. 剪力墙竖向钢筋顶部构造

剪力墙竖向钢筋顶部构造如图 7.27 所示。

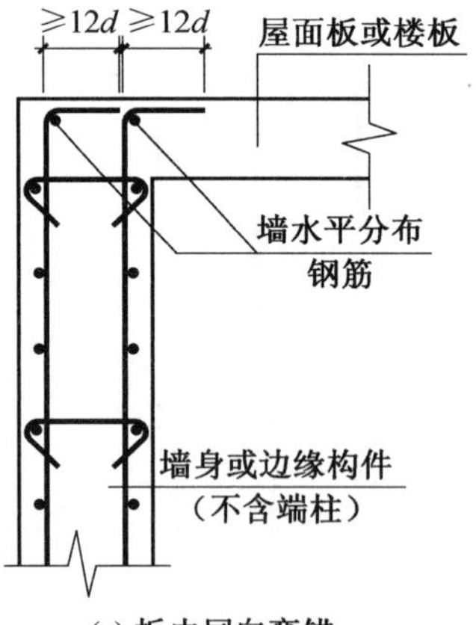

(a) 板内同向弯锚

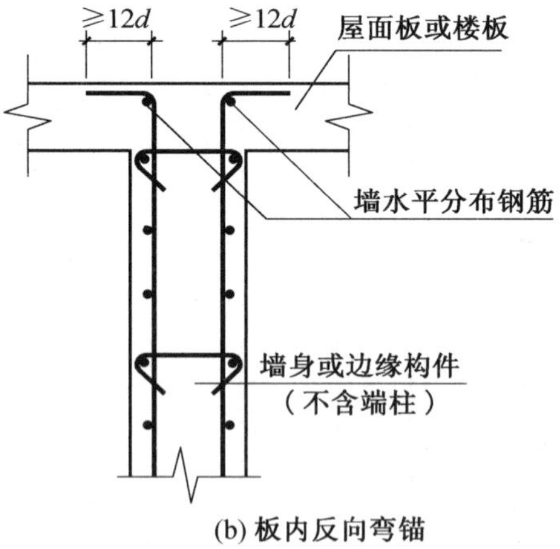

(b) 板内反向弯锚

图 7.27 剪力墙竖向钢筋顶部构造图

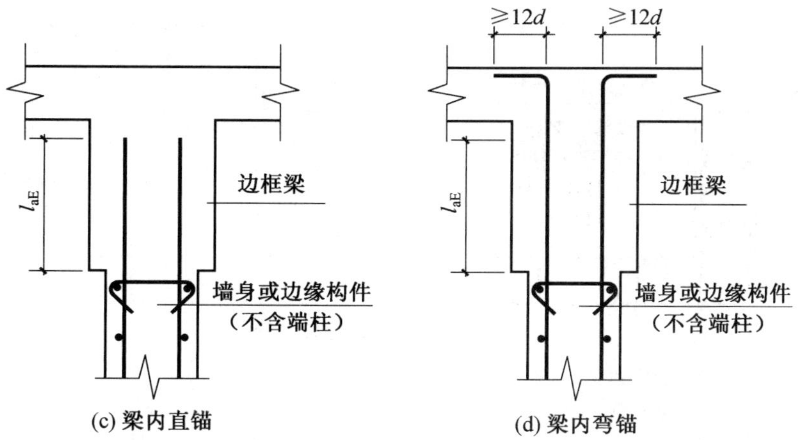

(c) 梁内直锚　(d) 梁内弯锚

续图 7.27

7.4.2 墙柱节点构造

墙柱节点构造如图 7.28 所示。

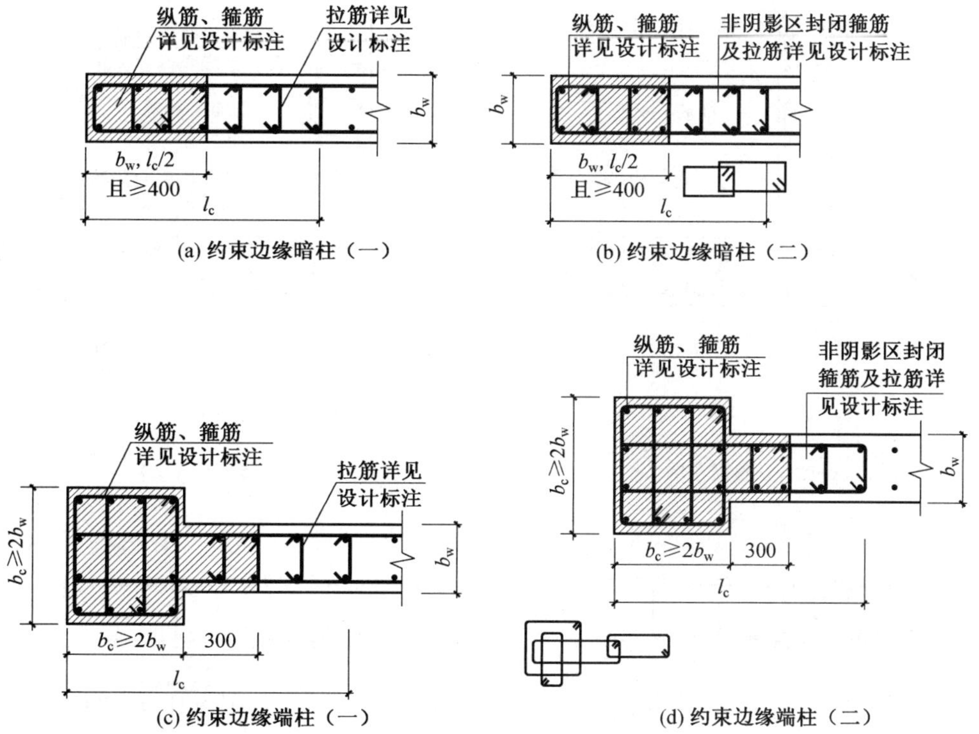

(a) 约束边缘暗柱（一）　(b) 约束边缘暗柱（二）

(c) 约束边缘端柱（一）　(d) 约束边缘端柱（二）

图 7.28　墙柱节点构造图

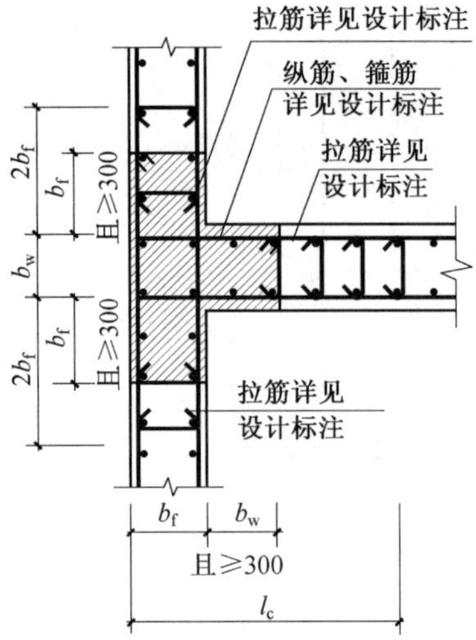

(e) 约束边缘翼墙（一）

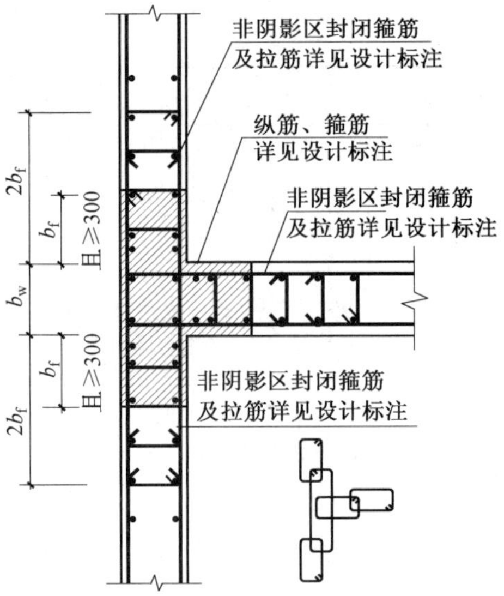

(f) 约束边缘翼墙（二）

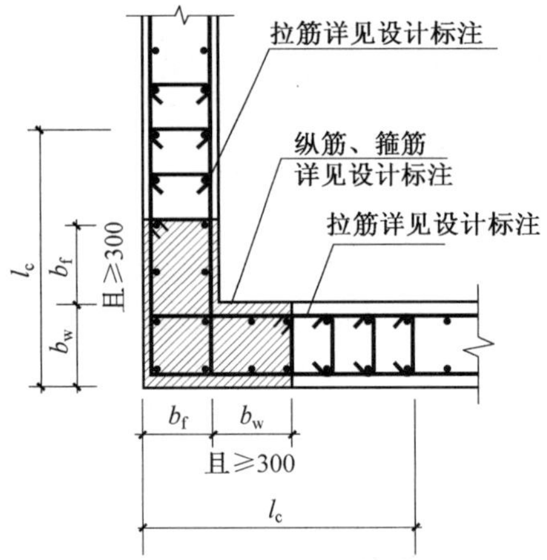

(g) 约束边缘转角墙（一）

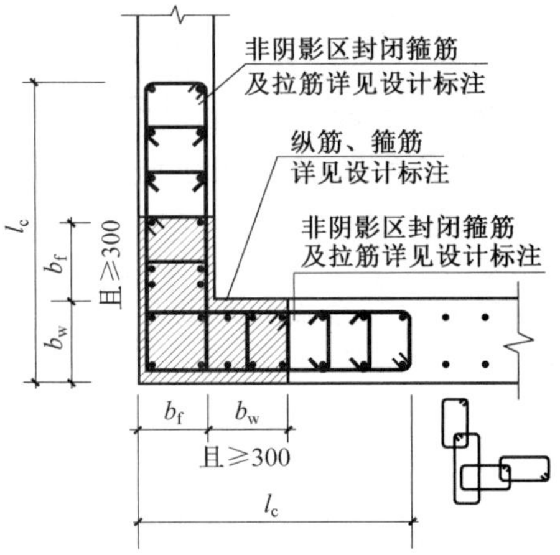

(h) 约束边缘转角墙（二）

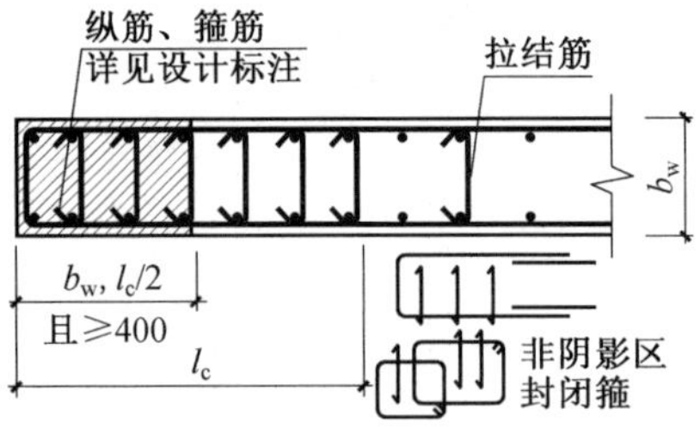

(i) 约束边缘暗柱造构做法（一）

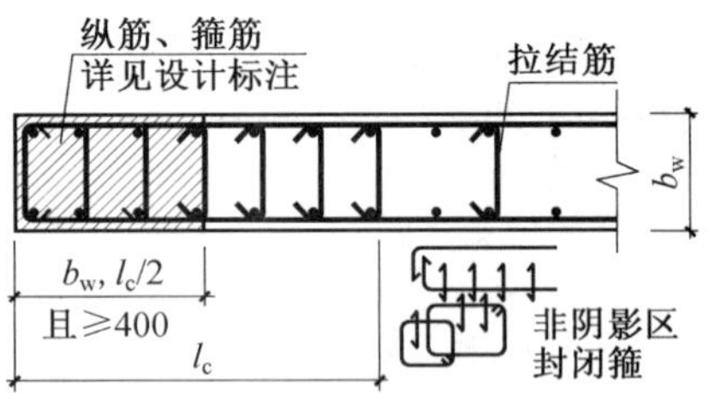

(j) 约束边缘暗柱造构做法（二）

续图 7.28

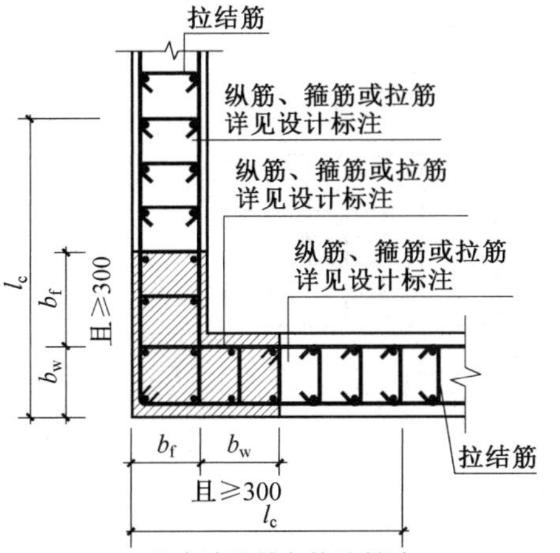

(k) 约束边缘转角构造做法

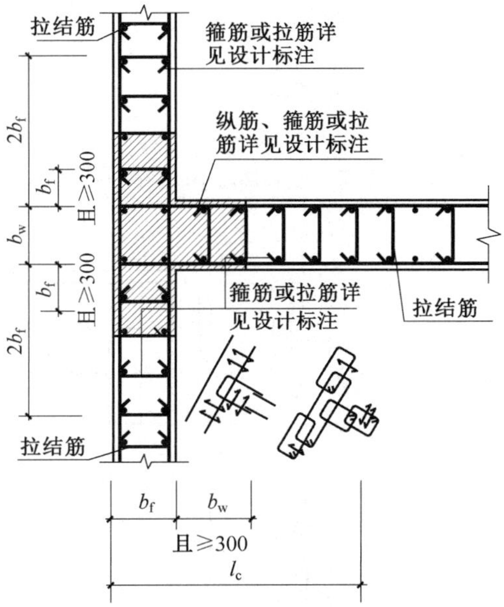

(l) 约束边缘翼墙构造做法（一）

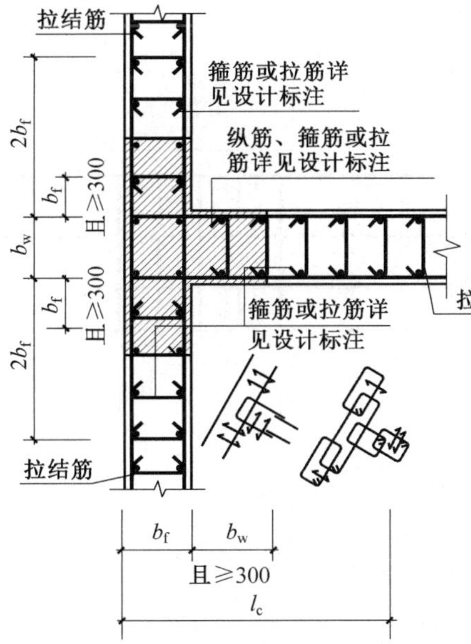

(m) 约束边缘翼墙构造做法（二）

续图 7.28

7.4.3　墙梁节点构造

墙梁节点构造如图 7.29 所示。

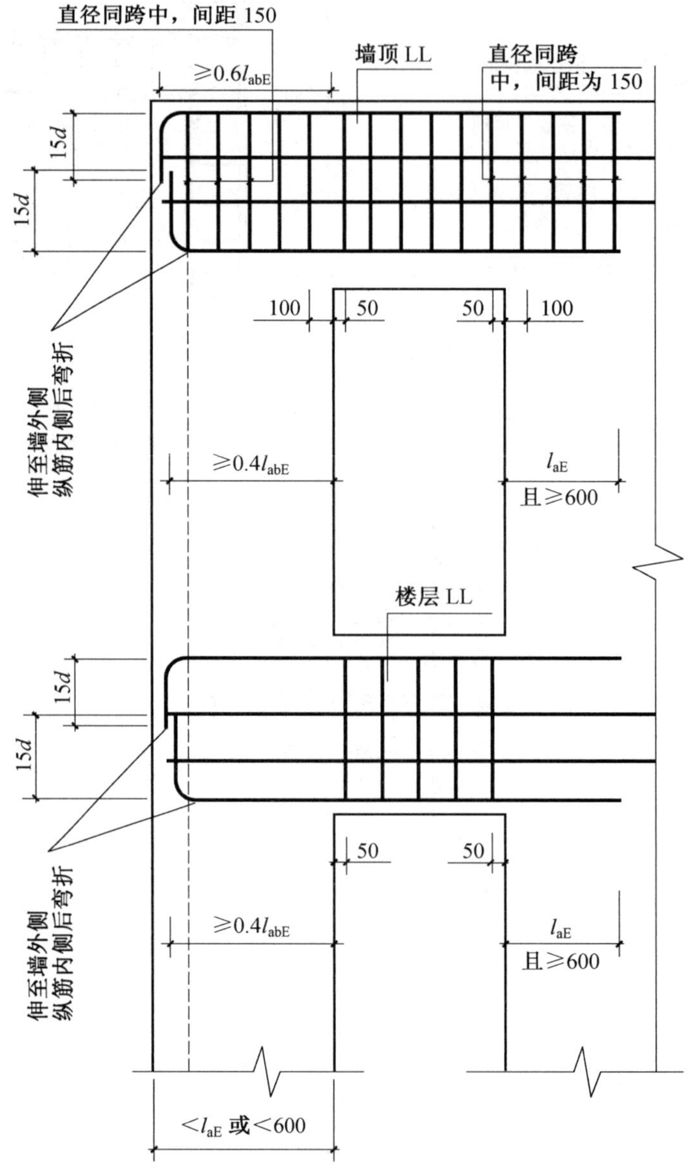

(a) 小墙垛处洞口连梁（端部墙肢较短）

图 7.29 墙梁节点构造图

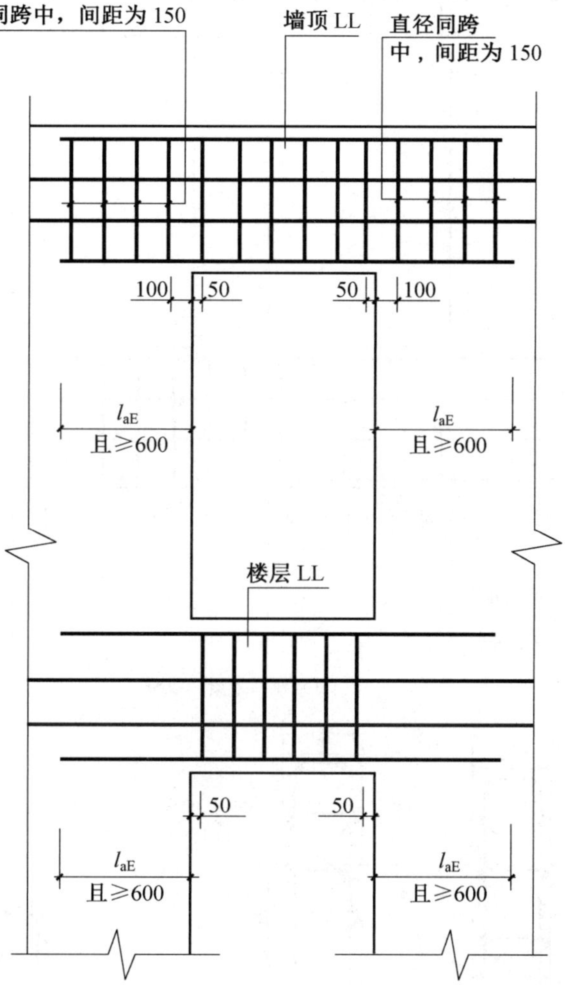

(b) 单洞口连梁（单跨）

续图 7.29

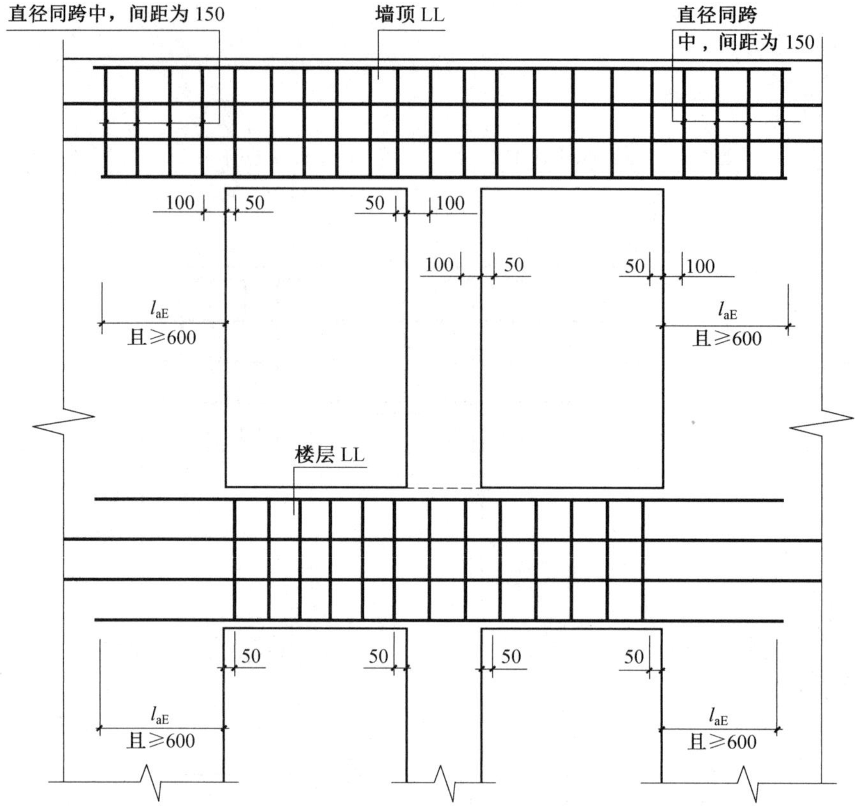

(c) 双洞口连梁（双跨）

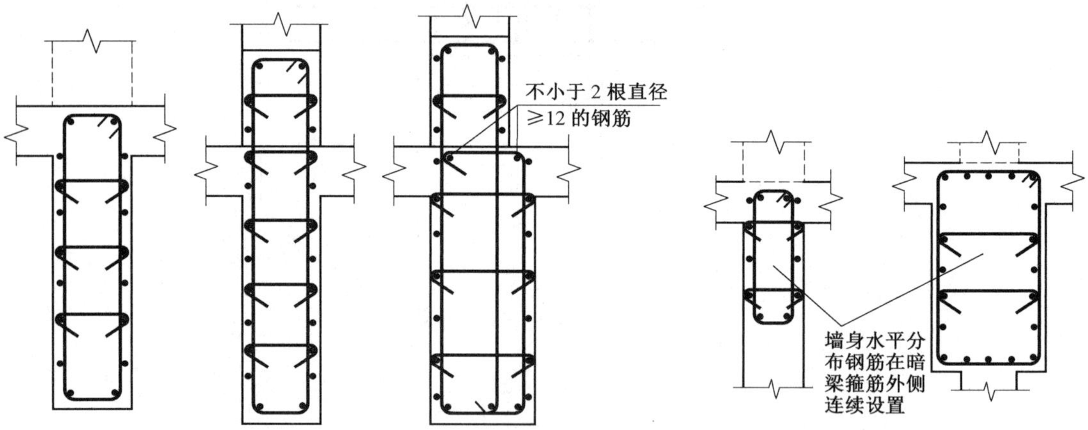

(d) LL(一)　(e) LL(二)　(f) LL(三)　(g) AL、BKL侧面纵筋和拉筋构造

续图 7.29

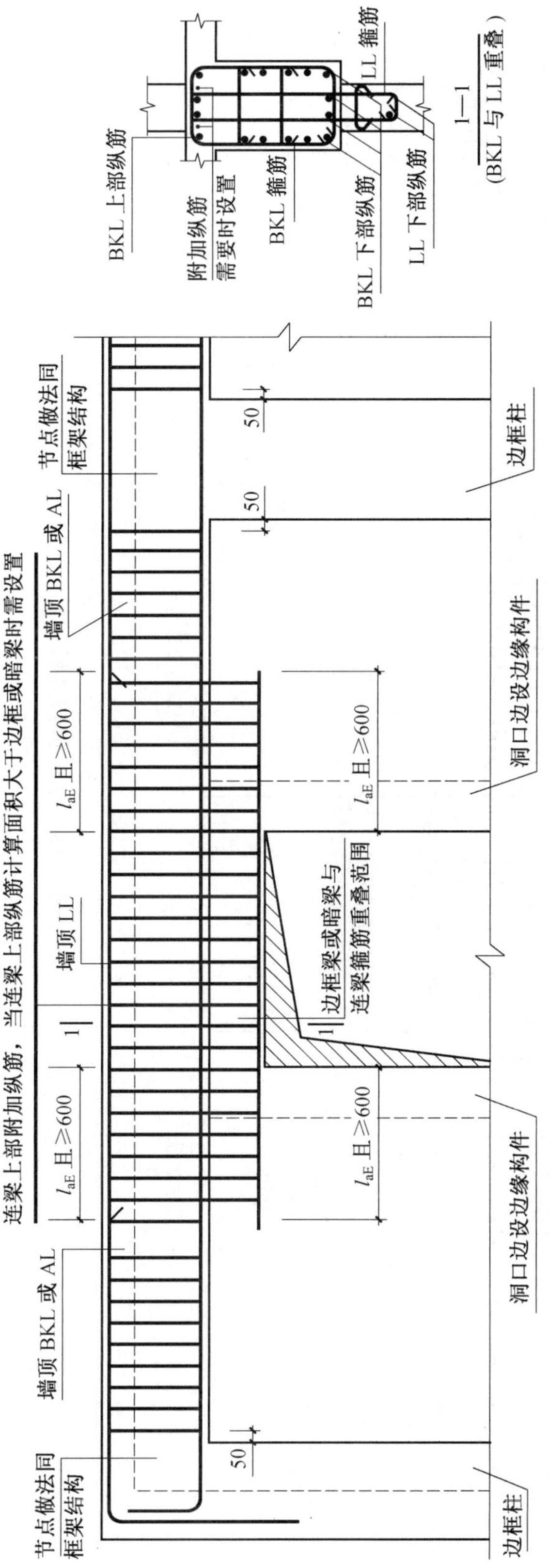

(h) 剪力墙暗梁钢筋排布构造详图

续图 7.29

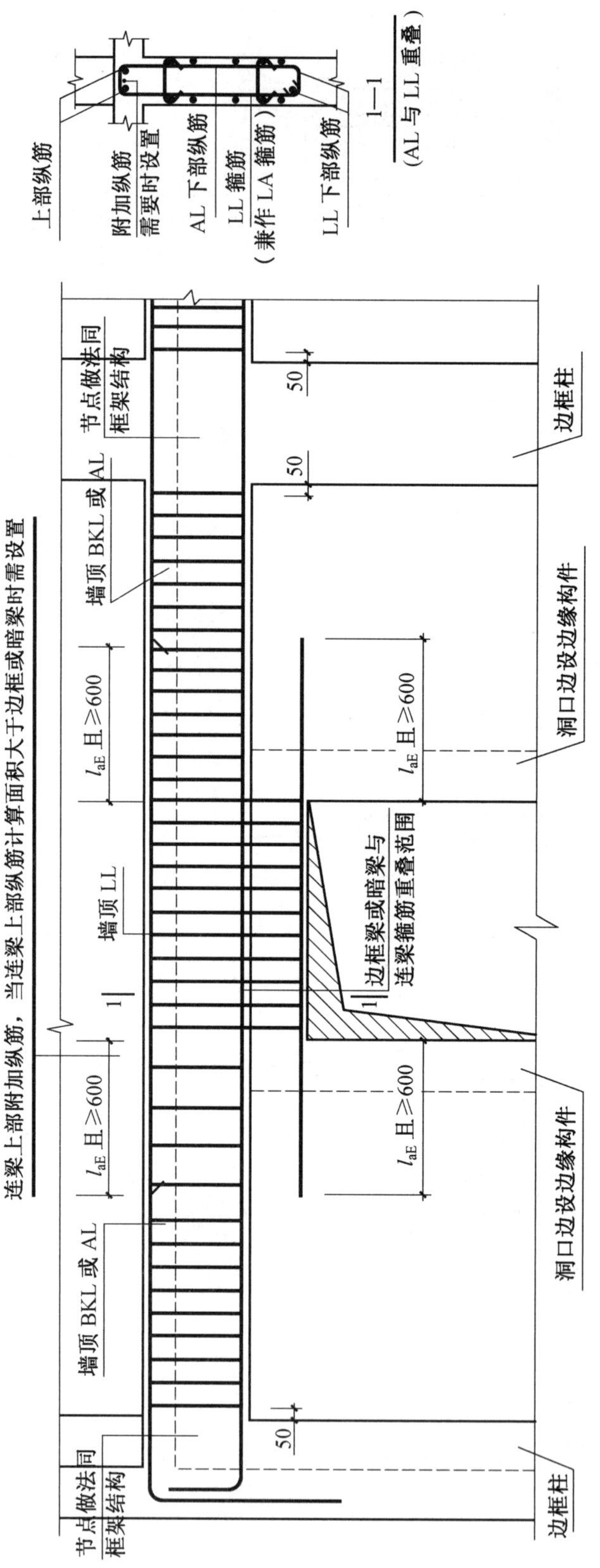

(i) 剪力墙边框梁钢筋排布构造详图

续图 7.29

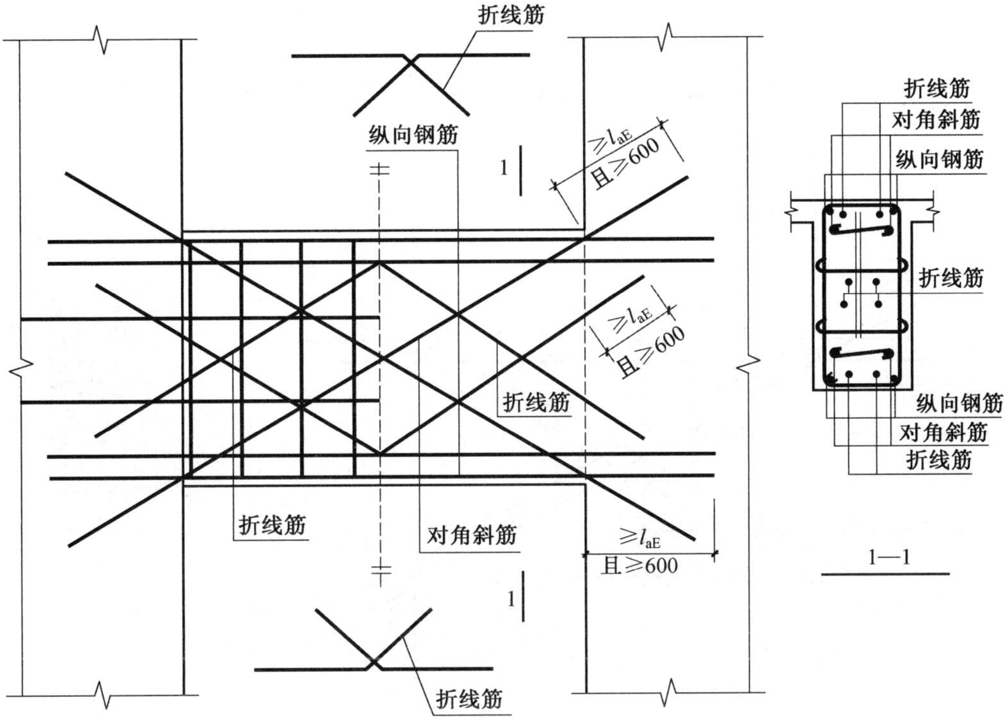

(j) 连梁交叉斜筋配筋构造详图

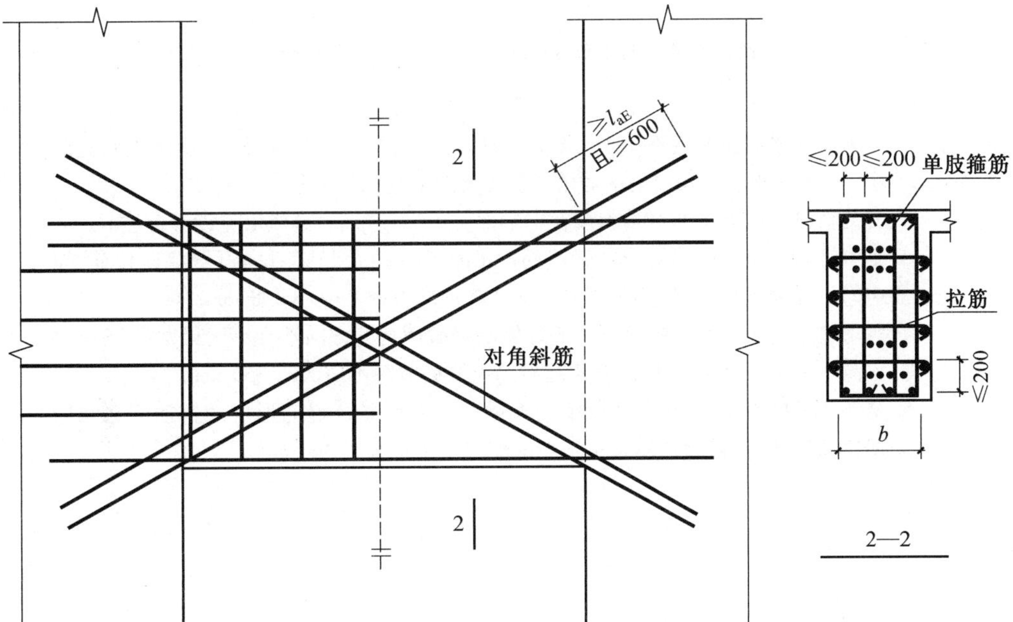

(k) 连梁集中对角斜筋配筋构造详图

续图 7.29

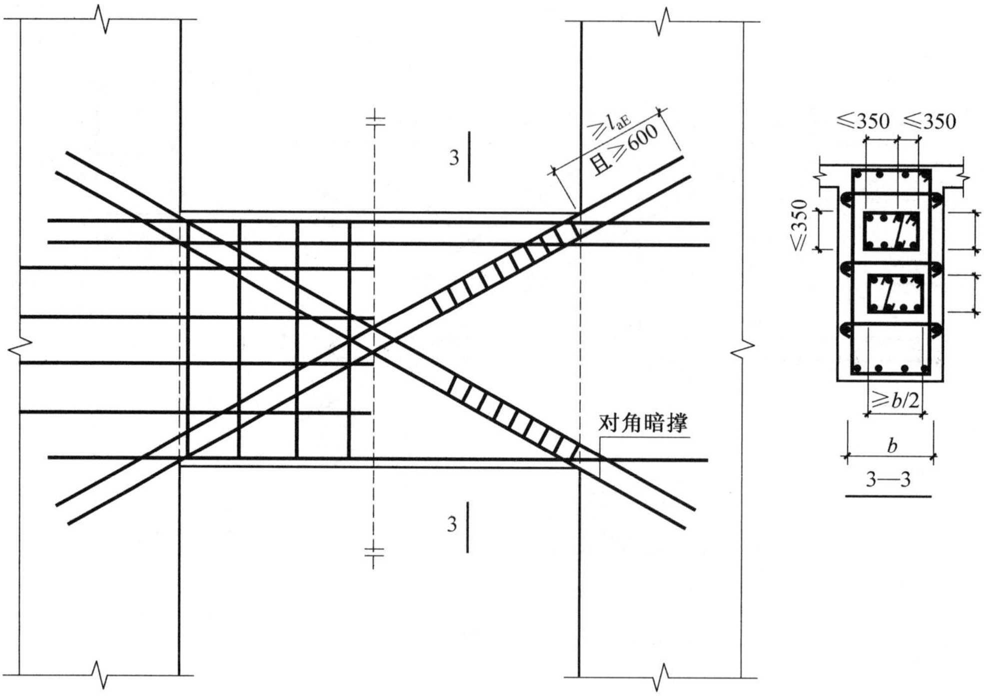

(l) 连梁对角暗撑配筋钢筋排布构造详图（用于筒中筒结构时，l_{aE} 均取 $1.5l_a$）

续图 7.29

注：1. 当洞口连梁截面宽度不小于 250 mm 时，可采用交叉斜筋配筋；当连梁截面宽度不小于400 mm时，可采用集中对角斜筋配筋或对角暗撑配筋。

2. 交叉斜筋配筋连梁的对角斜筋在梁端部位应设置拉筋，具体值见设计标注。

3. 集中对角斜筋配筋连梁应在梁截面内沿水平方向及竖直方向设置双向拉筋，拉筋应勾住外侧纵向钢筋，间距不应大于 200 mm，直径不应小于 8 mm。

4. 对角暗撑配筋连梁中暗撑箍筋的外缘沿梁截面宽度方向不宜小于梁宽的 1/2，另一方向不宜小于梁宽的 1/5；对角暗撑约束箍筋肢距不应大于 350 mm。

5. 交叉斜筋配筋连梁、对角暗撑配筋连梁的水平钢筋及箍筋形成的钢筋网之间应采用拉筋拉结，拉筋直径不宜小于 6 mm，间距不宜大于 400 mm。

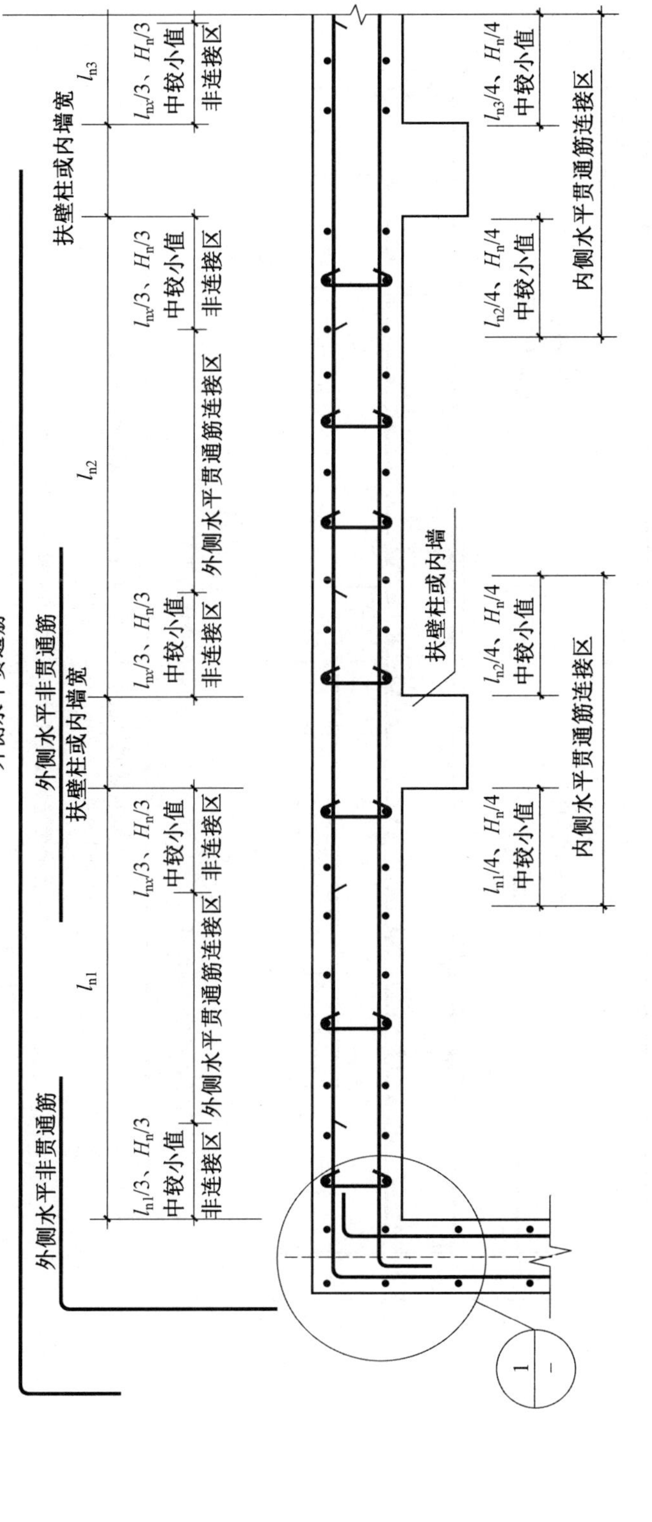

(m)地下室外墙水平钢筋构造（l_{nx}/3为相邻水平跨的较大净跨值，H_n本层净高）

续图 7.29

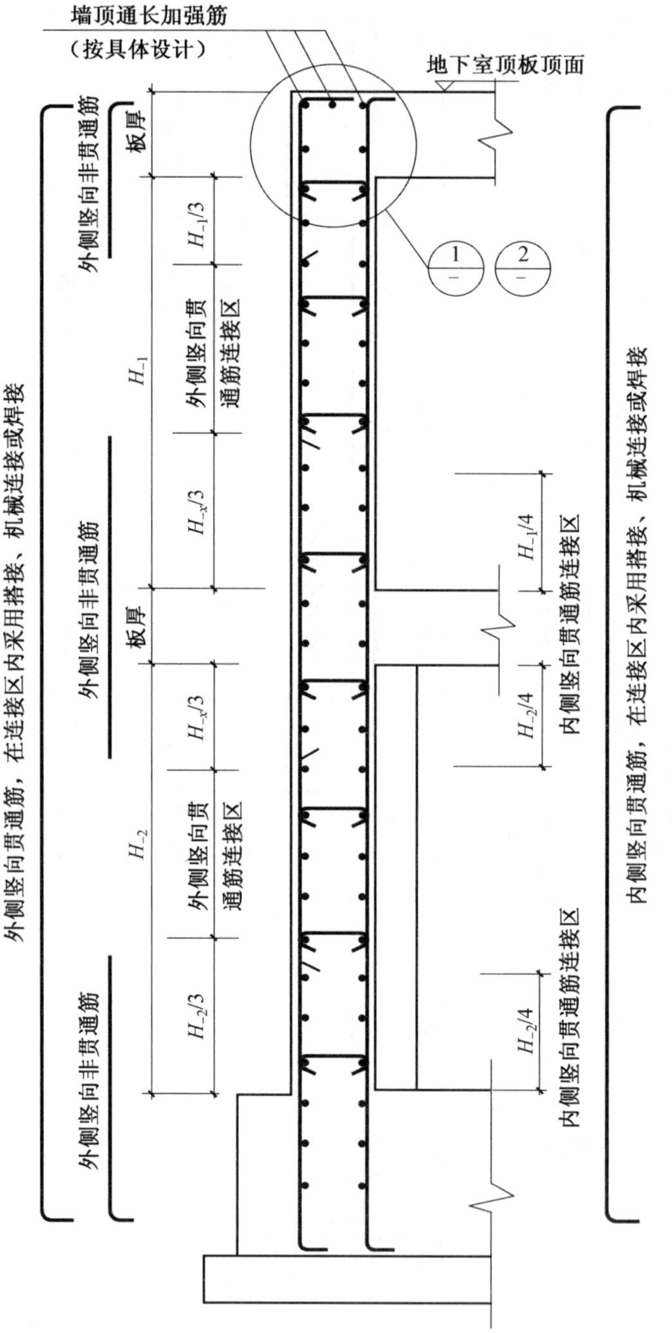

(n) 地下室外墙竖向钢筋构造（H_{-x}为H_{-1}和H_{-2}的较大值）

续图 7.29

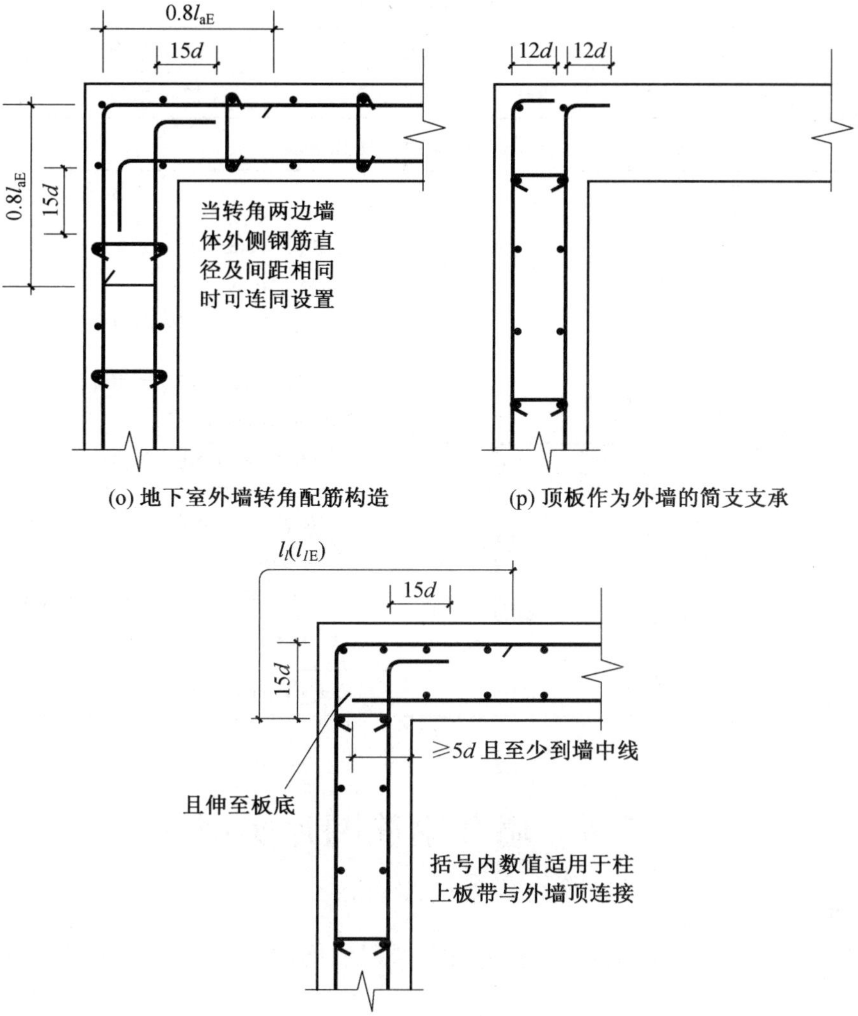

(o) 地下室外墙转角配筋构造　　(p) 顶板作为外墙的简支支承

(q) 顶板与外墙连续传力

图 7.29

7.5　墙身钢筋算量

根据图 7.30 和表 7.14 进行钢筋算量，保护层为 15 mm，混凝土强度为 C30，墙身高为 4.5 m，垂直分布筋底部视为插筋，锚固 15d，顶部视为弯锚 12d，水平分布筋在暗柱远端弯锚 10d，起步距离为 s/2，墙身表见 7.15，计算结果见表 7.16。

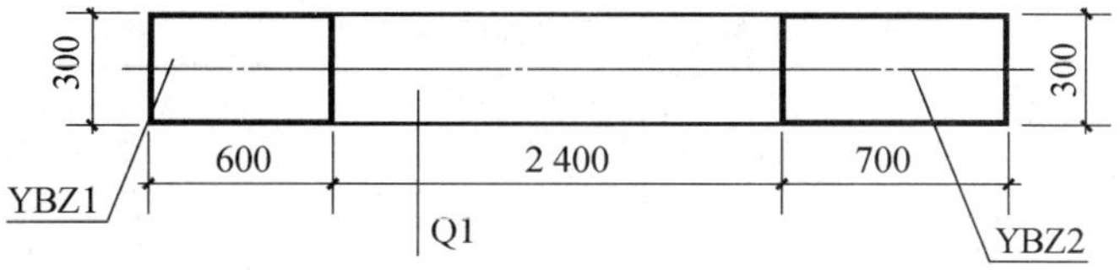

图 7.30　墙身平法施工图

表 7.15 墙身表

编号	标高	墙厚/mm	水平分布筋	垂直分布筋	拉筋(双向)
Q1	-0.030～30.270	300	C12@200	C12@200	A6@600@600

表 7.16 墙身钢筋算量表

序号	钢筋名称	钢筋简图	计算式
1	内侧 水平分布筋	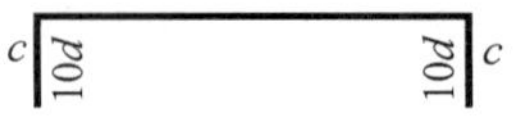	单长＝600－15＋2 400＋700－15＋10×12×2＝3 910(mm) 总根数＝(4 500－2×200/2)/200＋1＝23(根)
2	外侧 水平分布筋		单长＝600－15＋2 400＋700－15＋10×12×2＝3 910(mm) 总根数＝(4 500－2×200/2)/200＋1＝23(根)
3	双侧垂直分布筋	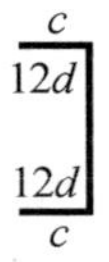	单长＝4 500－15×2＋15×12＋12×12＝4 974(mm) 双侧总根数＝[(2 400－2×200/2)/200＋1]×2＝24(根)
4	拉筋		参考梁拉筋计算

7.6 墙身钢筋网片实训

1. 实训指导书

根据图 7.30 和表 7.15 制作墙身钢筋网片模型,比例为 1∶7.5。实训指导书见二维码 7.53。

2. 剪力墙墙身钢筋网片绑扎实训报告

(1)识图。

对照实训指导书的结构施工图,墙身净长为________mm,宽为________mm,YBZ1 长为________mm,YBZ2 长为________mm(设高度为 30 000 mm)。水平分布筋与垂直分布筋配筋相同,都是________________,含义是__________________________,拉筋的配筋信息是______________,含义是________________________________。

团队负责人签字确认之后方可进行下一步。团队负责人签字:________

(2)算量与下料(表 7.17)。

表 7.17 墙身钢筋网片算量表

序号	钢筋名称	钢筋长度/cm	钢筋数量/根	比例	铁线规格	备注
1	水平分布筋			1∶7.5	10 号	间距有调整
2	垂直分布筋			1∶7.5	10 号	间距有调整

说明:双层钢筋网片用拉结筋固定后,不便于摆放,故不制作拉结筋,上部留 2.5 cm,表示梁的位置,下部留 3 cm,表示基础梁的位置。

团队负责人签字确认之后方可进行下一步。团队负责人签字:________

(3)绘制绑扎示意图。

绘制墙身钢筋网片立面图,标注钢筋间距值、钢筋总长度、锚固在墙柱内的长度,文字简要介绍绑扎流程。

团队负责人签字确认之后方可进行下一步。团队负责人签字:________

(4)实训过程中遇到的问题及解决办法。

(5)思考题:现浇墙身与预制墙构件,在钢筋排布方面有哪些不同?

7.1　剪力墙课程思政	7.2　剪力墙分类微课	7.3　剪力墙钢筋组成微课	7.4　黏滞阻尼器悬臂墙钢筋构造微课	7.5　剪力墙注写方式微课
7.6　墙身钢筋算量微课	7.7　连梁完整 VR 钢筋笼	7.8　连梁(交叉斜筋)VR 模型	7.9　连梁(集中对角斜筋)VR 模型	7.10　连梁(对角暗撑)VR 模型
7.11　剪力墙墙身图集 VR 模型	7.12　剪力墙墙身实训 VR 模型	7.13　约束边缘暗柱 VR 模型	7.14　剪力墙柱(转角墙)	7.15　剪力墙柱(翼墙)
7.16　非阴影区外圈设置封闭箍筋	7.17　剪力墙柱(端柱)	7.18 WQM-3628-1823	7.19 WQCA-3029-1517	7.20 WOC2-4830-0615-1515

7.21 WQC1-3328-1514

7.22 WQ-2728

7.23 NQM3-3330-0922

7.24 NQMM2-3028-1021

7.25 NQM1-2128-0921

7.26 NQ-2128

7.27 NEQ-J1-3014

7.28 端柱

7.29 翼墙

7.30 转角墙

7.31 约束边缘暗柱

7.32 墙身实训模型

7.33 连梁

7.34 NEQ-J1-3014

7.35 NQ-2128

7.36 NQM1-2128-0921

7.37 NQM2-3028-1021

7.38 NQM3-3330-0922

7.39 WQ-2728

7.40 WQC1-3328-1514

7.41 WQCA-3029-1517

7.42 WQM-3628-1823

7.43 WQC2-4830-0615-1515

7.44 暗柱钢筋模型

7.45 端柱钢筋模型

7.46 翼墙钢筋模型

7.47 转角墙钢筋模型

7.48 墙身钢筋模型

7.49 连梁钢筋模型

7.50 预制内墙钢筋模型

7.51 预制外墙钢筋模型

7.52 女儿墙钢筋模型照片

7.53 墙身实训指导书

7.54 剪力墙身实训视频

7.55 墙身实训报告

7.56 剪力墙测评

7.57 剪力墙课件

第8章　结构施工图案例

本章目标

知识目标

(1)掌握设计说明的内容。

(2)了解型钢结构的识图方法。

(3)了解道路桥梁、水利水电、市政工程中钢筋的表达方法。

能力目标

(1)具备基于房建项目识读整套图纸的能力。

(2)能协同房建其他专业,完成整个房建项目的建造。

(3)能完成房建以外的钢筋工程。

素养目标

(1)具有不局限于房屋建筑的开阔视野。

(2)具有解决复杂工程问题的实战素养。

某高校扩建教研综合楼项目,为钢筋混凝土框架结构。建筑高度为46.40 m,建筑层数为地上11层,地下1层。建筑面积:地上建筑面积为34 241 m^2,地下建筑面积为4 627 m^2,总建筑面积为38 868 m^2,建筑基底面积为3 600 m^2。本项目采用隔震技术,A栋1区隔震层位于结构标高-3.000 m和±0.000 m之间,A栋2区隔震层位于结构标高-2.100 m和±0.900 m之间,B栋隔震层位于结构标高-0.800 m和±2.200 m之间。隔震层顶板厚度≥160 mm。橡胶支座设置于上支墩底和下支墩顶之间,隔震设计图纸应与相关土建结构施工图充分结合使用。教研楼效果图、建筑施工图、结构施工图详见二维码8.1。

除此之外,还扩展了型钢、装配式、道路桥梁、市政工程方面的结构施工(二维码8.2~二维码8.5),扫描二维码下载后建议用《CAD看图王》《CAD快速看图》之类的软件打开浏览。

8.1　教研楼施工图

8.2　钢结构走廊施工图

8.3　房屋建筑施工图

8.4　道路桥梁施工图

8.5　路桥、市政VR钢筋模型

第 9 章　钢筋下料

本章目标

知识目标

(1)掌握弯折量度差值的查询方法。
(2)掌握弯钩增加长度的计算方法。
(3)掌握钢筋质量的计算方法。

能力目标

(1)能在钢筋算量的基础上进行钢筋下料计算。
(2)能计算钢筋质量。
(3)能完成钢筋工程的全工作流程。

素养目标

(1)提前预判钢筋的排布,具有钢筋避让的意识。
(2)发扬精益求精的工匠精神。

9.1　钢筋下料计算公式

直钢筋下料长度=直构件长度-保护层厚度+(末端弯钩增加长度)
弯起钢筋下料长度=直段长度+斜段长度-弯折量度差值+(末端弯钩增加长度)
箍筋下料长度=直段长度+弯钩增加长度-弯折量度差值=箍筋周长+箍筋调整值

9.2　弯钩增加长度

如图 9.1 所示,180°弯钩增加长度=半圆周长(取钢筋轴心上的弯弧直径)+平直段长-弯钩的弯弧外半径。

代入规定的弯折半径,得$(3.5d\pi/2+3d)-2.25d=6.25d$(已包含量度差值)。

用类似的方法,推理得 135°弯钩增加长度$=L_p-0.11D-0.215d$(已包含量度差值),将$D=(2.5,4,6,7,12,16)d$代入计算,将得到相应的增加长度。L_p为平直部分长度,D为弯折直径。

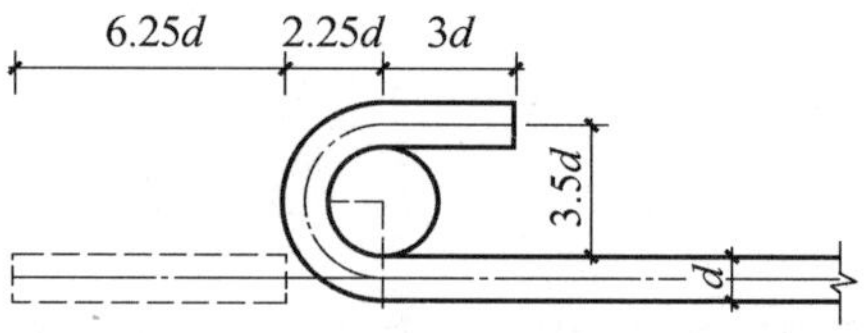

图 9.1　光圆钢筋 180°弯钩增加长度简图

9.3　弯折量度差值

通过几何分析和计算,弯折的量度差值=外包尺寸-轴线尺寸,$(AC+CB)-\widehat{ACB}=2(D/2+d)\tan\frac{\alpha}{2}-\pi(D+d)\frac{\alpha}{360^\circ}$,$\alpha$ 为钢筋中部的弯折角度,d 为钢筋直径,如图 9.2 所示。

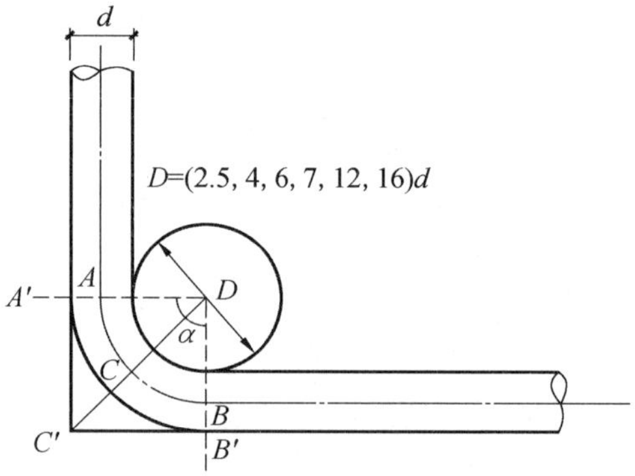

图 9.2　弯折量度差值简图

按《钢筋混凝土用钢》(GB　1499—2018),将 $D=(2.5,4,6,7,12,16)d$ 代入上式,可求出各弯折角度时的量度差值,钢筋弯折量度差值表,见表 9.1。

表 9.1　钢筋弯折量度差值表

弯折直径及量度差值	钢筋弯折角度(括号内为一般取值)			
	30°	45°	60°	90°
$D=2.5d$	$0.30(0.5)d$	$0.47(0.5)d$	$0.77(1.0)d$	$1.75(2.0)d$
$D=4d$	$0.30(0.5)d$	$0.52(0.5)d$	$0.85(1.0)d$	$2.08(2.0)d$
$D=6d$	$0.31(0.5)d$	$0.57(0.5)d$	$0.95(1.0)d$	$2.51(2.5)d$
$D=7d$	$0.32(0.5)d$	$0.59(0.5)d$	$1.01(1.0)d$	$2.72(2.5)d$
$D=12d$	$0.35(0.5)d$	$0.69(0.5)d$	$1.28(1.5)d$	$3.80(4.0)d$
$D=16d$	$0.38(0.5)d$	$0.78(1.0)d$	$1.49(1.5)d$	$4.67(4.5)d$

9.4　箍筋调整值

为了计算方便，一般将箍筋弯钩增加长度和弯折量度差值两项合并成一项箍筋调整值，见表 9.2。

表 **9.2**　箍筋调整值表

箍筋度量方法	钢筋直径/mm			
	1 ~ 5	6	8	10 ~ 12
量外包尺寸	40	50	60	70
量内包尺寸	80	100	120	150 ~ 170

9.5　钢筋下料案例

简支梁配筋图如图 9.3 所示，非框架梁配筋图如图 9.4 所示。简支梁钢筋配料单见表 9.3，非框架梁钢筋配料单见表 9.4。钢筋线密度表见表 9.5。

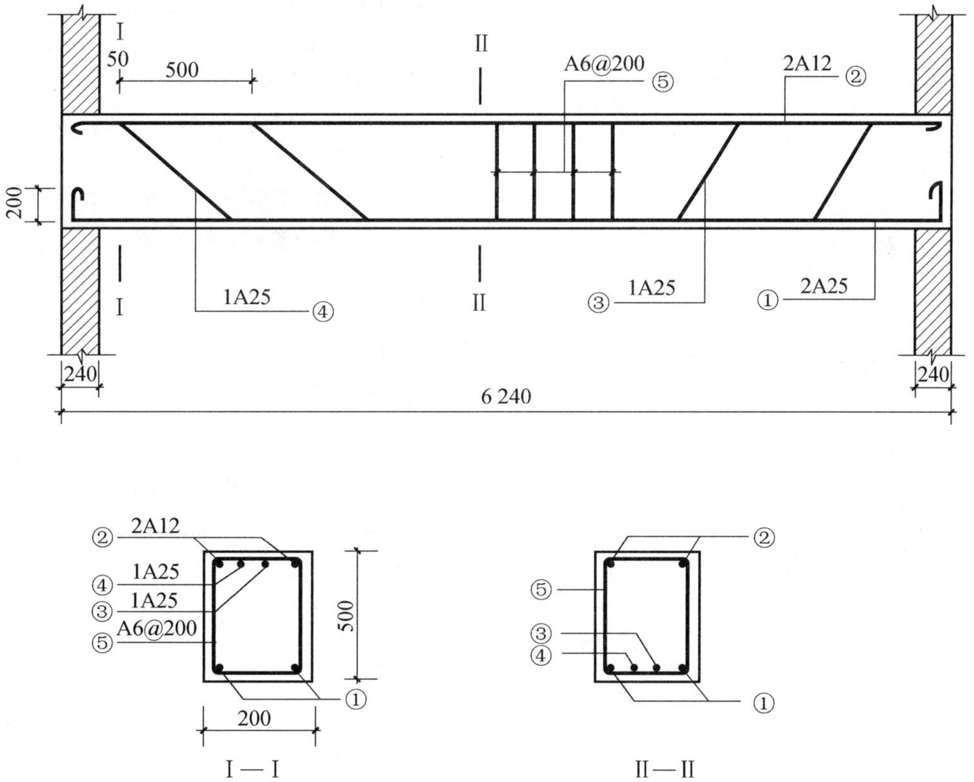

图 9.3　简支梁配筋图

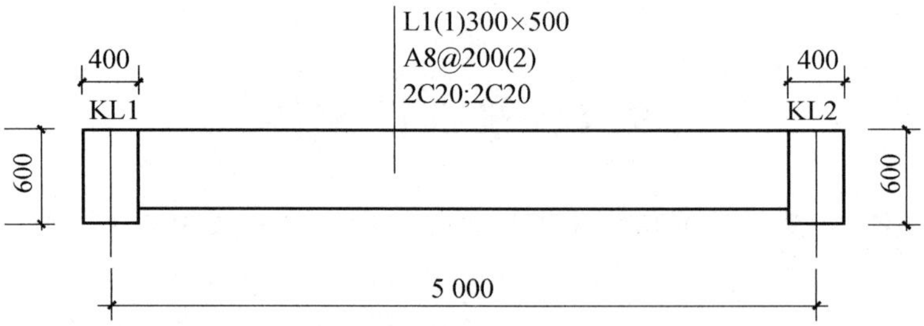

图 9.4　非框架梁配筋图

表 9.3　简支梁钢筋配料单(钢筋保护层取 25 mm,箍筋起步距离取间隔的一半)

钢筋编号	简图	钢筋级别	直径/mm	下料长度	根数/根	质量/kg
①	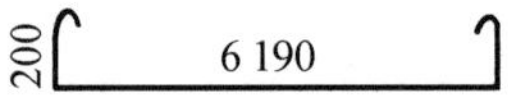	A	25	(6 240−2×25+2×200)−2×2×25+2×6.25×25=6 803(mm)	2	52.42
②		A	12	6 240 − 2 × 25 + 2 × 6.25 × 12=6 340(mm)	2	11.26
③	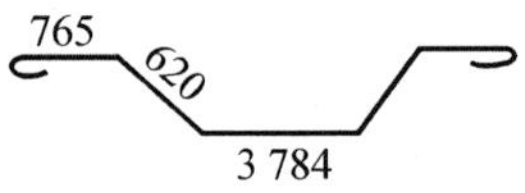	A	25	上直段钢筋长度=240+50+500−25=765(mm) 斜段钢筋长度=(500−2×25−2×6)×1.414=620(mm) 中间直段长度=6 240−2×(240+50+500+500−2×25−2×6)=3 784(mm) 下料长度=(765+620)×2+3 784−4×0.5×25+2×6.25×25=6 817(mm)	1	26.27
④	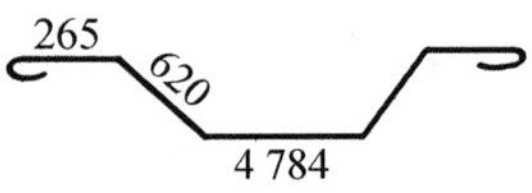	A	25	④号钢筋下料长度=③号弯起钢筋下料长度	1	26.27
⑤	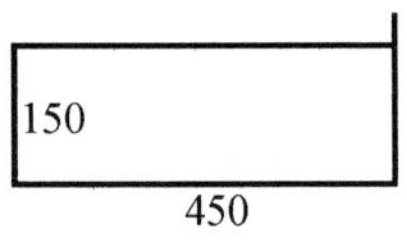	A	6	(150+450)×2+50=1 250(mm) 箍筋数量=(6 240−2×200/2)/200 + 1=32(根)(向上取整)	32	8.88
合计	A6:8.88 kg,A12:11.26 kg,A25:104.96 kg					

表9.4　非框架梁钢筋配料单(钢筋保护层取25 mm,箍筋起步距离取50 mm)

钢筋编号	简图	钢筋级别	直径/mm	下料长度	根数/根	质量/kg
①		C	20	5 000+200-25+200-25+2×15×20-2×2×20=5 870(mm)	2	28.5
②		C	20	5 000-200-200+2×12×20=5 080(mm)	2	25.1
③	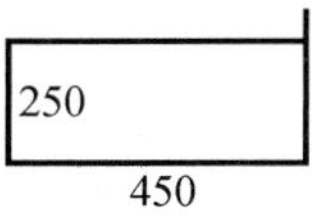	A	8	(250+450)×2+60=1 460(mm) 箍筋数量=(5 000-200-200-50-50)/200+1=24(根)(向上取整)	24	13.8
合计	A8:13.8 kg,C20:53.6 kg					

表9.5　钢筋线密度表

直径/mm	质量/(kg·m^{-1})	直径/mm	质量/(kg·m^{-1})
4	0.099	25	3.853
6	0.222	26	4.170
8	0.395	28	4.834
10	0.617	30	5.549
12	0.888	32	6.313
14	1.208	34	7.130
16	1.578	35	7.552
18	1.998	36	7.990
20	2.467	38	8.900
22	2.984	40	9.870

9.1　钢筋下料

附录　中英文词汇表

A

暗梁	embedded beam
暗柱	embedded column

B

板带	slab strip
板块	slab unit
板式楼梯	slab-stair
杯壁	socket wall
杯口独立基础	socket spread footing
边框梁	edge frame beam
边缘构件	boundary element
边柱	edge column
变截面	variable cross-section
变倾角柱帽	varying-angle oblique column cap
标准层	typical floor
补偿收缩混凝土	shrinkage-compensating concrete
补强钢筋	strengthening bar

C

侧面构造钢筋	side bar
侧面抗扭纵向钢筋	torsion bar
层高表	floor level table
层间平板	intermediate landing slab
插筋	inserted bar
承台梁	pile cap beam

窗井墙	areaway wall
次梁	secondary beam

D

搭接连接	lap splice
代号	type code
带肋钢筋	ribbed bar
单跑楼梯	straight flight stair
单倾角柱帽	uni-angle oblique column cap
等截面	constant cross-section
底部加强区	bottom critical region
地下室外墙	exterior wall of basement
垫板	backing plate
垫层	cushion
吊筋	hanger
独立基础	spread footing
端柱	end column
短柱	short column
对角暗撑	embedded diagonal bracing

F

筏形基础	raft foundation
翻边	turmup
防水板	waterproof slab
非边缘暗柱	middle embedded column
非贯通钢筋	discontinuous bar
非框架梁	non-frame beam
非阴影区	unshaded area
分布钢筋	distribution bar
封闭箍筋	closed stirrup
扶壁柱	buttress
复合箍筋	overlapping stirrup

G

钢筋级别	steel grade
钢筋网	steel fabric
高杯口独立基础	high-socket spread footing
隔一布一	stagger
构造	detailing
构造边缘构件	ordinary boundary element
构造钢筋	constructional bar
箍筋	stirrup
箍筋加密区	stirrup densification zone
贯通钢筋	continuous bar
光圆钢筋	plain bar

H

焊接连接	welded splice
横向钢筋	transverse bar
后浇带	post-cast strip
滑动支座	slide bearing
环境类别	environment classification
混凝土保护层	concrete cover
混凝土强度等级	concrete grade

J

机械连接	mechanical splice
基础底板	foundation slab
基础联系梁	foundation connection beam
基础梁	foundation beam
基坑(沟)	foundation pit (ditch)
基准标高	reference elevation
集中标注	general annotation
集中对角斜筋	diagonal bar
加劲箍	stiffening stirrup

夹层	mezzanine
架立筋	erection bar
剪刀楼梯	scissor stair
剪力墙	shear wall
交叉斜筋	crossing bar
角筋	corner bar
角柱	corner column
铰接	pin
截面注写	sectional annotation
井字梁	shape arranged beam
矩形平面网格区域	rectangular plane grid zone

K

开口箍	open stirrup
抗冲切箍筋	punching shear resistant stirrup
抗冲切弯起筋	punching shear resistant bent-up bar
抗拉强度	tensile strength
抗扭箍筋	torsion stirrup
抗震等级	seismic grade
抗震设防烈度	seismic precautionary intensity
抗震设计	seismic design
框架扁梁	frame flat beam
框架结构	frame structure
框架梁	frame beam
框架柱	frame column
框剪结构	frame-shear wall structure
框支梁	frame-supported beam
扩底灌注桩	cast-in-place pile with enlarged tip

L

拉筋	tie bar
连接区	splice zone
连梁	coupling wall-beam
梁板式筏形基础	ribbed raft foundation
列表注写	tabulated annotation

楼层平板	landing slab at floor level
楼梯间	staircase
螺旋箍筋	spiral stirrup

M

埋深	embedment depth
锚固	anchorage
面层	finishing layer

P

平板式筏形基础	flat raft foundation
平法施工图	ichnographic construction drawing
平面布置图	plan layout
平面整体表示方法	ichnographic representing method
平面注写	ichnographic annotation
平台板	landing slab
剖面注写	sectional annotation

Q

砌体结构	masonry structure
嵌固部位	fixed end
倾角托板柱帽	oblique column cap with supporting plate

R

热轧钢筋	hot-rolled steel bar

S

上柱墩	upper pier
设计使用年限	design working life

伸出长度	development length
施工缝	construction joint
受拉钢筋	tension bar
受力钢筋	main bar
双分平行楼梯	bifurcated stair with parallel flights
双跑楼梯	stair with two flights
素混凝土	plain concrete

T

踏步(级)	riser
踏步(面)	tread
踏步段	flight
特征值	characteristic value
梯板	stair slab
梯梁	stair beam
梯柱	stair column
体积配箍率	volumetric ratio of stirrup
条形基础	strip foundation
投影长度	projection length
托板柱帽	column cap with supporting plate

W

外伸	cantiever
外围标注	peripheral annotation
无梁楼盖	slab without beams

X

下柱墩	lower pier
斜撑构件	diagonal bracing member
芯柱	core column
序号	serial number
悬挑端部	free end

Y

阳角	external corner
腋	haunch
翼墙	wing wall
阴角	internal corner
阴影区	shaded area
有梁楼盖	slab with beams
预埋件	embedded part
原位标注	specific annotation
约束边缘构件	special boundary element
跃层柱	duplex column

Z

折板	folded slab
折梁	folded beam
整体抗震计算	global seismic analysis
支座	support
肢(箍筋)	leg
直接引注	direct annotation
止水带	waterstop strip
中位平板	middle landing slab
中柱	interior column
主梁	primary beam
柱内核心区	core region inside column
柱外核心区	core region outside column
转换梁	transfer beam
转换柱	transfer column
转角墙	corner wall
桩顶	pile head
桩基承台	pile cap
桩基础	pile foundation
纵筋	longitudinal bar
纵筋加强带	strengthening strip of longitudinal bars
纵向钢筋	longitudinal bar

参考书目

[1] 中国建筑标准设计研究院. 国家建筑标准设计图集. 混凝土结构施工图平面整体表示方法制图规则和构造详图. 现浇混凝土框架、剪力墙、梁、板:22G101-1[M]. 北京:中国计划出版社,2022.

[2] 中国建筑标准设计研究院. 国家建筑标准设计图集. 混凝土结构施工图平面整体表示方法制图规则和构造详图. 现浇混凝土板式楼梯:22G101-2[M]. 北京:中国计划出版社,2022.

[3] 中国建筑标准设计研究院. 国家建筑标准设计图集. 混凝土结构施工图平面整体表示方法制图规则和构造详图. 独立基础、条形基础、筏形基础、桩基础:22G101-3[M]. 北京:中国计划出版社,2022.

[4] 中国建筑标准设计研究院. 国家建筑标准设计图集. 混凝土结构施工钢筋排布规则与构造详图(现浇混凝土框架、剪力墙、梁、板):18G901-1(替代 12G901-1)[M]. 北京:中国计划出版社,2018.

[5] 中国建筑标准设计研究院. 装配式混凝土结构连接节点构造(框架)[M]. 北京:中国计划出版社,2021.

[6] 中国建筑标准设计研究院. 预制混凝土剪力墙外墙板:15G365-1[M]. 北京:中国计划出版社,2015.

[7] 中国建筑标准设计研究院. 国家建筑标准设计图集. 预制混凝土剪力墙内墙板:15G365-2[M]. 北京:中国计划出版社,2015.

[8] 中国建筑标准设计研究院. 国家建筑标准设计图集. 桁架钢筋混凝土叠合板(60 mm 厚底板):15G366-1[M]. 北京:中国计划出版社,2015.

[9] 中国建筑标准设计研究院. 国家建筑标准设计图集. 预制钢筋混凝土板式楼梯:15G367-1[M]. 北京:中国计划出版社,2015.

[10] 彭波. G101 平法钢筋计算精讲[M]. 2 版. 北京:中国电力出版社,2012.

[11] 上官子昌. 平法钢筋下料[M]. 北京:中国建筑工业出版社,2022.

[12] 叶列平. 混凝土结构[M]. 北京:中国建筑工业出版社,2013.

[13] 吴迪,徐琳,范军. 钢筋混凝土平法识图与算量[M]. 2 版. 武汉:武汉理工大学出版社,2023.

[14] 尧国皇,陶伟,范香. 平法识图与钢筋算量[M]. 哈尔滨:哈尔滨工程大学出版社,2023.